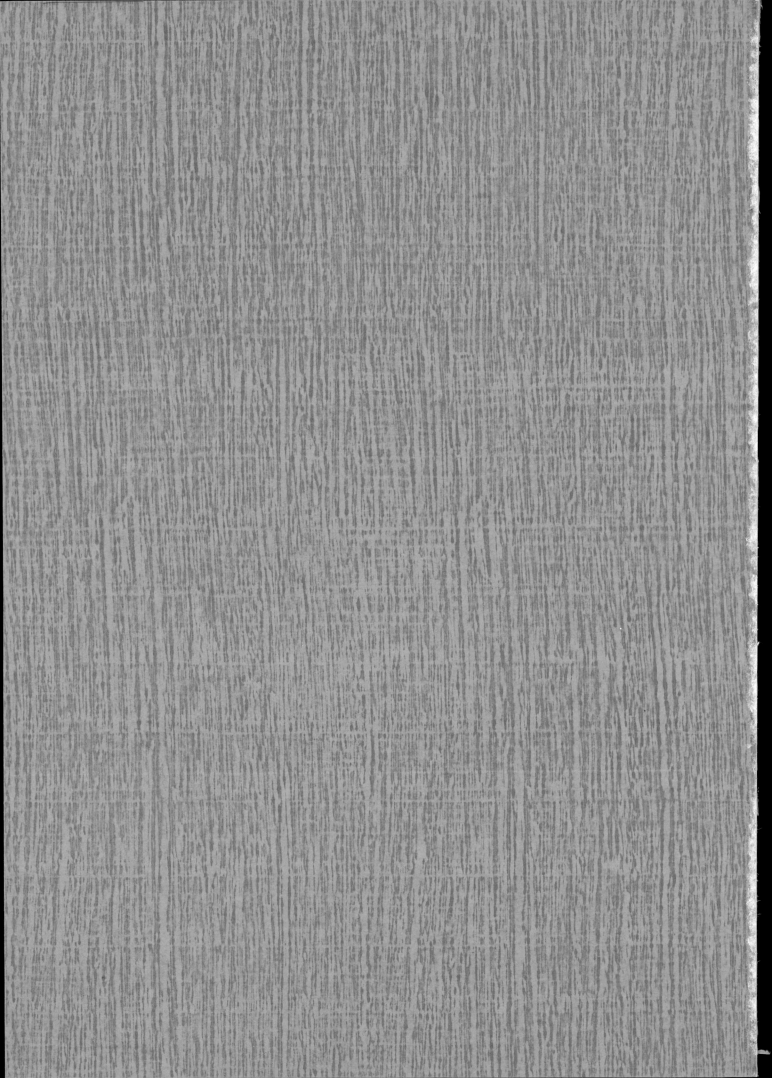

中华蝴蝶图鉴

BUTTERFLIES OF CHINA

主编：武春生　徐堉峰

海峡出版发行集团
THE STRAITS PUBLISHING & DISTRIBUTING GROUP

海峡书局

Copyrights © 2017 by The Straits Publishing House

First Edition & First Print January 2017

ISBN   978-7-5567-0301-2

Price   RMB 2800.00

Citation: Wu, Chun Sheng & Hsu, Yu Feng (eds), 2017. Butterflies of China. Fuzhou: The Straits Publishing House.

图书在版编目（ＣＩＰ）数据

　　中华蝴蝶图鉴 / 武春生，徐堉峰主编. -- 福州 ：
海峡书局，2017.1
　　ISBN 978-7-5567-0301-2

　　Ⅰ．①中… Ⅱ．①武… ②徐… Ⅲ．①蝶－中国－图
集 Ⅳ．①Q969.420.8-64

　　中国版本图书馆CIP数据核字(2016)第307571号

出 版 人：林彬

策　　划：曲利明

主　 编：武春生　徐堉峰

副 主 编：吴振军　罗箭

责任编辑：廖飞琴　林前汐　陈婧　卢佳颖

设　 计：黄舒堉　董玲芝　李晔　余长春

ZHŌNGHUÁ HÚDIÉ TÚJIÀN

中 华 蝴 蝶 图 鉴

BUTTERFLIES OF CHINA

出版发行：海峡出版发行集团 海峡书局

地　　址：福州市鼓楼区五一北路110号

邮　　编：350001

印　　刷：深圳市泰和精品印刷有限公司

开　　本：889毫米×1194毫米　　1/16

印　　张：132

图　　文：2112码

版　　次：2017年1月第1版

印　　次：2017年1月第1次印刷

书　　号：ISBN 978-7-5567-0301-2

定　　价：2800.00元（全套）

《中华蝴蝶图鉴》编委会

主　编 / 武春生　徐堉峰

副主编 / 吴振军　罗箭

编　委 / 王春浩　朱建青　罗益奎　谷宇　胡劭骥　陈嘉霖

田建北　邢睿　江凡　陈永昌　林柏昌

图片提供者 / （按姓氏笔画排序）

王少山	王军	王昌大	王春浩	王家麒	王榄华
区伟佳	邓伟健	尤君	叶茂	田建北	龙亮
江凡	曲利明	朱建青	毕明磊	吕晟智	孙瑞
邢睿	陈久桐	陈东凯	陈尽虫	陈志兵	陈嘉霖
张立欣	张红飞	张松奎	张晖宏	张鑫	谷宇
李汶京	李凯	李闽	李树文	吴南兴	吴振军
吴闽晋	佘晨沐	苏锦平	武春生	林剑声	林柏昌
林峰	罗益奎	罗箭	胡劭骥	侯鸣飞	姚敏
高守东	郭亮	徐晓斌	徐堉峰	常洲	曹峰
蒋卓衡	程斌	詹程辉	缪本福	戴云飞	

Butterflies of China Editorial Board

序

蝴蝶属于鳞翅目（Lepidoptera），是昆虫纲（Insecta）中的第二大目。蝶与蛾可称得上是鳞翅目昆虫中的一对孪生姐妹。蝴蝶是白天活动的昆虫，因此，才有"花为谁开，蝶为谁来，花引蝶吸蜜，蝶为花传粉，两厢情愿，备受其益"的说法；蛾子大部分在夜间出来活动，才有"飞蛾投火，自寻死路"的成语。蝴蝶具有斑斓的色彩、飘逸的身影，自古以来就是人们抒发情怀、借物言志的对象，文人墨客们为蝴蝶倾注了大量的情感，宋代谢逸为蝶作诗三百余首，人称谢蝴蝶。著名的庄周梦蝶的寓言则生动诠释了蝴蝶的梦幻色彩。每当《梁祝》乐声响起，仿佛看到一双蝴蝶，翩翩轻舞于明月花间，它们象征着自由、爱情和幸福。它是思念的精灵，更是爱情的化身！蝴蝶以其绚丽的色彩、优美的舞姿，赢得了"会飞的花朵""大自然的舞姬"等美誉。蝴蝶翅上的图案包罗万象，有神形兼备的人物形象、栩栩如生的鸟兽虫鱼，也有光辉灿烂的日月星辰、如诗如画的田园山川、丰富多彩的花草树木、内涵丰富的抽象图案，还有惟妙惟肖的英文字母、形象逼真的阿拉伯数字……世界上已经记载的蝴蝶有2万多种，而我国的蝴蝶种类也达2100余种，占世界种类的10%。在众多生物中，蝴蝶被公认为是对气候变化最敏感的指示物种之一。近年来，我国雪灾、干旱、龙卷风等极端气候现象频繁出现。从长远看，这些气候变化现象可以用生物监测来预警。2016年环保部首次启用了以蝴蝶监测的方式，在全国范围内进行生物多样性观测，其结果将为环保部掌握全国环境变化情况提供可靠的数据。

蝴蝶标本作为国际贸易的商品有着悠久的历史，其中以凤蝶为主。据1985年IUCN出版的红皮书——《受威胁的世界凤蝶》报道，有51个国家和地区已记载凤蝶共573种，它们大多可以作为商品进行贸易。由于一些商人大量捕杀和收集蝴蝶标本加工销售，曾经导致各国蝴蝶的数量锐减，已引起各界人士的关注，并采取一系列的蝴蝶保护措施加以遏止。保护好森林、保持生态平衡、加强基础理论研究、注重人工繁殖技术研究，这是蝴蝶资源可持续利用的根本保证。对一些濒危物种需要加以保护，扩大宣传，禁止采捕。在《濒危野生动植物国际贸易公约》、IUCN制定的《受威胁物种红皮书》及我国制定的《国家重点野生动物保护名录》中，蝴蝶均占有重要的一席。金斑喙凤蝶 *Teinopalpus aureus* Mell 为国家Ⅰ级重点保护的野生动物，双尾褐凤蝶（二尾凤蝶）*Bhutanitis mansfieldi* (Riley)、三尾褐凤蝶东川亚种（三尾凤蝶）*Bh. thaidina dongchuanensis* Lee、中华虎凤蝶华山亚种 *Luehdorfia chinensis huashanensis* Lee 和阿波罗绢蝶 *Parnassius apollo* (L.) 为国家Ⅱ级重点保护动物。

人们不仅欣赏这些蝴蝶的美丽外表，还致力于蝴蝶的研究工作：分类学家填补着基因库及生物多样性的空白、探索蝴蝶的进化历史，生态学家揭示着其生活习性与时空分布，仿生学家绞尽脑汁地模仿着它们的特长和图案布局，就连孩童们也在煞费苦心地增加自己的收藏……中国的蝴蝶分类研究长期滞后，1949年以前的中国蝴蝶新种都是外国人发表的。1949年以后，台湾的蝴蝶研究比较深入，而大陆的研究则相对缓慢。直到20世纪90年代，李传隆教授等（1992）出版的《中国蝶类图谱》和周尧教授（1994）组织编写的《中国蝶类志》，为中国蝴蝶的普及、识别等做出了重要贡献。前者记载了中国蝴蝶600余种，后者收录了中国蝴蝶1227种。此后，国内外许多专业与业余蝴蝶研究人员以及大量蝴蝶爱好者纷纷加入了中国蝴蝶的研究与收藏队伍中，相继发表了一些新种与中国新记录种，纠正了一些误定，发现了一些同物异名，使我国蝴蝶的种类不断增加。随着分子分类学与基因组学在蝴蝶分类学研究中的应用，蝴蝶的分类系统也得到进一步完善，一些疑难种和隐存种问题得到解决。

　　为了满足蝴蝶普及、教学和欣赏的需要，分享蝴蝶研究与爱好者多年来的研究成果，海峡书局出版社有限公司组织了中国两岸三地的蝴蝶研究者、爱好者及摄影人员，对中国蝴蝶的种类和生态照片进行整理，编写出版《中华蝴蝶图鉴》。本书的编写人员既有收藏研究蝴蝶几十年的老"蝶迷"，也有年富力强的青壮年，还有近几年毕业的充满活力的研究生，他们的足迹遍布中国的大江南北、高山平原、大陆与岛屿，专注于蝴蝶分类、生态以及区系研究，并拍摄了无数蝴蝶的生活瞬间，为本书的撰写奠定了坚实的基础；他们勤奋好学、潜心钻研，积累了丰富的蝴蝶分类经验，为本书的科学性提供了保证。该书收录中国蝴蝶1700余种，标本照片11000多张，收录生态照片1500多张760多种，极大地丰富了我国的蝴蝶区系。本书的出版，必将为中国蝴蝶的研究与收藏、蝴蝶知识的普及与欣赏、蝴蝶资源的保护与利用等方面的健康发展发挥积极作用。遗憾的是，有些种类的标本十分稀少，因标本残破或品相不好而没有收入本书，还有少数种类自发表后再没有人采到过别的标本，而模式标本又收藏在国外的博物馆里，无法取得照片。因此，尚有300多种中国有记录的蝴蝶种类没有收录在本书中。我们期待大家都来填补这些空白，希望在今后本书的修订版中也有您的一份贡献！

　　当然，由于本书作者众多，蝴蝶种类的认定依作者而异，所以和其他文献也许会有出入，同物异名的成立见仁见智，尤其是在资料缺乏的类群中，本着文责自负的原则，作者的观点仅代表一家之言，供读者批评指正。

目录

14

0525 / 1574 | 大毛眼蝶 / *Lasiommata majuscula* (Leech, [1892])

0525 / 1575 | 斗毛眼蝶 / *Lasiommata deidamia* (Eversmann, 1851)

0525 / ——— | 黄翅毛眼蝶 / *Lasiommata eversmanni* (Eversmann, 1847)

0526 / ——— | 铠毛眼蝶 / *Lasiommata kasumi* Yoshino, 1995

0526 / 1575 | 玛毛眼蝶 / *Lasiommata maera* (Linnaeus, 1758)

0531 / 1576 | **蛱蝶科** > 多眼蝶属

0531 / 1576 | 多眼蝶 / *Kirinia epaminondas* (Staudinger, 1887)

0531 / ——— | 淡色多眼蝶 / *Kirinia epimenides* (Ménétriés, 1859)

0531 / 1577 | **蛱蝶科** > 奥眼蝶属

0531 / 1577 | 奥眼蝶 / *Orsotriaena medus* (Fabricius, 1775)

0533 / 1577 | **蛱蝶科** > 眉眼蝶属

0533 / 1577 | 小眉眼蝶 / *Mycalesis mineus* (Linnaeus, 1758)

0533 / ——— | 中介眉眼蝶 / *Mycalesis intermedia* (Moore, [1892])

0533 / ——— | 拟裴眉眼蝶 / *Mycalesis perseoides* (Moore, [1892])

0533 / 1578 | 裴斯眉眼蝶 / *Mycalesis perseus* (Fabricius, 1775)

0534 / 1579 | 平顶眉眼蝶 / *Mycalesis mucianus* Fruhstorfer, 1908

0534 / 1579 | 上海眉眼蝶 / *Mycalesis sangaica* Butler, 1877

0534 / 1580 | 稻眉眼蝶 / *Mycalesis gotama* Moore, 1857

0534 / ——— | 拟稻眉眼蝶 / *Mycalesis francisca* (Stoll, [1780])

0534 / 1581 | 君主眉眼蝶 / *Mycalesis anaxias* Hewitson, 1862

0534 / ——— | 大理石眉眼蝶 / *Mycalesis malsara* (Stoll, [1780])

0540 / ——— | 褐眉眼蝶 / *Mycalesis unica* Leech, [1892]

0540 / ——— | 密纱眉眼蝶 / *Mycalesis misenus* de Nicéville, 1889

0540 / ——— | 罕眉眼蝶 / *Mycalesis suavolens* Wood-Mason & de Nicéville, 1883

0540 / ——— | 白线眉眼蝶 / *Mycalesis mestra* Hewitson, 1862

0543 / 1582 | **蛱蝶科** > 斑眼蝶属

0543 / 1582 | 白斑眼蝶 / *Penthema adelma* (C. & R.Felder, 1862)

0543 / 1583 | 台湾斑眼蝶 / *Penthema formosanum* Rothschild, 1898

0543 / ——— | 海南斑眼蝶 / *Penthema lisarda* (Doubleday, 1845)

0543 / ——— | 彩裳斑眼蝶 / *Penthema darlisa* Moore, 1878

0597 / ——— | 重光矍眼蝶 / *Ypthima dromon* Oberthür, 1891

0597 / ——— | 狭翅矍眼蝶 / *Ypthima angustipennis* Takahashi, 2000

0597 / ——— | 台湾矍眼蝶 / *Ypthima formosana* Fruhstorfer, 1908

0599 / 1606 | 拟四眼矍眼蝶 / *Ypthima imitans* Elwes & Edwards, 1893

0599 / ——— | 普氏矍眼蝶 / *Ypthima pratti* Elwes, 1893

0599 / 1606 | 密纹矍眼蝶 / *Ypthima multistriata* Butler, 1883

0599 / ——— | 白带矍眼蝶 / *Ypthima akragas* Fruhstorfer, 1911

0599 / ——— | 江崎矍眼蝶 / *Ypthima esakii* Shirôzu, 1960

0599 / ——— | 中华矍眼蝶 / *Ypthima chinensis* Leech, 1892

0599 / ——— | 魔女矍眼蝶 / *Ypthima medusa* Leech, 1892

0602 / ——— | 黎桑矍眼蝶 / *Ypthima lisandra* (Cramer, [1780])

0602 / ——— | 文龙矍眼蝶 / *Ypthima wenlungi* Takahashi, 2007

0602 / ——— | 鸶矍眼蝶 / *Ypthima ciris* Leech, 1891

0602 / ——— | 孔矍眼蝶 / *Ypthima confusa* Shirôzu & Shima, 1977

0602 / ——— | 滇矍眼蝶 / *Ypthima kitawakii* Uémura & Koiwaya, 2001

0604 / 1608 | 淡波矍眼蝶 / *Ypthima phania* (Oberthür, 1891)

0604 / ——— | 罕矍眼蝶 / *Ypthima norma* Westwood, 1851

0604 / ——— | 四目矍眼蝶 / *Ypthima huebneri* Kirby, 1871

0604 / ——— | 华夏矍眼蝶 / *Ypthima sinica* Uémura & Koiwaya, 2000

0604 / 1608 | 大波矍眼蝶 / *Ypthima tappana* Matsumura, 1909

0606 / 1608 | **蛱蝶科 > 古眼蝶属**

0606 / 1608 | 古眼蝶 / *Palaeonympha opalina* Butler, 1871

0608 / 1609 | **蛱蝶科 > 艳眼蝶属**

0608 / ——— | 多型艳眼蝶 / *Callerebia polyphemus* (Oberthür, 1876)

0608 / 1609 | 白边艳眼蝶 / *Callerebia baileyi* South, 1913

0608 / ——— | 阿娜艳眼蝶 / *Callerebia annada* (Moore, [1858])

0608 / ——— | 斯艳眼蝶 / *Callerebia scanda* (Kollar, 1844)

0611 / 1610 | **蛱蝶科 > 舜眼蝶属**

0611 / 1610 | 白瞳舜眼蝶 / *Loxerebia saxicola* (Oberthür, 1876)

0611 / ——— | 白点舜眼蝶 / *Loxerebia albipuncta* (Leech, 1890)

0611 / ——— | 十目舜眼蝶 / *Loxerebia carola* (Oberthür, 1893)

0611 / 1611 ｜ 草原舜眼蝶 / *Loxerebia pratorum* (Oberthür, 1886)

0613 / ——— ｜ 林区舜眼蝶 / *Loxerebia sylvicola* (Oberthür, 1886)

0613 / ——— ｜ 丽舜眼蝶 / *Loxerebia phyllis* (Leech, 1891)

0613 / ——— ｜ 云南舜眼蝶 / *Loxerebia yphtimoides* (Oberthür, 1891)

0613 / ——— ｜ 罗克舜眼蝶 / *Loxerebia loczyi* (Frivaldsky, 1885)

0613 / 1612 ｜ 巨睛舜眼蝶 / *Loxerebia megalops* (Alphéraky, 1895)

0616 / ——— ｜ **蛱蝶科 › 睛眼蝶属**

0616 / ——— ｜ 垂泪睛眼蝶 / *Hemadara ruricola* (Leech, 1890)

0616 / ——— ｜ 赛兹睛眼蝶 / *Hemadara seitzi* (Goltz, 1939)

0616 / ——— ｜ 圆睛眼蝶 / *Hemadara rurigena* Leech, 1890

0616 / ——— ｜ 横波睛眼蝶 / *Hemadara delavayi* (Oberthür, 1891)

0616 / ——— ｜ 小睛眼蝶 / *Hemadara minorata* Goltz, 1939

0617 / ——— ｜ 杂色睛眼蝶 / *Hemadara narasingha* Moore, 1857

0617 / 1612 ｜ **蛱蝶科 › 明眸眼蝶属**

0617 / ——— ｜ 苹色明眸眼蝶 / *Argestina pomena* Evans, 1915

0617 / ——— ｜ 明眸眼蝶 / *Argestina waltoni* (Elwes, 1906)

0617 / 1612 ｜ 红裙边明眸眼蝶 / *Argestina inconstans* (South, 1913)

0618 / ——— ｜ **蛱蝶科 › 山眼蝶属**

0618 / ——— ｜ 单瞳山眼蝶 / *Paralasa nitida* Riley, 1923

0618 / ——— ｜ 喀什山眼蝶 / *Paralasa kalinda* Moore, 1865

0618 / ——— ｜ 黄襟山眼蝶 / *Paralasamani* (de Nicéville, 1880)

0619 / 1613 ｜ **蛱蝶科 › 优眼蝶属**

0619 / 1613 ｜ 耳环优眼蝶 / *Eugrumia herse* Grum-Grshimailo, 1891

0619 / ——— ｜ **蛱蝶科 › 鲁眼蝶属**

0619 / ——— ｜ 红鲁眼蝶 / *Lyela myops* (Staudinger, 1881)

0622 / 1613 ｜ **蛱蝶科 › 酒眼蝶属**

0622 / ——— ｜ 素红酒眼蝶 / *Oeneis sculda* (Eversmann, 1851)

0622 / ——— ｜ 多酒眼蝶 / *Oeneis tarpeia* (Pallas, 1771)

0622 / ——— ｜ 菩萨酒眼蝶 / *Oeneis buddha* Grum-Grshimailo, 1891

0622 / 1613 | 蒙古酒眼蝶 / *Oeneis mongolica* (Oberthür, 1876)

0624 / ——— | 珠酒眼蝶 / *Oeneis jutta* (Hübner, [1806])

0624 / ——— | 黄裙酒眼蝶 / *Oeneis magna* Graeser, 1888

0624 / ——— | 酒眼蝶 / *Oeneis urda* (Eversmann, 1847)

0624 / ——— | 黄褐酒眼蝶 / *Oeneis hora* Grum-Grshimailo, 1888

0626 / 1614 | **蛱蝶科** > **珍眼蝶属**

0626 / ——— | 西门珍眼蝶 / *Coenonympha semenovi* Alphéraky, 1881

0626 / 1614 | 爱珍眼蝶 / *Coenonympha oedippus* (Fabricius, 1787)

0626 / 1615 | 牧女珍眼蝶 / *Coenonympha amaryllis* (Stoll, 1782)

0626 / 1616 | 绿斑珍眼蝶 / *Coenonympha sunbecca* (Eversmann, 1843)

0626 / 1616 | 英雄珍眼蝶 / *Coenonympha hero* (Linnaeus, 1761)

0627 / 1616 | 油庆珍眼蝶 / *Coenonympha glycerion* (Borkhausen, 1788)

0627 / ——— | 狄泰珍眼蝶 / *Coenonympha tydeus* Leech, [1892]

0627 / 1617 | 潘非珍眼蝶 / *Coenonympha pamphilus* (Linnaeus, 1758)

0627 / ——— | 隐藏珍眼蝶 / *Coenonympha arcania* (Linnaeus, 1761)

0629 / 1618 | **蛱蝶科** > **阿芬眼蝶属**

0629 / 1618 | 阿芬眼蝶 / *Aphantopus hyperantus* (Linnaeus, 1758)

0629 / ——— | 大斑阿芬眼蝶 / *Aphantopus arvensis* (Oberthür, 1876)

0631 / ——— | **蛱蝶科** > **蟾眼蝶属**

0631 / ——— | 银蟾眼蝶 / *Triphysa dohrnii* Zeller, 1850

0631 / 1618 | **蛱蝶科** > **阿勒眼蝶属**

0631 / 1618 | 阿勒眼蝶 / *Arethusana arethusa* ([Schiffermüller], 1775)

0632 / 1618 | **蛱蝶科** > **贝眼蝶属**

0632 / 1618 | 贝眼蝶 / *Boeberia parmenio* (Boeber, 1809)

0632 / ——— | **蛱蝶科** > **渲黑眼蝶属**

0632 / ——— | 渲黑眼蝶 / *Atercoloratus alini* (Bang-Haas, 1937)

0634 / 1619 | **蛱蝶科** > **红眼蝶属**

0634 / ——— | 红眼蝶 / *Erebia alcmena* Grum-Grshimailo, 1891

0634 / ——— | 暗红眼蝶 / *Erebia neriene* (Böber, 1809)

0634 / 1619 | 波翅红眼蝶 / *Erebia ligea* (Linnaeus, 1758)

0636 / ——— | 森林红眼蝶 / *Erebia medusa* (Denis & Schiffermüller, 1775)

0636 / 1620 | 酡红眼蝶 / *Erebia theano* (Tauscher, 1806)

0636 / 1621 | 图兰红眼蝶 / *Erebia turanica* Erschoff, [1877]

0636 / ——— | 点红眼蝶 / *Erebia edda* Ménétriés, 1851

0636 / ——— | 灰翅红眼蝶 / *Erebia embla* (Thunberg, 1791)

0636 / 1621 | 西宝红眼蝶 / *Erebia sibo* (Alphéraky, 1881)

0636 / ——— | 白衬袷红眼蝶 / *Erebia kalmuka* Alphéraky, 1881

0638 / ——— | 阿红眼蝶 / *Erebia atramentaria* Bang-Haas, 1927

0638 / ——— | 黄眶红眼蝶 / *Erebia cyclopia* Eversmann, 1864

0638 / ——— | 秦岭红眼蝶 / *Erebia tristior* Goltz, 1937

0638 / ——— | 白点红眼蝶 / *Erebia wanga* Bremer, 1864

0640 / 1622 | **蛱蝶科** > 喙蝶属

0640 / 1622 | 朴喙蝶 / *Libythea lepita* Moore, [1858]

0640 / 1623 | 棒纹喙蝶 / *Libythea myrrha* Godart, 1819

0640 / ——— | 紫喙蝶 / *Libythea geoffroyi* Godart, [1824]

0642 / 1624 | **蛱蝶科** > 斑蝶属

0642 / 1624 | 虎斑蝶 / *Danaus genutia* (Cramer, [1779])

0642 / 1625 | 金斑蝶 / *Danaus chrysippus* (Linnaeus, 1758)

0646 / 1626 | **蛱蝶科** > 青斑蝶属

0646 / 1626 | 青斑蝶 / *Tirumala limniace* (Cramer, [1775])

0646 / ——— | 骈纹青斑蝶 / *Tirumala gautama* (Moore, 1877)

0646 / 1626 | 啬青斑蝶 / *Tirumala septentrionis* (Butler, 1874)

0651 / 1627 | **蛱蝶科** > 绢斑蝶属

0651 / 1627 | 大绢斑蝶 / *Parantica sita* Kollar, [1844]

0651 / ——— | 西藏绢斑蝶 / *Parantica pedonga* Fujioka, 1970

0651 / ——— | 黑绢斑蝶 / *Parantica melaneus* (Cramer, [1775])

0652 / 1628 | 史氏绢斑蝶 / *Parantica swinhoei* (Moore, 1883)

0652 / 1629 | 绢斑蝶 / *Parantica aglea* (Stoll, [1782])

0661 / 1630 | **蛱蝶科** > 旖斑蝶属

0661 / ——— | 旖斑蝶 / *Ideopsis vulgaris* (Butler, 1874)

0661 / 1630 | 拟旖斑蝶 / *Ideopsis similis* (Linnaeus, 1758)

0664 / 1631 | **蛱蝶科** > 帛斑蝶属

0664 / 1631 | 大帛斑蝶 / *Idea leuconoe* Erichson, 1834

0667 / 1631 | **蛱蝶科** > 紫斑蝶属

0667 / 1631 | 蓝点紫斑蝶 / *Euploea midamus* (Linnaeus, 1758)

0667 / ——— | 幻紫斑蝶 / *Euploea core* (Cramer, [1780])

0667 / ——— | 黑紫斑蝶 / *Euploea eunice* (Godart, 1819)

0673 / 1632 | 异型紫斑蝶 / *Euploea mulciber* (Cramer, [1777])

0673 / 1633 | 双标紫斑蝶 / *Euploea sylvester* (Fabricius, 1793)

0673 / 1633 | 妒丽紫斑蝶 / *Euploea tulliolus* (Fabricius, 1793)

0673 / ——— | 白壁紫斑蝶 / *Euploea radamantha* (Fabricius, 1793)

0673 / ——— | 默紫斑蝶 / *Euploea klugii* Moore, [1858]

0680 / 1634 | **蛱蝶科** > 绢蛱蝶属

0680 / 1634 | 绢蛱蝶 / *Calinaga buddha* Moore, 1857

0680 / ——— | 大卫绢蛱蝶 / *Calinaga davidis* Oberthür, 1879

0680 / ——— | 阿波绢蛱蝶 / *Calinaga aborica* Tytler, 1915

0680 / ——— | 黑绢蛱蝶 / *Calinaga lhatso* Obrthür, 1893

0685 / ——— | 丰绢蛱蝶 / *Calinaga funebris* Oberthür, 1919

0685 / ——— | 大绢蛱蝶 / *Calinaga sudassana* Melvill, 1893

0687 / 1635 | **蛱蝶科** > 方环蝶属

0687 / 1635 | 凤眼方环蝶 / *Discophora sondaica* Boisduval, 1836

0687 / 1635 | 惊恐方环蝶 / *Discophora timora* Westwood, [1850]

0689 / ——— | **蛱蝶科** > 矩环蝶属

0689 / ——— | 蓝带矩环蝶 / *Enispe cycnus* Westwood, 1851

0689 / ——— | 矩环蝶 / *Enispe euthymius* (Doubleday, 1845)

0689 / ——— | 月纹矩环蝶 / *Enispe lunatum* Leech, 1891

0692 / ——— | **蛱蝶科** > 斑环蝶属

0692 / ——— | 紫斑环蝶 / *Thaumantis diores* Doubleday, 1845

0692 / ——— | 海南紫斑环蝶 / *Thaumantis hainana* (Crowley, 1900)

25

0745 / 1655 | 伊诺小豹蛱蝶 / *Brenthis ino* (Rottemburg, 1775)

0745 / 1656 | 小豹蛱蝶 / *Brenthis daphne* (Bergsträsser, 1780)

0746 / 1656 | **蛱蝶科** > 青豹蛱蝶属

0746 / 1656 | 青豹蛱蝶 / *Damora sagana* Doubleday, [1847]

0749 / 1657 | **蛱蝶科** > 银豹蛱蝶属

0749 / 1657 | 银豹蛱蝶 / *Childrena children* (Gray, 1831)

0749 / 1657 | 曲纹银豹蛱蝶 / *Childrena zenobia* (Leech, 1890)

0752 / 1658 | **蛱蝶科** > 斑豹蛱蝶属

0752 / 1658 | 银斑豹蛱蝶 / *Speyeria aglaja* (Linnaeus, 1758)

0752 / ——— | 镁斑豹蛱蝶 / *Speyeria clara* (Blanchard, 1844)

0752 / 1659 | **蛱蝶科** > 福蛱蝶属

0752 / 1659 | 福蛱蝶 / *Fabriciana niobe* (Linnaeus, 1758)

0754 / ——— | 蟾福蛱蝶 / *Fabriciana nerippe* (C. & R. Felder, 1862)

0754 / 1659 | 灿福蛱蝶 / *Fabriciana adippe* (Schiffermüller, 1775)

0754 / 1659 | 东亚福蛱蝶 / *Fabriciana xipe* (Leech, 1892)

0758 / 1660 | **蛱蝶科** > 珍蛱蝶属

0758 / 1660 | 珍蛱蝶 / *Clossiana gong* (Oberthür, 1884)

0758 / ——— | 佛珍蛱蝶 / *Clossiana freija* (Thunberg, 1791)

0758 / ——— | 北冷珍蛱蝶 / *Clossiana selene* ([Schiffermüller], 1775)

0758 / ——— | 东北珍蛱蝶 / *Clossiana perryi* (Butler, 1882)

0758 / 1661 | 西冷珍蛱蝶 / *Clossiana selenis* (Eversmann, 1837)

0759 / ——— | 艾鲁珍蛱蝶 / *Clossiana erubescens* (Staudinger, 1901)

0759 / ——— | 安格尔珍蛱蝶 / *Clossiana angarensis* (Erschoff, 1870)

0759 / ——— | 卵珍蛱蝶 / *Clossiana euphrosyne* (Linnaeus, 1758)

0759 / 1661 | 北国珍蛱蝶 / *Clossiana oscarus* (Eversmann, 1844)

0759 / ——— | 通珍蛱蝶 / *Clossiana thore* (Hübner, [1803-1804])

0762 / ——— | **蛱蝶科** > 铂蛱蝶属

0762 / ——— | 铂蛱蝶 / *Proclossiana eunomia* (Esper, 1800)

0763 / 1662 | **蛱蝶科** > 宝蛱蝶属

0763 / 1662 | 膝宝蛱蝶 / *Boloria generator* Staudinger, 1886

0763 / ——— | 华西宝蛱蝶 / *Boloria palina* Fruhstorfer, 1903

0763 / ——— | 细宝蛱蝶 / *Boloria sifanica* Grum-Grshimailo, 1891

0765 / 1662 | **蛱蝶科 > 珠蛱蝶属**

0765 / ——— | 曲斑珠蛱蝶 / *Issoria eugenia* (Eversmann, 1847)

0765 / ——— | 西藏珠蛱蝶 / *Issoria gemmata* (Butler, 1881)

0765 / 1662 | 珠蛱蝶 / *Issoria lathonia* (Linnaeus, 1758)

0767 / 1663 | **蛱蝶科 > 枯叶蛱蝶属**

0767 / 1663 | 枯叶蛱蝶 / *Kallima inachus* (Doyère, 1840)

0767 / 1664 | 蓝带枯叶蛱蝶 / *Kallima knyetti* de Nicéville, 1886

0767 / 1665 | 指斑枯叶蛱蝶 / *Kallima alicia* Joicey & Talbot, 1921

0768 / 1666 | **蛱蝶科 > 蠹叶蛱蝶属**

0768 / 1666 | 蠹叶蛱蝶 / *Doleschallia bisaltide* (Cramer, [1777])

0775 / ——— | **蛱蝶科 > 瑶蛱蝶属**

0775 / ——— | 瑶蛱蝶 / *Yoma sabina* (Cramer, [1780])

0777 / 1667 | **蛱蝶科 > 斑蛱蝶属**

0777 / 1667 | 金斑蛱蝶 / *Hypolimnas missipus* (Linnaeus, 1764)

0777 / 1668 | 幻紫斑蛱蝶 / *Hypolimnas bolina* (Linnaeus, 1758)

0777 / ——— | 畸纹紫斑蛱蝶 / *Hypolimnas anomala* (Wallace, 1869)

0781 / 1669 | **蛱蝶科 > 蛱蝶属**

0781 / ——— | 黄缘蛱蝶 / *Nymphalis antiopa* (Linnaeus, 1758)

0781 / 1669 | 朱蛱蝶 / *Nymphalis xanthomelas* (Esper, 1781)

0781 / 1669 | 白矩朱蛱蝶 / *Nymphalis vau-album* (Denis & Schiffermüller, 1775)

0784 / 1670 | **蛱蝶科 > 孔雀蛱蝶属**

0784 / 1670 | 孔雀蛱蝶 / *Inachis io* (Linnaeus, 1758)

0785 / 1670 | **蛱蝶科 > 麻蛱蝶属**

0785 / 1670 | 荨麻蛱蝶 / *Aglais urticae* (Linnaeus, 1758)

0785 / 1671 | 中华荨麻蛱蝶 / *Aglais chinensis* (Leech, 1893)

0785 / ——— | 西藏麻蛱蝶 / *Aglais ladakensis* Moore, 1882

0785 / ——— | 克什米尔麻蛱蝶 / *Aglais caschmirensis* (Kollar, [1844])

0806 / 1686 | 大卫蜘蛱蝶 / *Araschnia davidis* Poujade, 1885

0807 / ——— | 中华蜘蛱蝶 / *Araschnia chinensis* Oberthür, 1917

0807 / 1687 | 直纹蜘蛱蝶 / *Araschnia prorsoides* (Blanchard, 1871)

0810 / 1688 | **蛱蝶科** > 堇蛱蝶属

0810 / ——— | 中堇蛱蝶 / *Euphydryas ichnea* Boisduval, 1833

0810 / 1688 | 金堇蛱蝶 / *Euphydryas sibirica* Staudinger, 1871

0810 / ——— | 豹纹堇蛱蝶 / *Euphydryas maturna* Linnaeus, 1758

0810 / ——— | 欧堇蛱蝶 / *Euphydryas aurinia* (Rottemburg, 1775)

0810 / ——— | 阿莎堇蛱蝶 / *Euphydryasca asiati* Staudinger, 1881

0812 / ——— | **蛱蝶科** > 蜜蛱蝶属

0812 / ——— | 褐蜜蛱蝶 / *Mellicta ambigua* Ménétriés, 1859

0812 / ——— | 雷蜜蛱蝶 / *Mellicta rebeli* Wnukowsky, 1929

0812 / ——— | 布蜜蛱蝶 / *Mellicta britomartis* Assmann, 1847

0813 / 1688 | **蛱蝶科** > 网蛱蝶属

0813 / 1688 | 狄网蛱蝶 / *Melitaea didyma* (Esper, 1778)

0813 / 1689 | 圆翅网蛱蝶 / *Melitaea yuenty* Oberthür, 1888

0813 / 1690 | 斑网蛱蝶 / *Melitaea didymoides* Eversmann, 1847

0813 / 1690 | 大网蛱蝶 / *Melitaea scotosia* Butler, 1878

0813 / ——— | 褐斑网蛱蝶 / *Melitaea phoebe* Denis & Schiffermüller, 1775

0814 / ——— | 黎氏网蛱蝶 / *Melitaea leechi* (Alphéraky, 1895)

0814 / ——— | 华网蛱蝶 / *Melitaea sindura* Moore, 1865

0817 / 1691 | 帝网蛱蝶 / *Melitaea diamina* (Lang, 1789)

0817 / ——— | 密点网蛱蝶 / *Melitaea sutschana* Staudinger, 1892

0817 / ——— | 阿顶网蛱蝶 / *Melitaea arduinna* (Esper, 1784)

0817 / ——— | 普网蛱蝶 / *Melitaea protomedia* Ménétriés, 1859

0817 / ——— | 阿尔网蛱蝶 / *Melitaea arcesia* Bremer, 1861

0819 / 1692 | 罗网蛱蝶 / *Melitaea romanovi* Grum-Grshimailo, 1891

0819 / 1692 | 庆网蛱蝶 / *Melitaea cinxia* (Linnaeus, 1758)

0819 / ——— | 菌网蛱蝶 / *Melitaea agar* Oberthür, 1888

0819 / 1693 | 黑网蛱蝶 / *Melitaea jezabel* Oberthür, 1888

0871 / 1712 | 拟斑脉蛱蝶 / *Hestina persimilis* (Westwood, [1850])

0871 / 1713 | 蒺藜纹脉蛱蝶 / *Hestina nama* (Doubleday, 1844)

0875 / 1714 | **蛱蝶科 > 猫蛱蝶属**

0875 / 1714 | 猫蛱蝶 / *Timelaea maculata* (Bremer & Grey, [1852])

0875 / 1714 | 白裳猫蛱蝶 / *Timelaea albescens* (Oberthür, 1886)

0877 / 1715 | **蛱蝶科 > 窗蛱蝶属**

0877 / 1715 | 明窗蛱蝶 / *Dilipa fenestra* (Leech, 1891)

0877 / ——— | 窗蛱蝶 / *Dilipa morgiana* (Westwood, 1850)

0878 / 1716 | **蛱蝶科 > 累积蛱蝶属**

0878 / 1716 | 累积蛱蝶 / *Lelecella limenitoides* (Oberthür, 1890)

0878 / 1716 | **蛱蝶科 > 秀蛱蝶属**

0878 / 1716 | 秀蛱蝶 / *Pseudergolis wedah* (Kollar, 1844)

0880 / 1717 | **蛱蝶科 > 饰蛱蝶属**

0880 / 1717 | 素饰蛱蝶 / *Stibochiona nicea* (Gray, 1846)

0882 / 1718 | **蛱蝶科 > 电蛱蝶属**

0882 / 1718 | 电蛱蝶 / *Dichorragia nesimachus* (Doyère, [1840])

0882 / ——— | 长波电蛱蝶 / *Dichorragia nesseus* (Grose-Smith, 1893)

0885 / 1719 | **蛱蝶科 > 丝蛱蝶属**

0885 / 1719 | 网丝蛱蝶 / *Cyrestis thyodamas* Boisduval, 1846

0885 / ——— | 雪白丝蛱蝶 / *Cyrestis nivea* (Zinken, 1831)

0887 / ——— | 八目丝蛱蝶 / *Cyrestis cocles* (Fabricius, 1787)

0887 / 1720 | 黑缘丝蛱蝶 / *Cyrestis themire* Honrath, 1884

0887 / 1721 | **蛱蝶科 > 坎蛱蝶属**

0887 / 1721 | 黄绢坎蛱蝶 / *Chersonesia risa* (Doubleday, [1848])

0889 / 1722 | **蛱蝶科 > 波蛱蝶属**

0889 / 1722 | 波蛱蝶 / *Ariadne ariadne* (Linnaeus, 1763)

0889 / ——— | 细纹波蛱蝶 / *Ariadne merione* (Cramer, [1777])

0889 / ——— | **蛱蝶科** > 林蛱蝶属

0889 / ——— | 林蛱蝶 / *Laringa horsfieldii* (Boisduval, 1833)

0891 / 1722 | **蛱蝶科** > 姹蛱蝶属

0891 / 1722 | 锦瑟蛱蝶 / *Chalinga pratti* (Leech, 1890)

0891 / ——— | 姹蛱蝶 / *Chalinga elwesi* Oberthür, 1884

0893 / 1723 | **蛱蝶科** > 丽蛱蝶属

0893 / 1723 | 丽蛱蝶 / *Parthenos sylvia* (Cramer, [1776])

0893 / 1723 | **蛱蝶科** > 耙蛱蝶属

0893 / 1723 | 耙蛱蝶 / *Bhagadatta austenia* (Moore, 1872)

0896 / 1724 | **蛱蝶科** > 翠蛱蝶属

0896 / ——— | 红斑翠蛱蝶 / *Euthalia lubentina* (Cramer, 1777)

0896 / ——— | 阿佩翠蛱蝶 / *Euthalia apex* Tsukada, 1991

0896 / 1724 | 红裙边翠蛱蝶 / *Euthalia irrubescens* Grose-Smith, 1893

0896 / 1725 | 尖翅翠蛱蝶 / *Euthalia phemius* (Doubleday, 1848)

0897 / ——— | 矛翠蛱蝶 / *Euthalia aconthea* (Cramer, 1777)

0897 / ——— | V纹翠蛱蝶 / *Euthalia alpheda* (Godart, 1824)

0897 / ——— | 暗斑翠蛱蝶 / *Euthalia monina* (Fabricius, 1787)

0897 / ——— | 暗翠蛱蝶 / *Euthalia eriphylae* de Nicéville, 1891

0902 / ——— | 拟鹰翠蛱蝶 / *Euthalia yao* Yoshino, 1997

0902 / ——— | 鹰翠蛱蝶 / *Euthalia anosia* (Moore, 1857)

0902 / ——— | 绿翠蛱蝶 / *Euthalia evelina* Stoll, 1790

0902 / ——— | 红点翠蛱蝶 / *Euthalia teuta* (Doubleday, [1848])

0905 / 1726 | 珐琅翠蛱蝶 / *Euthalia franciae* (Gray, 1846)

0905 / ——— | 巴翠蛱蝶 / *Euthalia durga* (Moore, 1857)

0905 / ——— | 连平翠蛱蝶 / *Euthalia lipingensis* Mell, 1935

0905 / ——— | 伊瓦翠蛱蝶 / *Euthalia iva* (Moore, 1857)

0905 / ——— | 黄带翠蛱蝶 / *Euthalia patala* (Kollar, 1844)

0905 / ——— | 孔子翠蛱蝶 / *Euthalia confucius* (Westwood, 1850)

0910 / 1726 | 嘉翠蛱蝶 / *Euthalia kardama* (Moore, 1859)

0910 / ——— | 褐蓓翠蛱蝶 / *Euthalia Hebe* Leech, 1891

0910 / ——— | 黄翅翠蛱蝶 / *Euthalia kosempona* Fruhstorfer, 1908

0910 / ——— | 黄网翠蛱蝶 / *Euthalia pyrrha* Leech, 1892

0910 / ——— | 链斑翠蛱蝶 / *Euthalia sahadeva* Moore, 1859

0911 / ——— | 广东翠蛱蝶 / *Euthalia guangdongensis* Wu, 1994

0911 / ——— | 黄铜翠蛱蝶 / *Euthalia nara* (Moore, 1859)

0911 / ——— | 太平翠蛱蝶 / *Euthalia pacifica* Mell, 1935

0911 / 1727 | 峨眉翠蛱蝶 / *Euthalia omeia* Leech, 1891

0921 / ——— | 布翠蛱蝶 / *Euthalia bunzoi* Sugiyama, 1996

0921 / ——— | 散斑翠蛱蝶 / *Euthalia khama* Alphéraky, 1895

0921 / 1727 | 珀翠蛱蝶 / *Euthalia pratti* Leech, 1891

0921 / ——— | 马拉巴翠蛱蝶 / *Euthalia malapana* Shirozu & Chung, 1958

0921 / ——— | 杜贝翠蛱蝶 / *Euthalia dubernardi* Oberthür, 1907

0921 / 1728 | 捻带翠蛱蝶 / *Euthalia strephon* Grose-Smith, 1893

0926 / 1728 | 新颖翠蛱蝶 / *Euthalia staudingeri* Leech, 1891

0926 / ——— | 华东翠蛱蝶 / *Euthalia rickettsi* Hall, 1930

0926 / ——— | 西藏翠蛱蝶 / *Euthalia thibetana* Poujade, 1885

0926 / ——— | 海南翠蛱蝶 / *Euthalia hoa* Monastyrskii, 2005

0926 / ——— | 明带翠蛱蝶 / *Euthalia yasuyukii* Yoshino, 1998

0930 / ——— | 芒翠蛱蝶 / *Euthalia aristides* Oberthür, 1907

0930 / ——— | 陕西翠蛱蝶 / *Euthalia kameii* Koiwaya, 1996

0930 / 1729 | 窄带翠蛱蝶 / *Euthalia insulae* Hall, 1930

0930 / ——— | 小渡带翠蛱蝶 / *Euthalia sakota* Fruhstorfer, 1913

0930 / 1729 | 台湾翠蛱蝶 / *Euthalia formosana* Fruhstorfer, 1908

0934 / 1730 | **蛱蝶科** > 裙蛱蝶属

0934 / 1730 | 绿裙蛱蝶 / *Cynitia whiteheadi* (Crowley, 1900)

0934 / 1730 | 白裙蛱蝶 / *Cynitia lepidea* (Butler, 1868)

0935 / 1731 | **蛱蝶科** > 玳蛱蝶属

0935 / 1731 | 褐裙玳蛱蝶 / *Tanaecia jahnu* (Moore, [1858])

0935 / ——— | 绿裙玳蛱蝶 / *Tanaecia julii* (Lesson, 1837)

0939 / 1731 | **蛱蝶科** > 点蛱蝶属

0939 / 1731 | 点蛱蝶 / *Neurosigma siva* (Westwood, [1850])

0940 / 1732 | 蛱蝶科 > 律蛱蝶属

0940 / 1732 | 小豹律蛱蝶 / *Lexias pardalis* (Moore, 1878)

0940 / ——— | 黑角律蛱蝶 / *Lexias dirtea* (Fabricius, 1793)

0940 / 1733 | 蓝豹律蛱蝶 / *Lexias cyanipardus* (Butler, [1869])

0944 / 1734 | 蛱蝶科 > 婀蛱蝶属

0944 / 1734 | 婀蛱蝶 / *Abrota ganga* Moore, 1857

0944 / 1735 | 蛱蝶科 > 奥蛱蝶属

0944 / 1735 | 奥蛱蝶 / *Auzakia danava* (Moore, [1858])

0949 / 1736 | 蛱蝶科 > 线蛱蝶属

0949 / ——— | 巧克力线蛱蝶 / *Limenitis ciocolatina* Poujade, 1885

0949 / 1736 | 红线蛱蝶 / *Limenitis populi* (Linnaeus, 1758)

0949 / 1736 | 折线蛱蝶 / *Limenitis sydyi* Lederer, 1853

0950 / ——— | 细线蛱蝶 / *Limenitis cleophas* Oberthür, 1893

0950 / 1737 | 横眉线蛱蝶 / *Limenitis moltrechti* Kardakov, 1928

0950 / 1737 | 重眉线蛱蝶 / *Limenitis amphyssa* Ménétriés, 1859

0953 / 1738 | 扬眉线蛱蝶 / *Limenitis helmanni* Lederer, 1853

0953 / ——— | 戟眉线蛱蝶 / *Limenitis homeyeri* Tancré, 1881

0953 / ——— | 拟戟眉线蛱蝶 / *Limenitis misuji* Sugiyama, 1994

0953 / 1739 | 断眉线蛱蝶 / *Limenitis doerriesi* Staudinger, 1892

0953 / 1739 | 残锷线蛱蝶 / *Limenitis sulpitia* (Cramer, 1779)

0953 / ——— | 愁眉线蛱蝶 / *Limenitis disjucta* (Leech, 1890)

0957 / 1740 | 蛱蝶科 > 带蛱蝶属

0957 / 1740 | 虬眉带蛱蝶 / *Athyma opalina* (Kollar, [1844])

0957 / ——— | 畸带蛱蝶 / *Athyma pravara* Moore, [1858]

0957 / ——— | 东方带蛱蝶 / *Athyma orientalis* Elwes, 1888

0957 / 1741 | 双色带蛱蝶 / *Athyma cama* Moore, [1858]

0961 / 1742 | 玄珠带蛱蝶 / *Athyma perius* (Linnaeus, 1758)

0961 / 1743 | 新月带蛱蝶 / *Athyma selenophora* (Kollar, [1844])

0961 / ——— | 倒钩带蛱蝶 / *Athyma recurva* Leech, 1893

0961 / 1744 | 孤斑带蛱蝶 / *Athyma zeroca* Moore, 1872

0961 / ——— | 素靛带蛱蝶 / *Athyma whitei* (Tytler, 1940)

0961 / 1745 | 相思带蛱蝶 / *Athyma nefte* (Cramer, [1780])

0965 / 1745 | 六点带蛱蝶 / *Athyma punctata* Leech, 1890

0965 / 1746 | 离斑带蛱蝶 / *Athyma ranga* Moore, [1858]

0965 / 1747 | 玉杵带蛱蝶 / *Athyma jina* Moore, [1858]

0965 / 1747 | 幸福带蛱蝶 / *Athyma fortuna* Leech, 1889

0965 / 1748 | 珠履带蛱蝶 / *Athyma asura* Moore, [1858]

0971 / 1749 | **蛱蝶科 > 缕蛱蝶属**

0971 / 1749 | 缕蛱蝶 / *Litinga cottini* (Oberthür, 1884)

0971 / ——— | 拟缕蛱蝶 / *Litinga mimica* (Poujade, 1885)

0971 / ——— | 西藏缕蛱蝶 / *Litinga rileyi* Tytler, 1940

0973 / 1749 | **蛱蝶科 > 葩蛱蝶属**

0973 / 1749 | 中华葩蛱蝶 / *Patsuia sinensis* (Oberthür, 1876)

0973 / 1750 | **蛱蝶科 > 俳蛱蝶属**

0973 / ——— | 白斑俳蛱蝶 / *Parasarpa albomaculata* (Leech, 1891)

0974 / 1750 | 丫纹俳蛱蝶 / *Parasarpa dudu* (Doubleday, [1848])

0974 / 1751 | 西藏俳蛱蝶 / *Parasarpa zayla* (Doubleday, [1848])

0974 / 1751 | 彩衣俳蛱蝶 / *Parasarpa hourberti* (Oberthür, 1913)

0974 / 1752 | **蛱蝶科 > 肃蛱蝶属**

0974 / 1752 | 肃蛱蝶 / *Sumalia daraxa* (Doubleday, [1848])

0978 / ——— | **蛱蝶科 > 黎蛱蝶属**

0978 / ——— | 黎蛱蝶 / *Lebadea martha* (Fabricius, 1787)

0978 / 1752 | **蛱蝶科 > 穆蛱蝶属**

0978 / 1752 | 穆蛱蝶 / *Moduza procris* (Cramer, [1777])

0980 / 1753 | **蛱蝶科 > 环蛱蝶属**

0980 / 1753 | 小环蛱蝶 / *Neptis sappho* (pallas, 1771)

0980 / 1754 | 中环蛱蝶 / *Neptis hylas* (Linnaeus, 1758)

0980 / 1755 | 耶环蛱蝶 / *Neptis yerburii* Butler, 1886

0983 / 1756 | 珂环蛱蝶 / *Neptis clinia* Moore, 1872

0983 / 1756 | 娑环蛱蝶 / *Neptis soma* Moore, 1857

0983 / 1757 | 娜环蛱蝶 / *Neptis nata* Moore, 1857

0983 / 1757 | 宽环蛱蝶 / *Neptis mahendra* Moore, 1872

0983 / ——— | 周氏环蛱蝶 / *Neptis choui* Yuan & Wang, 1994

0983 / 1757 | 回环蛱蝶 / *Neptis reducta* Fruhstorfer, 1908

0984 / 1758 | 弥环蛱蝶 / *Neptis miah* Moore, 1857

0984 / ——— | 瑙环蛱蝶 / *Neptis noyala* Oberthür, 1906

0984 / ——— | 烟环蛱蝶 / *Neptis harita* Moore, 1875

0989 / 1759 | 断环蛱蝶 / *Neptis sankara* Kollar, 1844

0989 / ——— | 广东环蛱蝶 / *Neptis kuangtungensis* Mell, 1923

0989 / ——— | 卡环蛱蝶 / *Neptis cartica* Moore, 1872

0989 / ——— | 司环蛱蝶 / *Neptis speyeri* Staudinger, 1887

0992 / 1760 | 啡环蛱蝶 / *Neptis philyra* Ménétriès, 1859

0992 / 1760 | 阿环蛱蝶 / *Neptis ananta* Moore, 1857

0992 / ——— | 金环蛱蝶 / *Neptis zaida* Doubleday, 1848

0992 / ——— | 娜巴环蛱蝶 / *Neptis namba* Tytler, 1915

0992 / ——— | 伪娜巴环蛱蝶 / *Neptis pseudonamba* Huang, 2001

0992 / 1761 | 台湾环蛱蝶 / *Neptis taiwana* Fruhstorfer,1908

0993 / ——— | 茂环蛱蝶 / *Neptis nemorosa* Oberthür, 1906

0993 / ——— | 泰环蛱蝶 / *Neptis thestias* Leech, 1892

0993 / ——— | 羚环蛱蝶 / *Neptis antilope* Leech, 1890

0998 / 1761 | 林环蛱蝶 / *Neptis sylvana* Oberthür, 1906

0998 / ——— | 玫环蛱蝶 / *Neptis meloria* Oberthür, 1906

0998 / ——— | 莲花环蛱蝶 / *Neptis hesione* Leech, 1890

0998 / ——— | 那拉环蛱蝶 / *Neptis narayana* Moore, 1858

0998 / ——— | 矛环蛱蝶 / *Neptis armandia* (Oberthür, 1876)

0998 / ——— | 紫环蛱蝶 / *Neptis radha* Moore, 1857

0999 / ——— | 黄重环蛱蝶 / *Neptis cydippe* Leech, 1890

0999 / ——— | 折环蛱蝶 / *Neptis beroe* Leech, 1890

0999 / ——— | 森环蛱蝶 / *Neptis nemorum* Oberthür, 1906

0999 / ——— | 蛛环蛱蝶 / *Neptis arachne* Leech, 1890

0999 / ——— | 玛环蛱蝶 / *Neptis manasa* Moore, 1857

1000 / 1761 | 提环蛱蝶 / *Neptis thisbe* Ménétriès, 1859

1000 / ——— | 奥环蛱蝶 / *Neptis obscurior* Oberthür, 1906

1000 / ——— | 云南环蛱蝶 / *Neptis yunnana* Oberthür, 1906

1000 / 1762 | 黄环蛱蝶 / *Neptis themis* Leech, 1890

1000 / 1762 | 伊洛环蛱蝶 / *Neptis ilos* Fruhstorfer, 1909

1007 / ——— | 海环蛱蝶 / *Neptis thetis* Leech, 1890

1007 / 1762 | 朝鲜环蛱蝶 / *Neptis philyroides* Staudinger, 1887

1007 / 1763 | 单环蛱蝶 / *Neptis rivularis* (Scopoli, 1763)

1007 / 1764 | 链环蛱蝶 / *Neptis pryeri* Butler, 1871

1007 / ——— | 细带链环蛱蝶 / *Neptis andetria* Fruhstorfer, 1912

1007 / ——— | 五段环蛱蝶 / *Neptis divisa* Oberthür, 1908

1010 / 1764 | 重环蛱蝶 / *Neptis alwina* (Bremer & Grey, 1852)

1010 / ——— | 德环蛱蝶 / *Neptis dejeani* Oberthür, 1894

1010 / 1765 | **蛱蝶科 ＞ 菲蛱蝶属**

1010 / 1765 | 霭菲蛱蝶 / *Phaedyma aspasia* (Leech, 1890)

1010 / 1765 | 柱菲蛱蝶 / *Phaedyma columella* (Cramer, [1780])

1010 / ——— | 秦菲蛱蝶 / *Phaedyma chinga* Eliot, 1969

1013 / ——— | **蛱蝶科 ＞ 伞蛱蝶属**

1013 / ——— | 黑条伞蛱蝶 / *Aldania raddei* (Bremer, 1861)

1013 / ——— | 仿斑伞蛱蝶 / *Aldania imitans* (Oberthür, 1897)

1015 / ——— | **蛱蝶科 ＞ 蜡蛱蝶属**

1015 / ——— | 味蜡蛱蝶 / *Lasippa viraja* (Moore, 1872)

1015 / 1766 | **蛱蝶科 ＞ 蟠蛱蝶属**

1015 / 1766 | 金蟠蛱蝶 / *Pantoporia hordonia* (Stoll, [1790])

1016 / ——— | 短带蟠蛱蝶 / *Pantoporia assamica* (Moore, 1881)

1016 / ——— | 苾蟠蛱蝶 / *Pantoporia bieti* (Oberthür, 1894)

1018 / ——— | **灰蝶科 ＞ 小蚬蝶属**

1018 / ——— | 第一小蚬蝶 / *Polycaena princeps* (Oberthür, 1886)

1018 / ——— | 甘肃小蚬蝶 / *Polycaena kansuensis* Nordström, 1935

1018 / ——— | 喇嘛小蚬蝶 / *Polycaena lama* Leech, 1893

1018 / ——— | 王氏小蚬蝶 / *Polycaena wangjiaqii* Huang, 2016

1031 / ——— | 山尾蚬蝶 / *Dodona dracon* de Nicéville, 1897

1031 / 1777 | 无尾蚬蝶 / *Dodona durga* (Kollar, [1844])

1031 / 1778 | 秃尾蚬蝶 / *Dodona dipoea* Hewitson, 1866

1031 / 1779 | 斜带缺尾蚬蝶 / *Dodona ouida* Hewitson, 1866

1031 / 1780 | 红秃尾蚬蝶 / *Dodona adonira* Hewitson, 1866

1031 / 1781 | 黑燕尾蚬蝶 / *Dodona deodata* Hewitson, 1876

1036 / ——— | 灰蝶科 ＞ 圆灰蝶属

1036 / ——— | 埃圆灰蝶 / *Poritia ericynoides* (C. & R. Felder, 1865)

1036 / 1782 | 灰蝶科 ＞ 锉灰蝶属

1036 / 1782 | 德锉灰蝶 / *Allotinus drumila* (Moore, [1866])

1037 / 1783 | 灰蝶科 ＞ 云灰蝶属

1037 / ——— | 羊毛云灰蝶 / *Miletus mallus* (Fruhstorfer, 1913)

1037 / 1783 | 中华云灰蝶 / *Miletus chinensis* C. Felder, 1862

1038 / 1783 | 灰蝶科 ＞ 熙灰蝶属

1038 / 1783 | 熙灰蝶 / *Spalgis epeus* Westwood, [1851]

1038 / 1784 | 灰蝶科 ＞ 蚜灰蝶属

1038 / 1784 | 蚜灰蝶 / *Taraka hamada* Druce, 1875

1039 / ——— | 白斑蚜灰蝶 / *Taraka shiloi* Tamai & Guo, 2001

1042 / 1785 | 灰蝶科 ＞ 银灰蝶属

1042 / 1785 | 尖翅银灰蝶 / *Curetis acuta* Moore, 1877

1042 / ——— | 宽边银灰蝶 / *Curetis bulis* (Westwood, 1852)

1042 / 1785 | 台湾银灰蝶 / *Curetis brunnea* Wileman, 1909

1042 / ——— | 圆翅银灰蝶 / *Curetis saronis* Moore, 1877

1043 / 1786 | 灰蝶科 ＞ 诗灰蝶属

1043 / 1786 | 诗灰蝶 / *Shirozua jonasi* (Janson, 1877)

1043 / ——— | 媚诗灰蝶 / *Shirozua melpomene* (Leech, 1890)

1046 / ——— | 灰蝶科 ＞ 线灰蝶属

1046 / 1786 | 线灰蝶 / *Thecla betula* (Linnaeus, 1758)

1062 / ——— | 灰蝶科 > 祖灰蝶属

1062 / ——— | 祖灰蝶 / *Protantigius superans* (Oberthür, 1914)

1064 / 1792 | 灰蝶科 > 癞灰蝶属

1064 / 1792 | 癞灰蝶 / *Araragi enthea* (Janson, 1877)
1064 / ——— | 杉山癞灰蝶 / *Araragi sugiyamai* Matsui, 1989
1064 / ——— | 熊猫癞灰蝶 / *Araragi panda* Hsu & Chou, 2001

1066 / 1792 | 灰蝶科 > 青灰蝶属

1066 / 1792 | 青灰蝶 / *Antigius attilia* (Bremer, 1861)
1066 / ——— | 苏氏青灰蝶 / *Antigius jinpingi* Hsu, 2009
1066 / ——— | 陈氏青灰蝶 / *Antigius cheni* Koiwaya, 2004
1067 / ——— | 巴青灰蝶 / *Antigius butleri* (Fenton, [1882])

1067 / 1792 | 灰蝶科 > 华灰蝶属

1067 / ——— | 黑带华灰蝶 / *Wagimo signatus* (Butler, [1882])
1067 / ——— | 华灰蝶 / *Wagimo sulgeri* (Oberthür, 1908)
1068 / ——— | 浅蓝华灰蝶 / *Wagimo asanoi* Koiwaya, 1999
1068 / 1792 | 台湾华灰蝶 / *Wagimo insularis* Shirôzu, 1957

1068 / 1793 | 灰蝶科 > 冷灰蝶属

1068 / 1793 | 冷灰蝶 / *Ravenna nivea* (Nire, 1920)

1069 / 1794 | 灰蝶科 > 璐灰蝶属

1069 / 1794 | 璐灰蝶 / *Leucantigius atayalicus* (Shirôzu & Murayama, 1943)

1069 / 1794 | 灰蝶科 > 虎斑灰蝶属

1069 / 1794 | 虎斑灰蝶 / *Yamamotozephyrus kwangtungensis* (Forster, 1942)

1070 / ——— | 灰蝶科 > 三枝灰蝶属

1070 / ——— | 三枝灰蝶 / *Saigusaozephyrus atabyrius* (Oberthür, 1914)

1070 / 1794 | 灰蝶科 > 轭灰蝶属

1070 / 1794 | 轭灰蝶 / *Euaspa milionia* (Hewitson, [1869])
1071 / ——— | 伏氏轭灰蝶 / *Euaspa forsteri* (Esaki & Shirôzu, 1943)
1071 / ——— | 泰雅轭灰蝶 / *Euaspa tayal* (Esaki & Shirôzu, 1943)

1179 / 1827　|　娜生灰蝶 / *Sinthusa nasaka* (Horsfield, [1829])

1179 / ———　|　浙江生灰蝶 / *Sinthusa zhejiangensis* Yoshino, 1995

1179 / ———　|　白生灰蝶 / *Sinthusa virgo* (Elwes, 1887)

1180 / ———　|　灰蝶科 ＞ 卡灰蝶属

1180 / ———　|　卡灰蝶 / *Callophrys rubi* (Linnaeus, 1758)

1180 / 1827　|　灰蝶科 ＞ 梳灰蝶属

1180 / 1827　|　尼采梳灰蝶 / *Ahlbergia nicevillei* (Leech, 1893)

1181 / ———　|　东北梳灰蝶 / *Ahlbergia frivaldszkyi* (Lederer, 1855)

1181 / ———　|　浓蓝梳灰蝶 / *Ahlbergia prodiga* Johnson, 1992

1181 / ———　|　李梳灰蝶 / *Ahlbergia leei* Johnson, 1992

1181 / ———　|　梳灰蝶 / *Ahlbergia ferrea* (Butler, 1866)

1181 / ———　|　普梳灰蝶 / *Ahlbergia pluto* (Leech, [1893])

1181 / ———　|　李氏梳灰蝶 / *Ahlbergia liyufeii* Huang & Zhou, 2014

1184 / ———　|　环梳灰蝶 / *Ahlbergia circe* (Leech, 1893)

1184 / ———　|　金梳灰蝶 / *Ahlbergia chalcides* Chou & Li, 1994

1184 / ———　|　考梳灰蝶 / *Ahlbergia clarofacia* Johnson, 1992

1184 / ———　|　李老梳灰蝶 / *Ahlbergia leechuanlungi* Huang & Chen, 2005

1184 / ———　|　南岭梳灰蝶 / *Ahlbergia dongyui* Huang & Zhan, 2006

1184 / ———　|　里奇梳灰蝶 / *Ahlbergia leechii* (Niceville, 1893)

1184 / ———　|　银线梳灰蝶 / *Ahlbergia clarolinea* Huang & Chen, 2006

1184 / ———　|　三尾梳灰蝶 / *Ahlbergia tricaudata* Johnson, 1992

1186 / ———　|　灰蝶科 ＞ 齿灰蝶属

1186 / ———　|　普氏齿灰蝶 / *Novosatsuma pratti* (Leech, 1889)

1186 / ———　|　璞齿灰蝶 / *Novosatsuma plumbagina* Johnson, 1992

1186 / ———　|　灰蝶科 ＞ 始灰蝶属

1186 / ———　|　秀始灰蝶 / *Cissatsuma pictila* (Johnson, 1992)

1187 / ———　|　始灰蝶 / *Cissatsuma albilinea* (Riley, 1939)

1187 / ———　|　管始灰蝶 / *Cissatsuma tuba* Johnson, 1992

1187 / ———　|　综始灰蝶 / *Cissatsuma contexta* Johnson, 1992

1187 / ———　|　周氏始灰蝶 / *Cissatsuma zhoujingshuae* Huang & Chou, 2014

1200 / 1833 | 灰蝶科 > 罕莱灰蝶属

1200 / ——— | 罕莱灰蝶 / *Helleia helle* ([Schiffermüller], 1775)

1200 / 1833 | 丽罕莱灰蝶 / *Helleia li* (Oberthür, 1886)

1201 / 1834 | 灰蝶科 > 灰蝶属

1201 / 1834 | 红灰蝶 / *Lycaena phlaeas* (Linnaeus, 1761)

1201 / 1835 | 灰蝶科 > 昙灰蝶属

1201 / 1835 | 橙昙灰蝶 / *Thersamonia dispar* (Haworth, 1802)

1204 / 1836 | 昙灰蝶 / *Thersamonia thersamon* (Esper, 1784)

1204 / ——— | 紫罗兰昙灰蝶 / *Thersamonia violacea* (Staudinger, 1892)

1204 / ——— | 达昙灰蝶 / *Thersamonia dabrerai* Balint, 1996

1204 / 1836 | 梭尔昙灰蝶 / *Thersamonia solskyi* Erschoff, 1874

1204 / ——— | 灰蝶科 > 貉灰蝶属

1204 / ——— | 貉灰蝶 / *Heodes virgaureae* (Linnaeus, 1758)

1205 / ——— | 尖翅貉灰蝶 / *Heodes alciphron* (Rottemburg, 1775)

1205 / ——— | 昂貉灰蝶 / *Heodes ouang* (Oberthür, 1891)

1205 / 1837 | 灰蝶科 > 呃灰蝶属

1205 / 1837 | 陈呃灰蝶 / *Athamanthia tseng* (Oberthür, 1886)

1206 / 1837 | 华山呃灰蝶 / *Athamanthia svenhedini* Nordström, 1935

1206 / 1838 | 庞呃灰蝶 / *Athamanthia pang* (Oberthür, 1886)

1206 / 1839 | 斯旦呃灰蝶 / *Athamanthia standfussi* (Grum-Grshimailo, 1891)

1209 / 1839 | 灰蝶科 > 古灰蝶属

1209 / 1839 | 古灰蝶 / *Palaeochrysomphanus hippothoe* (Linnaeus, 1761)

1209 / 1840 | 灰蝶科 > 彩灰蝶属

1209 / 1840 | 浓紫彩灰蝶 / *Heliophorus ila* (de Nicéville & Martin, [1896])

1210 / ——— | 彩灰蝶 / Heliophorus epicles (Godart, [1824])

1210 / 1840 | 德彩灰蝶 / *Heliophorus delacouri* Eliot, 1963

1210 / 1841 | 古铜彩灰蝶 / *Heliophorus brahma* (Moore, [1858])

1210 / ——— | 莎罗彩灰蝶 / *Heliophorus saphiroides* Murayama, 1992

1210 / 1842 | 莎菲彩灰蝶 / *Heliophorus saphir* (Blanchard, [1871])

1220 / ——— | 贝娜灰蝶 / *Nacaduba bcroe* (C. & R. Felder, [1865])

1220 / ——— | 百娜灰蝶 / *Nacaduba berenice* (Herrich-Schäffer, 1869)

1220 / ——— | 黑娜灰蝶 / *Nacaduba pactolus* (C. Felder, 1860)

1221 / ——— | 贺娜灰蝶 / *Nacaduba hermus* (C. Felder, 1860)

1221 / ——— | 灰蝶科 ＞ 佩灰蝶属

1221 / ——— | 佩灰蝶 / *Petrelaea dana* (de Nicéville, [1884])

1224 / 1856 | 灰蝶科 ＞ 波灰蝶属

1224 / 1856 | 波灰蝶 / *Prosotas nora* (Felder, 1860)

1224 / 1857 | 疑波灰蝶 / *Prosotas dubiosa* (Semper, [1879])

1224 / ——— | 阿波灰蝶 / *Prosotas aluta* (Druce, 1873)

1224 / ——— | 黄波灰蝶 / *Prosotas lutea* (Martin, 1895)

1225 / ——— | 灰蝶科 ＞ 尖灰蝶属

1225 / ——— | 尖灰蝶 / *Ionolyce helicon* (Felder, 1860)

1225 / ——— | 灰蝶科 ＞ 方标灰蝶属

1225 / ——— | 方标灰蝶 / *Catopyrops ancyra* (Felder, 1960)

1226 / 1858 | 灰蝶科 ＞ 雅灰蝶属

1226 / 1858 | 雅灰蝶 / *Jamides bochus* (Stoll, [1782])

1226 / 1859 | 素雅灰蝶 / *Jamides alecto* (Felder, 1860)

1228 / 1860 | 锡冷雅灰蝶 / *Jamides celeno* (Cramer, [1775])

1228 / 1861 | 灰蝶科 ＞ 咖灰蝶属

1228 / 1861 | 蓝咖灰蝶 / *Catochrysops panormus* C. Felder, 1860

1228 / 1861 | 咖灰蝶 / *Catochrysops strabo* Fabricius, 1793

1229 / 1862 | 灰蝶科 ＞ 亮灰蝶属

1229 / 1862 | 亮灰蝶 / *Lampides boeticus* Linnaeus, 1767

1229 / 1863 | 灰蝶科 ＞ 棕灰蝶属

1229 / 1863 | 棕灰蝶 / *Euchrysops cnejus* (Fabricius, 1798)

1230 / 1864 | 灰蝶科 ＞ 吉灰蝶属

1230 / 1864 | 酢酱灰蝶 / *Zizeeria maha* (Kollar, [1844])

1252 / 1880 | 蓝底霾灰蝶 / *Maculinea cyanecula* (Eversmann, 1848)

1252 / ——— | 嘎霾灰蝶 / *Maculinea arion* (Linnaeus, 1758)

1252 / 1881 | 胡麻霾灰蝶 / *Maculinea teleia* (Bergsträsser, [1779])

1252 / ——— | 库氏霾灰蝶 / *Maculinea kurentzovi* Sibatani, Saigusa & Hirowatari, 1994

1252 / ——— | 霾灰蝶 / *Maculinea alcon* ([Denis & Schiffermüller], 1775)

1254 / 1882 | 灰蝶科 > 白灰蝶属

1254 / 1882 | 白灰蝶 / *Phengaris atroguttata* (Oberthür, 1876)

1254 / 1883 | 台湾白灰蝶 / *Phengaris daitozana* Wileman, 1908

1254 / ——— | 婀白灰蝶 / *Phengaris abida* Leech, [1893]

1256 / ——— | 灰蝶科 > 靛灰蝶属

1256 / ——— | 靛灰蝶 / *Caerulea coeligena* (Oberthür, 1876)

1256 / ——— | 扣靛灰蝶 / *Caerulea coelestis* (Alphéraky, 1897)

1257 / 1883 | 灰蝶科 > 戈灰蝶属

1257 / 1883 | 黎戈灰蝶 / *Glaucopsyche lycormas* Butler, 1886

1257 / 1884 | 灰蝶科 > 珞灰蝶属

1257 / 1884 | 珞灰蝶 / *Scolitantides orion* (Pallas, 1771)

1258 / ——— | 灰蝶科 > 僖灰蝶属

1258 / ——— | 烂僖灰蝶 / *Sinia lanty* (Oberthür, 1886)

1260 / 1884 | 灰蝶科 > 欣灰蝶属

1260 / 1884 | 欣灰蝶 / *Shijimiaeoides divina* (Fixen, 1887)

1260 / ——— | 灰蝶科 > 扫灰蝶属

1260 / ——— | 扫灰蝶 / *Subsulanoides nagata* Koiwaya, 1989

1261 / 1885 | 灰蝶科 > 婀灰蝶属

1261 / 1885 | 婀灰蝶 / *Albulina orbitula* (de Prunner, 1798)

1261 / ——— | 安婀灰蝶 / *Albulina amphirrhoe* Oberthür, 1910

1261 / ——— | 璐婀灰蝶 / *Albulina lucifuga* (Fruhstorfer, 1915)

1261 / ——— | 菲婀灰蝶 / *Albulina felicis* (Oberthür, 1886)

1263 / ——— | 泳婀灰蝶 / *Albulina younghusbandi* (Elwes, 1906)

1263 / 1886 | 灰蝶科 > 爱灰蝶属

1263 / 1886 | 华夏爱灰蝶 / *Aricia chinensis* Murray, 1874

1263 / 1886 | 阿爱灰蝶 / *Aricia allous* (Geyer, [1836])

1264 / ——— | 灰蝶科 > 埃灰蝶属

1264 / ——— | 埃灰蝶 / *Eumedonia eumedon* (Esper, [1780])

1264 / 1887 | 灰蝶科 > 紫灰蝶属

1264 / 1887 | 紫灰蝶 / *Chilades lajus* (Stoll, [1780])

1265 / 1888 | 曲纹紫灰蝶 / *Chilades pandava* (Horsfield, [1829])

1265 / 1889 | 普紫灰蝶 / *Freyeria putli* (Kollar, [1844])

1265 / 1889 | 灰蝶科 > 豆灰蝶属

1265 / 1889 | 豆灰蝶 / *Plebejus argus* (Linnaeus, 1758)

1267 / ——— | 甘肃豆灰蝶 / *Plebejus ganssuensis* (Grum-Grshimailo, 1891)

1267 / ——— | 金川豆灰蝶 / *Plebejus fyodor* Hsu, Bálint & Johnson, 2000

1267 / ——— | 灰蝶科 > 灿灰蝶属

1267 / ——— | 傲灿灰蝶 / *Agriades orbona* (Grum-Grshimailo, 1891)

1267 / ——— | 灿灰蝶 / *Agriades pheretiades* (Eversmann, 1843)

1267 / ——— | 喇灿灰蝶 / *Agriades lamasem* (Oberthür, 1910)

1267 / ——— | 递灿灰蝶 / *Agriades dis* (Grum-Grshimaïlo, 1891)

1268 / 1890 | 灰蝶科 > 红珠灰蝶属

1268 / 1890 | 红珠灰蝶 / *Lycaeides argyrognomon* (Bergsträsser, [1779])

1268 / ——— | 索红珠灰蝶 / *Lycaeides subsolanus* Eversmann, 1851

1268 / 1891 | 灰蝶科 > 点灰蝶属

1268 / 1891 | 阿点灰蝶 / *Agrodiaetus amandus* (Schneider, 1792)

1270 / 1891 | 灰蝶科 > 眼灰蝶属

1270 / 1891 | 多眼灰蝶 / *Polyommatus eros* (Ochsenheimer, 1808)

1270 / ——— | 佛眼灰蝶 / *Polyommatus forresti* Bálint, 1992

1270 / ——— | 青眼灰蝶 / *Polyommatus cyane* (Eversmann, 1837)

1270 / ——— | 爱慕眼灰蝶 / *Polyommatus amorata* Alphéraky, 1897

1270 / ——— | 新眼灰蝶 / *Polyommatus sinina* Grum-Grshimailo, 1891

1289 / ——— | 峨眉大弄蝶 / *Capila omeia* (Leech, 1894)

1289 / 1898 | 窗斑大弄蝶 / *Capila translucida* Leech, 1894

1289 / 1898 | 微点大弄蝶 / *Capila pauripunetata* Chou & Gu, 1994

1290 / ——— | 李氏大弄蝶 / *Capila lidderdali* (Elwes, 1888)

1290 / ——— | 白粉大弄蝶 / *Capila pieridoides* (Moore, 1878)

1294 / 1899 | **弄蝶科 > 带弄蝶属**

1294 / 1899 | 双带弄蝶 / *Lobocla bifasciata* (Bremer & Grey, 1853)

1294 / ——— | 弓带弄蝶 / *Lobocla nepos* (Oberthür, 1886)

1294 / ——— | 黄带弄蝶 / *Lobocla liliana* (Atkinson, 1871)

1294 / ——— | 曲纹带弄蝶 / *Lobocla germana* (Oberthür, 1886)

1294 / ——— | 嵌带弄蝶 / *Lobocla proxima* (Leech, 1891)

1294 / ——— | 简纹带弄蝶 / *Lobocla simplex* (Leech, 1891)

1297 / 1900 | **弄蝶科 > 星弄蝶属**

1297 / 1900 | 斑星弄蝶 / *Celaenorrhinus maculosus* C. & R. Felder, [1867]

1297 / ——— | 尖翅小星弄蝶 / *Celaenorrhinus pulomaya* Moore, 1865

1297 / ——— | 台湾射纹星弄蝶 / *Celaenorrhinus major* Hsu, 1990

1299 / 1901 | 黑泽星弄蝶 / *Celaenorrhinus kurosawai* Shirôzu, 1963

1299 / 1901 | 埔里星弄蝶 / *Celaenorrhinus horishanus* Shirôzu, 1960

1299 / 1901 | 小星弄蝶 / *Celaenorrhinus ratna* Fruhstorfer, 1909

1299 / ——— | 同宗星弄蝶 / *Celaenorrhinus consanguineous* Leech, 1891

1299 / 1902 | 菊星弄蝶 / *Celaenorrhinus kiku* Hering, 1918

1299 / ——— | 黄射纹星弄蝶 / *Celaenorrhinus oscula* Evans, 1949

1300 / 1902 | 白角星弄蝶 / *Celaenorrhinus leucocera* (Kollar, [1844])

1300 / ——— | 白触星弄蝶 / *Celaenorrhinus victor* Deviatkin, 2003

1300 / ——— | 四川星弄蝶 / *Celaenorrhinus patula* de Nicéville, 1889

1303 / ——— | 黄星弄蝶 / *Celaenorrhinus pero* de Nicéville, 1889

1303 / ——— | 疏星弄蝶 / *Celaenorrhinus aspersa* Leech, 1891

1303 / ——— | 西藏星弄蝶 / *Celaenorrhinus tibetana* (Mabille, 1876)

1303 / 1903 | 越南星弄蝶 / *Celaenorrhinus vietnamicus* Deviatkin, 2000

1303 / ——— | 达娜达星弄蝶 / *Celaenorrhinus dhanada* Moore, [1866]

1303 / 1903 | 锡金星弄蝶 / *Celaenorrhinus badia* (Hewitson, 1877)

63

1329 / ——— | 弄蝶科 > 秉弄蝶属

1329 / ——— | 布氏秉弄蝶 / *Pintara bowringi* (Joicey & Talbot, 1921)

1332 / 1915 | 弄蝶科 > 珠弄蝶属

1332 / 1915 | 西方珠弄蝶 / *Erynnis pelias* Leech, 1891

1332 / ——— | 波珠弄蝶 / *Erynnis popoviana* Nordmann, 1851

1332 / 1916 | 深山珠弄蝶 / *Erynnis montanus* (Bremer, 1861)

1333 / 1917 | 弄蝶科 > 花弄蝶属

1333 / 1917 | 花弄蝶 / *Pyrgus maculatus* (Bremer & Grey, 1853)

1333 / ——— | 锦葵花弄蝶 / *Pyrgus malvae* (Linnaeus, 1758)

1333 / ——— | 北方花弄蝶 / *Pyrgus alveus* Hübner, [1800-1803]

1333 / ——— | 斯拜尔花弄蝶 / *Pyrgus speyeri* (Staudinger, 1887)

1333 / ——— | 三纹花弄蝶 / *Pyrgus dejeani* (Oberthür, 1912)

1334 / ——— | 中华花弄蝶 / *Pyrgus bieti* (Oberthür, 1886)

1334 / ——— | 奥氏花弄蝶 / *Pyrgus oberthuri* Leech, 1891

1334 / 1918 | 弄蝶科 > 点弄蝶属

1334 / ——— | 吉点弄蝶 / *Muschampia gigas* (Bremer, 1864)

1334 / 1918 | 星点弄蝶 / *Muschampia tessellum* (Hübner, 1803)

1334 / 1919 | 筛点弄蝶 / *Muschampia cribrellum* (Eversman, 1841)

1335 / ——— | 弄蝶科 > 卡弄蝶属

1335 / ——— | 花卡弄蝶 / *Carcharodus flocciferus* (Zeller, 1847)

1335 / ——— | 弄蝶科 > 饰弄蝶属

1335 / ——— | 欧饰弄蝶 / *Spialia orbifer* (Hübner, 1823)

1335 / ——— | 黄饰弄蝶 / *Spialia galba* (Fabricius, 1793)

1339 / 1920 | 弄蝶科 > 链弄蝶属

1339 / 1920 | 链弄蝶 / *Heteropterus morpheus* (Pallas, 1771)

1339 / ——— | 弄蝶科 > 舟弄蝶属

1339 / ——— | 双色舟弄蝶 / *Barca bicolor* (Oberthür, 1896)

1340 / ——— | 弄蝶科 > 小弄蝶属

1340 / ——— | 小弄蝶 / *Leptalina unicolor* (Bremer & Grey, 1852)

1360 / ——— | 花裙陀弄蝶 / *Thoressa submacula* (Leech, 1890)

1360 / 1931 | 黄条陀弄蝶 / *Thoressa horishana* (Matsumura, 1910)

1360 / ——— | 黄毛陀弄蝶 / *Thoressa kuata* (Evans, 1940)

1363 / ——— | 侏儒陀弄蝶 / *Thoressa pedla* (Evans, 1956)

1363 / ——— | 秦岭陀弄蝶 / *Thoressa yingqii* Huang, 2010

1363 / ——— | 丽江陀弄蝶 / *Thoressa zinnia* (Evans, 1939)

1363 / 1931 | 南岭陀弄蝶 / *Thoressa xiaoqingae* Huang & Zhan, 2004

1363 / ——— | 栾川陀弄蝶 / *Thoressa luanchuanensis* (Wang & Niu, 2002)

1363 / ——— | 斑陀弄蝶 / *Thoressa maculata* Fan & Wang, 2009

1363 / ——— | 赛陀弄蝶 / *Thoressa serena* (Evans, 1937)

1364 / ——— | 徕陀弄蝶 / *Thoressa latris* (Leech, 1894)

1364 / ——— | 黑斑陀弄蝶 / *Thoressa monastyrskyi* Devyatkin, 1996

1366 / 1932 | 弄蝶科 > 酣弄蝶属

1366 / 1932 | 峨眉酣弄蝶 / *Halpe nephele* Leech, 1893

1366 / 1932 | 黄斑酣弄蝶 / *Halpe gamma* Evans, 1937

1366 / ——— | 凹缘酣弄蝶 / *Halpe concavimarginata* Yuan, Wang & Yuan, 2007

1368 / ——— | 库酣弄蝶 / *Halpe kumara* de Nicéville, 1885

1368 / ——— | 汉酣弄蝶 / *Halpe handa* Evans, 1949

1368 / ——— | 帕酣弄蝶 / *Halpe paupera* Devyatkin, 2002

1368 / ——— | 黑酣弄蝶 / *Halpe knyvetti* Elwes & Edwards, 1897

1368 / ——— | 双子酣弄蝶 / *Halpe porus* (Mabille, 1877)

1369 / 1933 | 弄蝶科 > 琵弄蝶属

1369 / ——— | 琵弄蝶 / *Pithauria murdava* (Moore, 1865)

1369 / 1933 | 拟槁琵弄蝶 / *Pithauria linus* Evans, 1937

1371 / 1933 | 弄蝶科 > 旖弄蝶属

1371 / 1933 | 旖弄蝶 / *Isoteinon lamprospilus* C. & R. Felder, 1862

1371 / ——— | 弄蝶科 > 突须弄蝶属

1371 / ——— | 突须弄蝶 / *Arnetta atkinsoni* (Moore, 1878)

1372 / ——— | 弄蝶科 > 暗弄蝶属

1372 / ——— | 斯氏暗弄蝶 / *Stimula swinhoei* (Elwes & Edwards, 1897)

1383 / ——— | 五斑希弄蝶 / *Hyarotis quinquepunctatus* Fan & Chiba, 2008

1383 / ——— | **弄蝶科 > 琦弄蝶属**

1383 / ——— | 黄带琦弄蝶 / *Quedara flavens* Devyatkin, 2000

1384 / ——— | **弄蝶科 > 毗弄蝶属**

1384 / ——— | 毗弄蝶 / *Praescobura chrysomaculata* Devyatkin, 2002

1384 / ——— | **弄蝶科 > 须弄蝶属**

1384 / ——— | 黄须弄蝶 / *Scobura coniata* Hering, 1918

1386 / ——— | 长须弄蝶 / *Scobura cephaloides* (de Nicéville, 1888)

1386 / ——— | 星须弄蝶 / *Scobura stellata* Fan, Chiba & Wang, 2010

1386 / ——— | 显脉须弄蝶 / *Scobura lyso* (Evans, 1939)

1386 / ——— | 都江堰须弄蝶 / *Scobura masutarai* Sugiyama, 1996

1386 / ——— | 海南须弄蝶 / *Scobura hainana* (Gu & Wang, 1998)

1387 / ——— | **弄蝶科 > 珞弄蝶属**

1387 / ——— | 珞弄蝶 / *Lotongus saralus* (de Nicéville, 1889)

1387 / ——— | **弄蝶科 > 火脉弄蝶属**

1387 / ——— | 火脉弄蝶 / *Pyroneura margherita* (Doherty, 1889)

1388 / ——— | **弄蝶科 > 蜡痣弄蝶属**

1388 / ——— | 蜡痣弄蝶 / *Cupitha purreea* (Moore, 1877)

1390 / ——— | **弄蝶科 > 椰弄蝶属**

1390 / ——— | 椰弄蝶 / *Gangara thyrisis* (Fabricius, 1775)

1390 / 1939 | **弄蝶科 > 蕉弄蝶属**

1390 / 1939 | 黄斑蕉弄蝶 / *Erionota torus* Evans, 1941

1390 / ——— | 白斑蕉弄蝶 / *Erionota grandis* (Leech, 1890)

1390 / ——— | 阿蕉弄蝶 / *Erionota acroleuca* (Wood-Mason & de Nicéville, 1881)

1393 / 1940 | **弄蝶科 > 玛弄蝶属**

1393 / 1940 | 玛弄蝶 / *Matapa aria* (Moore, 1865)

1393 / ——— | 绿玛弄蝶 / *Matapa sasivarna* (Moore, 1865)

1393 / ——— | 珠玛弄蝶 / *Matapa druna* (Moore, 1865)

1393 / ——— | 柯玛弄蝶 / *Matapa cresta* Evans, 1949

1393 / ——— | 拟珠玛弄蝶 / *Matapa pseudodruna* Fan, Chiba & Wang, 2014

1395 / 1940 | **弄蝶科** > 弄蝶属

1395 / ——— | 弄蝶 / *Hesperia comma* (Linnaeus, 1758)

1395 / 1940 | 红弄蝶 / *Hesperia florinda* (Butler, 1878)

1396 / 1941 | **弄蝶科** > 赭弄蝶属

1396 / 1941 | 小赭弄蝶 / *Ochlodes venata* (Bremer & Grey, 1853)

1396 / 1941 | 似小赭弄蝶 / *Ochlodes similis* (Leech, 1893)

1396 / 1942 | 肖小赭弄蝶 / *Ochlodes sagitta* Hemming, 1934

1396 / ——— | 宽边赭弄蝶 / *Ochlodes ochracea* (Bremer, 1861)

1398 / 1942 | 透斑赭弄蝶 / *Ochlodes linga* Evans, 1939

1398 / ——— | 黄赭弄蝶 / *Ochlodes crataeis* (Leech, 1893)

1398 / ——— | 净裙赭弄蝶 / *Ochlodes lanta* Evans, 1939

1398 / ——— | 素赭弄蝶 / *Ochlodes hasegawai* Chiba & Tsukiyama, 1996

1398 / ——— | 黄斑赭弄蝶 / *Ochlodes flavomaculata* Draeseke & Reuss, 1905

1400 / 1943 | 菩提赭弄蝶 / *Ochlodes bouddha* (Mabille, 1876)

1400 / 1943 | 台湾赭弄蝶 / *Ochlodes formosana* (Matsumura, 1919)

1400 / ——— | 白斑赭弄蝶 / *Ochlodes subhyalina* (Bremer & Grey, 1853)

1400 / 1943 | 西藏赭弄蝶 / *Ochlodes thibetana* (Oberthür, 1886)

1402 / ——— | 针纹赭弄蝶 / *Ochlodes klapperichii* Evans, 1940

1402 / 1944 | **弄蝶科** > 豹弄蝶属

1402 / 1944 | 豹弄蝶 / *Thymelicus leoninus* (Butler, 1878)

1402 / ——— | 线豹弄蝶 / *Thymelicus lineola* Ochsenheimer, 1808

1402 / ——— | 黑豹弄蝶 / *Thymelicus sylvaticus* (Bremer, 1861)

1403 / ——— | **弄蝶科** > 黄弄蝶属

1403 / ——— | 黄弄蝶 / *Taractrocera flavoides* Leech, 1892

1403 / ——— | 微黄弄蝶 / *Taractrocera maevius* (Fabricius, 1793)

1403 / ——— | 草黄弄蝶 / *Taractrocera ceramas* (Hewitson, 1868)

1404 / ——— | **弄蝶科** > 偶侣弄蝶属

1404 / ——— | 偶侣弄蝶 / *Oriens gola* (Moore, 1877)

蝴蝶和其他生物一样，有着自己特殊的分类位置。它隶属于动物界（Animalia）、节肢动物门（Arthropoda）、昆虫纲（Insecta）、鳞翅目（Lepidoptera）。昆虫纲的基本特征可以概括为："体躯三段头、胸、腹，两对翅膀六只足；一对触角生头上，骨骼包在体外部；一生形态多变化，遍布全球旺家族。"

一、蝶蛾之别

蝶与蛾是鳞翅目昆虫的俗称，其主要特征就是翅面上布满了色彩斑斓的鳞片。鳞翅目昆虫的口器（嘴）为虹吸式，是一根发条状的空心管，专门取食花蜜等液态食物。幼虫俗称毛毛虫，它们有2-5对腹足，腹足有趾钩。鳞翅目的识别特征可用下面四句话来记忆："虹吸口器鳞翅目，四翅膜质鳞片覆；蝶舞花间蛾扑火，幼虫多足称为蠋。"

玉带凤蝶/四川绵阳/王昌大

蝶与蛾可称得上是鳞翅目中的一对孪生姐妹，常使人们混淆不清，指蝶为蛾或指蛾为蝶，甚至在一些种类名称上张冠李戴。其实，蝶与蛾无论从身体构造或生活习性上都有着比较明显的差别。蝴蝶是白天活动的昆虫，喜欢访花，因此，才有"花为谁开，蝶为谁来，花引蝶吸蜜，蝶为花传粉，两厢情愿，备受其益"的说法；蛾子大部分夜间才出来活动，喜欢灯火，所以有了"飞蛾投火"，比喻自寻死路的成语。蝴蝶的触角末端膨大呈棒状（锤状），曾被称为锤角亚目（Rhopalocera）；绝大多数蛾子的触角末端不膨大，呈线状、栉齿状、羽状等，曾被称为异角亚目（Heterocera）。只要日间在花丛间抓一只蝴蝶，晚上在灯下诱一只蛾子，作一比较，便会真相大白。

表1 蛾类与蝶类的区别对比表

	蛾 类	蝶 类
触角	①线状，②栉齿状（末端不膨大），③羽状	末端膨大成棒状，弄蝶末端有钩
翅的休止状态及背面、腹面的斑纹特征	屋脊状或平放身体背面。翅腹面的斑纹通常比背面模糊或一致	通常直立于身体背面。翅腹面的斑纹通常比背面清楚或有更多的斑纹，是种类鉴定的重要依据
活动时间	夜晚（飞蛾扑火）	白天（蝶舞花间）
蛹	结茧（①被蛹，②网茧）	常无茧

二、蝴蝶的形态特征

头部

是感觉中心，位于体躯的前部，圆形或半圆形，两侧有大型半球状的复眼，由上万个六角形的小眼组成。复眼之间有一对触角，分成若干节。触角的下半部细长，接近顶端又变得粗大，很像是打垒球用的棒子，叫棒状触角或锤状触角，在蝶类中无一例外，以此得名锤角亚目。

胸部

是运动中心，位于体躯的中部，由前胸、中胸及后胸三个体节组成，前胸最小，中胸最大，后胸次之。各节腹面着生一对足，足的变化不同，往往是分科的依据。在中、后胸各有一对翅膀。前翅与后翅大小和形状略有不同。

翅：近似三角形，展开时向前方（或向上方）的边称前缘，向外方（或外端）的边称外缘，向后方（或下方）的边称为后缘或内缘。翅膀也有三个角：前缘与外缘相交构成的角为顶角，外缘与内缘相交构成的角为臀角，后缘与前缘构成的角为基角或肩角。翅展开时，前翅的两个顶角间的距离称为翅展。

蝴蝶展示示意图

在研究过程中为了方便记述，将翅面的线、带、斑及其所在的部位进行了区划和命名，如基区与基线、中区与中带等。

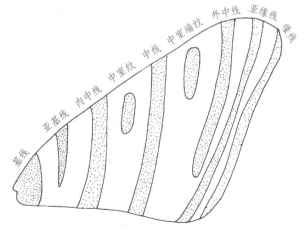

蝴蝶翅面斑纹的通常命名

脉序：根据康尼命名法（Comstock-Needham命名法），蝴蝶前翅的第一条纵脉为亚缘脉（Sc），从基角发出，不分支；第二条是径脉（R），通常有5个分支（R_1，R_2，R_3，R_4，R_5）；第三条纵脉是中脉（M），其基部消失而形成中室，留下3个分支（M_1，M_2，M_3）位于中室外方；第四条是肘脉（Cu），从基部的后方伸出，有2个分支（Cu_1，Cu_2或者CuA_1，CuA_2）；最后从基角伸出2条臀脉（2A，3A）。后翅的第一条纵脉为$Sc + R_1$；第二条为径分脉、径总脉或径规脉（Rs）；中脉、肘脉的数目和位置与前翅相似，但臀脉仅1条。

翅室：由于翅脉的存在，使翅面被划分为许多小的区域，这就是翅室。翅室也有一定的名称，除中室外，采用康尼命名法（Comstock-Needham命名法）时，依其前方一条翅脉的名称命名，但一律用小写字母表示，如R_1脉后面的翅室叫r_1室，M_2脉后的翅室为m_2室。

腹部

位于体躯的后部，是生殖与代谢中心，由10节左右组成，第1节退化，第7、8节变形，第9、10节演化为外生殖器。腹部是代谢中心，内部包含着消化系统、呼吸系统、循环系统、排泄系统及生殖系统等重要器官。外生殖器结构是鉴别近缘种的主要依据。

雄性外生殖器（Male genitalia）：由第9腹节形成的骨化环称为背兜（tegumen），弧形；腹面有囊形突（saccus）；两侧形成弧状称基腹弧（vinculum），与背兜相连；抱器瓣或抱器（valva）形状各异，抱器瓣的腹侧称抱器腹（sacculus），背侧称抱器背（costa），端部称抱器端（cucullus）。在抱器瓣上有时还有不同形状的突起

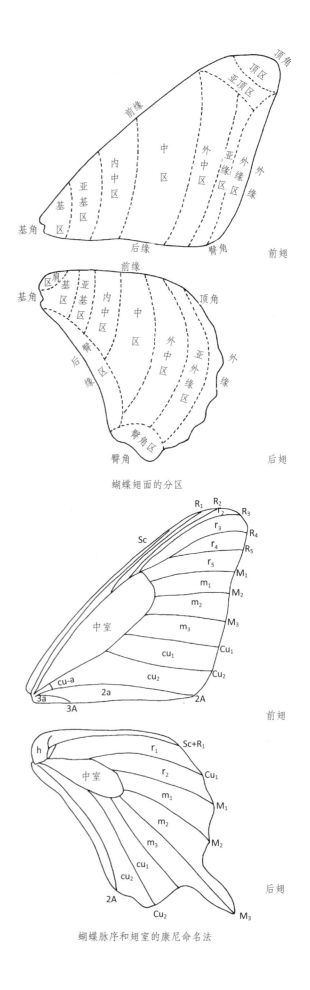

蝴蝶翅面的分区

蝴蝶脉序和翅室的康尼命名法

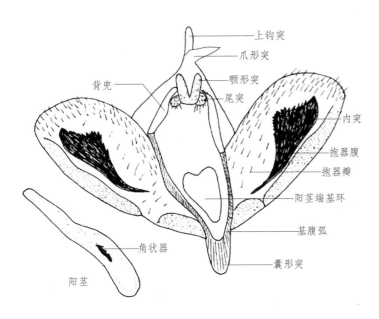

蝴蝶的雄性外生殖器结构图

上钩突
爪形突
颚形突
尾突
背兜
内突
抱器腹
抱器瓣
阳茎端基环
基腹弧
角状器
囊形突
阳茎

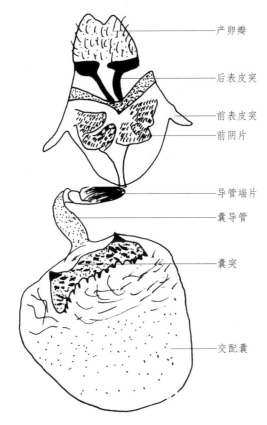

蝴蝶的雌性外生殖器结构图

产卵瓣
后表皮突
前表皮突
前阴片
导管端片
囊导管
囊突
交配囊

称为内突（inner process, harpe），是分种的主要特征。在背兜中后方有爪形突（uncus），有些种类在其上方还有1枚小的上钩突（superuncus）。在其下有背兜侧突（尾突，socii）和颚形突（gnathos）。在基腹弧中央有阳茎（aedeagus），长短粗细不一，稍弯，基部通常有指状的基侧突（basal prong）；阳茎基部有阳茎端基环（juxta），起固定和支撑阳茎的作用。

雌性外生殖器（Female genitalia）：肛乳突或称产卵瓣（papillae anales），呈长圆形或半圆形；交配孔（ostium）裸露或隐藏，周围有前阴片（lamella antevaginalis）和后阴片（lamella postvaginalis），形状有不同变异，特别是前阴片，常有很多皱褶和鬃毛；囊导管（ductus bursae），长短粗细不一，有的种在交配孔附近有骨化的部分称为导管端片（antrum）；交配囊（corpus bursae）膜质，大小不同，一般呈长圆形，囊上有囊突（signum），形状大小不同，是分类的显著特征。

三、蝴蝶的生命周期

置身花团锦簇、绿草如茵的环境中，固然令人宠辱皆忘而流连忘返，但若此时周围有几只翩翩起舞的彩蝶，必会平添几许野趣。然而如果你能亲自观察一只奇丑无比的毛虫，徐徐蜕变成漂亮的蝴蝶，那你除了会感叹大自然的奇妙之外，你必会对种种奇特的生命现象留下深刻的印象。

蝴蝶是全变态类昆虫，一生须经过卵、幼虫、蛹和成虫四个阶段。蝴蝶从卵离开母体到成虫性成熟为止的个体发育周期称为世代。蝴蝶的生活史是指蝴蝶在一定阶段的发育史。生活史常以一年或一代时间为单位。蝴蝶在一年中的发育史称年生活史或生活年史。

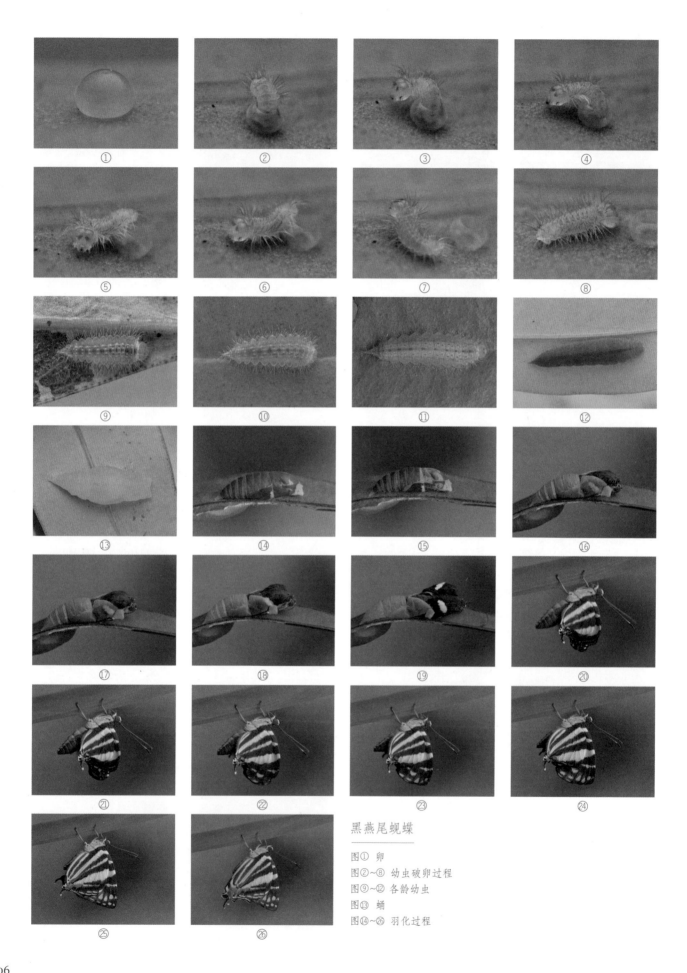

黑燕尾蚬蝶

图① 卵
图②~⑧ 幼虫破卵过程
图⑨~⑫ 各龄幼虫
图⑬ 蛹
图⑭~㉖ 羽化过程

卵

卵壳表面有的非常光滑，能显珠光；有的十分粗糙，且有多种雕刻状纹饰，更有的卵表面覆盖鳞毛等。卵的形状则形式各异，有圆球形、馒头形、扁圆形、梨形和纺锤形等。卵的色彩则有橙、黄、绿、白等色。

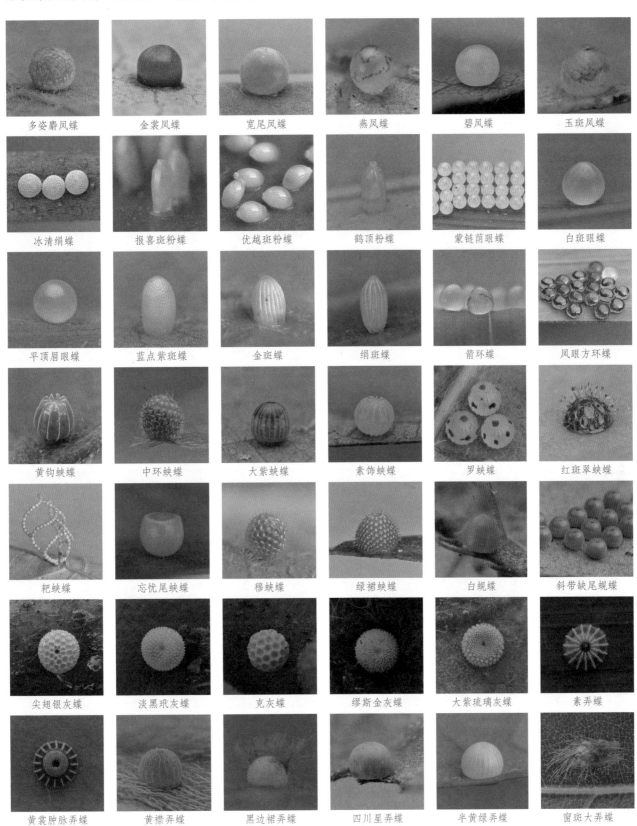

多姿麝凤蝶	金裳凤蝶	宽尾凤蝶	燕凤蝶	碧凤蝶	玉斑凤蝶
冰清绢蝶	报喜斑粉蝶	优越斑粉蝶	鹤顶粉蝶	蒙链荫眼蝶	白斑眼蝶
平顶眉眼蝶	蓝点紫斑蝶	金斑蝶	绢斑蝶	箭环蝶	凤眼方环蝶
黄钩蛱蝶	中环蛱蝶	大紫蛱蝶	素饰蛱蝶	罗蛱蝶	红斑翠蛱蝶
耙蛱蝶	忘忧尾蛱蝶	穆蛱蝶	绿裙蛱蝶	白蚬蝶	斜带缺尾蚬蝶
尖翅银灰蝶	淡黑玳灰蝶	克灰蝶	缪斯金灰蝶	大紫琉璃灰蝶	素弄蝶
黄裳肿脉弄蝶	黄襟弄蝶	黑边裙弄蝶	四川星弄蝶	半黄绿弄蝶	窗斑大弄蝶

0007

幼虫

　　幼虫期也称生长时期，是蝶类一生中的第二个发育阶段。蝶类的幼虫有5对腹足，称为蠋形幼虫。腹足有趾钩是鳞翅目幼虫区别于其他昆虫幼虫的一个主要特征。幼虫体表有的光滑，有的有棘刺、软毛、刚毛或内棘等。

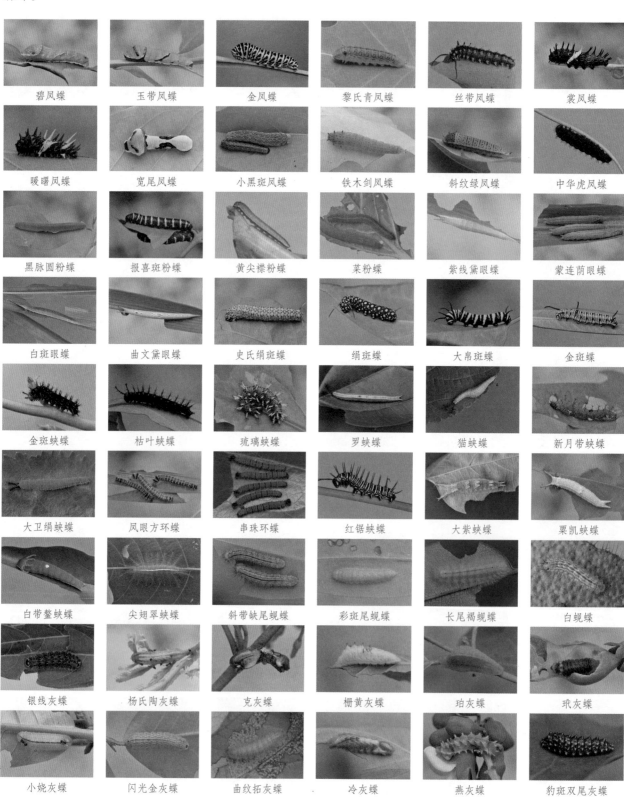

碧凤蝶	玉带凤蝶	金凤蝶	黎氏青凤蝶	丝带凤蝶	裳凤蝶
暖曙凤蝶	宽尾凤蝶	小黑斑凤蝶	铁木剑凤蝶	斜纹绿凤蝶	中华虎凤蝶
黑脉圆粉蝶	报喜斑粉蝶	黄尖襟粉蝶	菜粉蝶	紫线黛眼蝶	蒙连荫眼蝶
白斑眼蝶	曲文黛眼蝶	史氏绢斑蝶	绢斑蝶	大帛斑蝶	金斑蝶
金斑蛱蝶	枯叶蛱蝶	琉璃蛱蝶	罗蛱蝶	猫蛱蝶	新月带蛱蝶
大卫绢蛱蝶	凤眼方环蝶	串珠环蝶	红锯蛱蝶	大紫蛱蝶	粟凯蛱蝶
白带鳌蛱蝶	尖翅翠蛱蝶	斜带缺尾蚬蝶	彩斑尾蚬蝶	长尾褐蚬蝶	白蚬蝶
银线灰蝶	杨氏陶灰蝶	克灰蝶	栅黄灰蝶	珀灰蝶	玳灰蝶
小娆灰蝶	闪光金灰蝶	曲纹拓灰蝶	冷灰蝶	燕灰蝶	豹斑双尾灰蝶

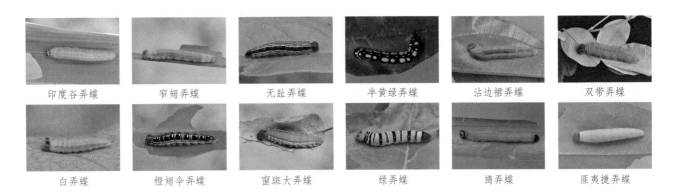

| 印度谷弄蝶 | 窄翅弄蝶 | 无趾弄蝶 | 半黄绿弄蝶 | 沾边裙弄蝶 | 双带弄蝶 |
| 白弄蝶 | 橙翅伞弄蝶 | 窗斑大弄蝶 | 绿弄蝶 | 旖弄蝶 | 匪夷捷弄蝶 |

蛹

蛹是蝶类一生中的第三个发育阶段，也称转变时期，是一个不食不动的虫态。最常见的蝶蛹暴露在外，称为裸蛹。老熟幼虫选定化蛹场所后先吐丝成垫，用臀足钩钩着其上，以免下坠，然后仰头后弯，反复来回吐丝绞成一粗线，围绕中腰，使化蛹不致翻倒，故称缢蛹或带蛹。还有一种蛹称悬蛹，即老熟幼虫在吐丝作垫之后即用臀足钩钩着其上，而将体躯倒挂下来化蛹。

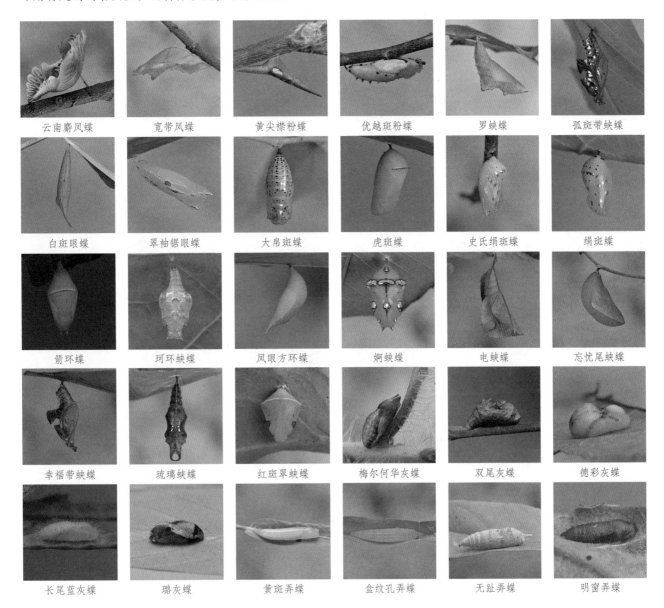

云南麝凤蝶	宽带凤蝶	黄尖襟粉蝶	优越斑粉蝶	罗蛱蝶	孤斑带蛱蝶
白斑眼蝶	翠袖锯眼蝶	大帛斑蝶	虎斑蝶	史氏绢斑蝶	绢斑蝶
箭环蝶	珂环蛱蝶	凤眼方环蝶	婀蛱蝶	电蛱蝶	忘忧尾蛱蝶
幸福带蛱蝶	琉璃蛱蝶	红斑翠蛱蝶	梅尔何华灰蝶	双尾灰蝶	德彩灰蝶
长尾蓝灰蝶	璐灰蝶	黄斑弄蝶	盒纹孔弄蝶	无趾弄蝶	明窗弄蝶

成虫

　　成虫是蝶类发育的最后阶段，也就是我们常见到的蝴蝶。成虫脱离蛹壳而出，称为羽化。蝴蝶从蝶蛹中羽化出来之后，雄蝶就四处翩飞，忙于寻找雌蝶交尾，雌蝶则忙着寻幼虫的饲料植物产卵，繁衍后代。

文蛱蝶/云南西双版纳/王昌大

白点褐蚬蝶/广东乳源/陈嘉霖

台湾射纹星弄蝶/台湾花莲/林柏昌

四、蝴蝶的分类

　　在传统分类学上，蝶类归于昆虫纲、鳞翅目、蝶亚目Rhopalocera。按照目前国际上流行的鳞翅目分类系统，蝶类属于鳞翅目的有喙亚目Glossata、双孔次亚目Ditrysia。它们被归入凤蝶总科Papilionoidea（也有的仍然分为弄蝶总科Hesperioidea和凤蝶总科Papilionoidea），划分为5科（弄蝶科、凤蝶科、粉蝶科、灰蝶科和蛱蝶科）。国外多数学者现将蚬蝶类从灰蝶科中分出，形成独立的蚬蝶科（Riodinidae），但蛱蝶科仍包含多达12个亚科，其中包括喙蝶、斑蝶、眼蝶、环蝶、珍蝶、闪蝶、袖蝶和绡蝶等。我国过去通常将蝶类区分为17科。除僵弄蝶科Euschemonidae（澳洲，1种）、大弄蝶科Megathymidae（美洲）、闪蝶科Morphidae（南美洲）、绡蝶科Ithomiidae（美洲）和袖蝶科Heliconiidae（美洲）这5科外，我国的蝴蝶分为12个科。本书采样国际流行的分类系统，将蝴蝶分为1总科5个科。两个分类系统的对应关系见表2。

表2 蝴蝶的两个分类系统对照表

周尧（1994）		Kristensen等（2011）		
弄蝶总科 Hesperioidea	僵弄蝶科 Euschemonidae	僵弄蝶亚科 Euschemoninae	弄蝶科 Hesperiidae	凤蝶总科 Papilionoidea
	大弄蝶科 Megathymidae	弄蝶亚科 Hesperiinae中的一部分		
	弄蝶科 Hesperiidae	弄蝶科的主体， 分6个亚科		
凤蝶总科 Papilionoidea	凤蝶科 Papilionidae	凤蝶亚科 Papilioninae	凤蝶科 Papilionidae	
	绢蝶科 Parnassiidae	绢蝶亚科 Parnassiinae		
	粉蝶科 Pieridae	粉蝶科 Pieridae	粉蝶科 Pieridae	
蛱蝶总科 Nymphaloidea	喙蝶科 Libytheidae	喙蝶亚科 Libytheinae	蛱蝶科 Nymphalidae	
	眼蝶科 Satyridae	眼蝶亚科 Satyrinae		
	斑蝶科 Danaidae	斑蝶亚科 Danainae （斑蝶族）		
	绡蝶科 Ithomiidae	斑蝶亚科 （绡蝶族）		
	环蝶科 Amathusiidae	闪蝶亚科 （环蝶族）		
	闪蝶科 Morphidae	闪蝶亚科Morphinae （闪蝶族）		
	蛱蝶科 Nymphalidae	蛱蝶科的主体， 分7个亚科		
	袖蝶科 Heliconiidae	釉蛱蝶亚科Heliconiinae （袖蝶族）		
	珍蝶科 Acraeidae	釉蛱蝶亚科 （珍蝶族）		
灰蝶总科 Lycaenoidea	蚬蝶科 Riodinidae	蚬蝶亚科 Riodininae	灰蝶科 Lycaenidae	
	灰蝶科 Lycaenidae	灰蝶科的主体， 分4个亚科		

凤蝶科 Papilionidae

本科种类多属大型，中型较少。色彩鲜艳，底色多黑、黄或白，有蓝、绿、红等颜色的斑纹。后翅常有一尾突（燕尾）。前足胫节有1个前胫突。后翅2A脉伸达后缘。幼虫前胸有一翻缩性"Y"形腺。世界已知570多种，我国已记载130多种。

本科分为3亚科，凤蝶亚科Papilioninae、宝凤蝶亚科Baroniinae、绢蝶亚科Parnassiinae。其中宝凤蝶亚科（1属1种，中美洲）在我国没有分布。我国通常将绢蝶亚科中的锯凤蝶族提升为锯凤蝶亚科Zerynthiinae。

凤蝶亚科 Papilioninae

中型或大型种类。触角细长，锤状部明显。下唇须较短。前翅R脉5支。后翅尾突有或无。

锯凤蝶亚科 Zerynthiinae

中型种类。下唇须相当长。前翅R脉5支。前、后翅上的斑纹比较规律，大致为横向排列；后翅外缘波状，具有尾突。

绢蝶亚科 Parnassiinae

通常为中等大小的蝴蝶，前、后翅多为白色或蜡黄色，有红、黑色斑点，翅上鳞片稀少呈半透明。前翅R脉4支，A脉2支。后翅A脉1支，无尾突。雌蝶交配后会在腹部末端产生各种形状的臀袋，以避免再次交配，因此臀袋是重要的分类依据。世界已知50多种，我国有35种以上，是世界上绢蝶种类最多的国家。

斜纹绿凤蝶/云南西双版纳/陈尽虫

粉蝶科 Pieridae

体形通常为中型或小型。色彩较素淡，一般为白、黄和橙色，并常有黑色或红色斑纹。后翅无尾突。前足

发育正常，两个爪都二分叉。

本科分为4亚科：蓝粉蝶亚科Pseudopontiinae（1属1种，非洲）、袖粉蝶亚科Dismorphiinae、粉蝶亚科Pierinae、黄粉蝶亚科Coliadinae。世界已知约1200种，中国已知150余种。

黄粉蝶亚科 Coliadinae

翅大多为黄色。后翅无肩脉或肩脉极度退化。下唇须第3节很短，无毛。触角较短。

粉蝶亚科 Pierinae

下唇须第3节长而多毛。翅通常白色，脉纹大多为黑色；有些种类前翅顶角有红色或橙色的横带，还有一些种类的后翅腹面为黄色。前翅至少有1条R脉独立。后翅肩脉通常发达。

袖粉蝶亚科 Dismorphiinae

前翅有R脉5支，均共柄。后翅Sc +R$_1$脉与Rs脉不再联合。幼虫主要取食豆科Fabaceae植物。

蛱蝶科 Nymphalidae

多为中型或大型种类，少数为小型美丽的蝴蝶。色彩鲜艳，花纹相当复杂。少数种类有性二型现象，有的呈季节型。前足相当退化，短小无爪。

本科分为12亚科：喙蝶亚科Libytheinae、斑蝶亚科Danainae、眼蝶亚科Satyrinae、绢蛱蝶亚科Calinaginae、闪蝶亚科Morphinae、釉蛱蝶亚科 Heliconiinae、蛱蝶亚科Nymphalinae、螯蛱蝶亚科Charaxinae、闪蛱蝶亚科Apaturinae、丝蛱蝶亚科Cyrestinae、波蛱蝶亚科Biblidinae、线蛱蝶亚科Limenitinae。

世界已知6100余种，中国已知770多种。

喙蝶亚科 Libytheinae

中型或小型的种类。翅色暗，灰褐色或黑褐色，有白色或红褐色斑。下唇须特别长，其长度与胸部长度相当，显著地伸出头的前方。前翅顶角突出成钩状。世界已知1属约10种，我国已知1属3种。

斑蝶亚科 Danainae

中型或大型美丽的种类，常为其他科蝴蝶模仿的对象。一般为黄、红、黑、灰或白色，有的有闪光。雄蝶前翅Cu脉上或后翅臀区有香鳞。后翅无尾突。雄蝶腹部末端有1对可外翻的毛髯样味刷。本科已知450多种，我国已记载30多种。

眼蝶亚科 Satyrinae

小型或中型种类，颜色暗淡，通常为灰褐、黑褐或黄褐，少数红色或白色。翅上有较醒目的眼斑或圆形纹，少数没有或不明显。前翅有几条纵脉的基部膨大。雄蝶通常有第二性征。世界已知2500多种，我国有360多种。

绢蛱蝶亚科 Calinaginae

成虫似绢蝶或粉蝶；胸部被金黄色、橘红色和红色毛。卵为圆形具网状纹。幼虫头部有明显的角，二分的尾短。仅包括绢蛱蝶1属。

闪蝶亚科 Morphinae

中至大型美丽的蝴蝶。包括闪蝶族Morphini（南美洲）、猫头鹰蝶族Brassolini（南美洲）和环蝶族Amathusiini。闪蝶那迷人的蓝色金属光泽十分醒目诱人。所有种类，不论是蓝色、绿白色还是褐色，其翅的腹面或多或少都有成列的眼斑，猫头鹰蝶族的翅腹面图案形似猫头鹰的脸，故名。前翅中室后角向翅缘尖锐突出。世界已知230多种，我国有环蝶20多种。

釉蛱蝶亚科 Heliconiinae

包括袖蝶、珍蝶和豹蛱蝶等中型的蝴蝶。卵具网状纹。幼虫体表具刺。世界已知约400种，我国有50多种。

蛱蝶亚科 Nymphalinae

小型到中型的蝴蝶，十分漂亮。卵近桶状，具网纹。幼虫体表具枝刺。包括3个族60属350多种。我国已知70多种。

螯蛱蝶亚科 Charaxinae

成虫通常十分粗壮，飞行非常迅速，通常吸食腐殖、发酵的汁液。大多数种类具有华丽的色彩，通常具有复杂的斑纹，后翅外缘常有尾突。卵通常球状、光滑。幼虫类型多样，头部通常有修饰并有二分叉的尾。世界已知约400种，我国已知10多种。

闪蛱蝶亚科 Apaturinae

成虫具有十分细长的阳茎和囊形突，二者经常几乎与腹部等长。幼虫蛞蝓形，具有二分叉的尾，有时体表具刺；头部有1对枝状角。世界已知约100种，我国已知约40种。

丝蛱蝶亚科 Cyrestinae

中型到小型蝴蝶，包括秀蛱蝶族Pseudergolini和丝蛱蝶族Cyrestini，其中丝蛱蝶族的后翅有尾突。幼虫头部有1对发达的略呈肉质的角突。世界已知约50种，我国已知约10种。

波蛱蝶亚科 Biblidinae

本亚科的大部分属种都分布于非洲和美洲，东洋区仅有2属。前翅Sc脉基半部常极度膨大，与眼蝶的翅脉膨大相似。

线蛱蝶亚科 Limenitinae

成虫为大型或中型的蝴蝶。包括翠蛱蝶族、环蛱蝶族、线蛱蝶族、丽蛱蝶族、姹蛱蝶族和耙蛱蝶属。后翅无尾突或齿突。幼虫头部不具角或具不呈肉质的角。世界性分布，种类十分丰富。

彩蛱蝶/湖南郴州/王军

细灰蝶/海南尖峰岭/王军

灰蝶科 Lycaenidae

小型美丽的蝴蝶，极少为中型种类。翅背面常呈红、橙、蓝、绿、紫、翠、古铜等颜色，颜色单纯而有光泽；翅腹面的图案与颜色与背面不同，成为分类上的重要特征。后翅有时有1-3个尾突。识别特征：①触角与复眼外缘相连；②触角上常有白环，复眼四周围绕一圈白色鳞片；③幼虫前胸无翻缩腺。

本科包括5亚科：蚬蝶亚科Riodininae，圆灰蝶亚科Poritiinae，云灰蝶亚科Miletinae，银灰蝶亚科Curetinae，灰蝶亚科Lycaeninae。世界已知6700余种，中国已知600多种。

蚬蝶亚科 Riodininae

主要特征为雄虫前足构造与喙蝶相似，退化而无功能，雌虫前足则完整分节并功能正常。下唇须细小、直立。前翅1A+2A脉基部略分岔。后翅肩脉发达。前、后翅中室封闭。触角末端锤部部分略呈铲状。

圆灰蝶亚科 Poritiinae

前翅有10-12条脉。触角末端锤部部分略呈圆筒状。后翅有1条短的肩脉，无尾突及臀叶。雄蝶腹部短于后翅臀缘。雄蝶第二性征存在。

云灰蝶亚科 Miletinae

前翅有11条脉。中、后足胫节无端距。后翅无尾突及臀叶。雄蝶腹部长于后翅臀缘。雄蝶第二性征局限于前翅及腹部。幼虫非植食性。

银灰蝶亚科 Curetinae

前翅有11条脉。翅短宽，复眼被毛。下唇须覆扁平鳞片。雌、雄蝶的翅腹面均为银白色。后翅无尾突与臀叶。雄虫前足跗节愈合，末端下弯。雄虫第二性征主要是位于腹部前侧的一对藏在第三腹节盖状构造下的毛笔器。幼虫腹部有一对简状突起，内有可伸缩触手状器官，但可能与灰蝶亚科的触手状器官不同源。无蜜腺。

灰蝶亚科 Lycaeninae

前翅有10-12条脉；后翅常有一或多根丝状尾突（其他亚科无此等尾突），臀叶发达或缺。幼虫多于第7腹节具有能分泌蜜露的蜜腺（但此特征有的种类退化消失）。许多种类幼虫腹部具有一对可伸缩的触手状器官。

弄蝶科 Hesperiidae

小型或中型的蝴蝶，颜色大多较暗，少数为黄色或白色。触角基部互相接近，并常有黑色毛块，端部略粗，末端弯而尖。世界已知4100多种，我国已知370多种。

本科分为7个亚科：竖翅弄蝶亚科Coeliadinae、僵弄蝶亚科Euschemoninae、珍弄蝶亚科Eudaminae、花弄蝶亚科Pyrginae、链弄蝶亚科Heteropterinae、梯弄蝶亚科Trapezitinae和弄蝶亚科Hesperiinae。现简要介绍我国有分布的4个亚科。

窗斑大弄蝶/湖南郴州/王军

角翅弄蝶/云南元阳/陈尽虫

竖翅弄蝶亚科 Coeliadinae

身体大型，休息时翅竖立。下唇须第2节直，第3节细长，向前伸。后翅臀角处通常向外延伸成瓣状。

花弄蝶亚科 Pyrginae

翅面通常有白色斑纹，休息时多平展翅膀。下唇须第3节通常短粗。腹部短于或等于后翅后缘。后翅臀角处无明显的瓣突。成虫多有访花习性。

链弄蝶亚科 Heteropterinae

触角的棒部在端突前不收缩。翅通常宽阔；后翅中室长，超过翅长的1/2。下唇须多毛，长而前伸。腹部长。雄蝶无性标斑痣。

弄蝶亚科 Hesperiinae

成虫休息时翅膀竖立。腹部长，超过后翅后缘。雄蝶前翅背面通常有性标斑痣或烙印疤。后足胫节无毛刷。

如何使用本书

本书采样国际流行的分类系统，将蝴蝶分为1总科5个科。

本书条目标明每种蝴蝶的属名和种名，包括学名和中文名。读者可以通过目录查看到具体蝴蝶的文字说明、标本与生态页码，进而查阅到具体蝴蝶的特征描述、生态习性和分布；也可以通过书中索引条目中的拉丁文索引和拼音索引来查阅本图鉴。

目录

01

〈 标本卷注释

页码　科名　　　　属名

0022 〉 凤蝶科　　　／ 裳凤蝶属

〈 凤蝶科 ---------- 科名

属名 ---------- 裳凤蝶属 ／ *Troides* Hübner, [1819] ---------- 学名

• 属特征描述 ----------
• 属生态习性
• 属分布及种
　数记载

大型凤蝶。头胸黑色，头后及胸侧具红毛，腹背中央具香鳞。头大，复眼裸露，触角粗长，末端膨大。前翅窄长，外缘平直或微内凹；后翅外缘波状，无尾突。雄蝶后翅臀褶内有灰黄色香鳞。性二型显著，雄蝶后翅常无斑纹，雌蝶常具黑斑。
　　成虫常见在林间高空缓慢滑翔巡弋，两性均访花，雄蝶具吸水习性。幼虫取食马兜铃科植物。
　　主要分布于东洋区。国内目前已知3种，本图鉴收录3种。

学名

种名 ---------- 裳凤蝶 ／ *Troides helena* (Linnaeus, 1758)　　　　　　　　　01-08 / P1442

• 种特征描述 ----------
• 种生态习性
• 种分布

大型凤蝶。雄蝶前翅背面天鹅绒黑色，脉侧灰黄色。后翅金黄色半透明、翅脉黑色，前缘黑色宽，外缘各室具黑色钝三角斑，臀缘棕黑色。腹面斑纹与背面大体相同，前翅脉侧污白色；后翅臀角具1枚游离黑斑。雌蝶前翅背面黑褐色，脉侧灰色。后翅背面深黄色，前缘黑色区，臀缘棕褐色，外缘与各室具黑色三角斑。腹面斑纹同背面，后翅各室外缘污白色。
　　1年多代，成虫多见于4-10月。幼虫寄主为马兜铃科卵叶马兜铃等植物。
　　分布于广东、海南、香港及云南南部、广西西南部等地。此外见于中南半岛、马来半岛和马来群岛。

该种蝴蝶图
---------- 版对应编号
/
该种蝴蝶对
---------- 应生态页码

金裳凤蝶 ／ *Troides aeacus* (C. & R. Felder, 1860)　　　　　　　　09-15 / P1443

大型凤蝶。与裳凤蝶相近，但易从以下特征区分：①雄蝶前翅狭窄，顶角突出，外缘内凹，色较透明略有丝绢质感；②雄蝶后翅外缘弧形具波齿，前缘处无黑色而为金黄色，臀区外缘三角斑内侧具灰色晕；③雌蝶前翅脉侧灰白纹明显，后翅黑色斑列不与外缘黑斑接触，二者间具灰色晕。
　　1年多代，成虫多见于5-10月。幼虫寄主为马兜铃科卵叶马兜铃、管花马兜铃、港口马兜铃等植物。
　　分布于甘肃及陕西南部、长江以南地区。此外见于南亚次大陆、中南半岛和马来半岛等地。

荧光裳凤蝶 ／ *Troides magellanus* (C. & R. Felder, 1862)　　　　　　16-17 / P1443

大型凤蝶。外观与前两种相近，但易从以下特征区分：①两性后翅金黄色，在逆光下呈现幻彩珠光；②雄蝶前翅顶角不突出，外缘略内凹，脉侧白纹非常清晰；③雄蝶后翅外缘平直具浅波齿，金黄色区域十分饱满，外缘黑斑窄、内侧无灰色晕；④雌蝶后翅中区黑斑彼此相连成带状。
　　1年多代，成虫全年可见。雄蝶偶见在林间潮湿处吸水，两性常见访花。幼虫寄主为马兜铃科港口马兜铃、瓦氏线果兜铃等植物。
　　分布于台湾兰屿岛。此外见于菲律宾。

种名 ·---------

蝴蝶产地

该种蝴蝶 ·---------
文字部分
对应编号

50 ♂
重帏翠凤蝶
台湾南投

50 ♂
重帏翠凤蝶
台湾南投

51 ♀
重帏翠凤蝶
台湾南投

51 ♀
重帏翠凤蝶
台湾南投

〇 背面　　● 腹面　　♂ 雄性　　♀ 雌性

• 标本卷蝴蝶图片与实物大小比例为1:1，多数种类背、腹面完整展示，极个别种类受版面篇幅
  限制仅以半只或单面展示。

属名　科名　页码

虎凤蝶属 / 凤蝶科　1479

种名 ‑‑ 中华虎凤蝶/江苏南京/张松奎/0237 ‑‑‑‑‑‑‑‑‑‑ 该种蝴蝶
对应标本
页码

中华虎凤蝶/江苏南京/张松奎/0237　　　　　　　　　　中华虎凤蝶/湖南桃源/徐堉峰/0237

拍摄地点　　　　　　　　　　　　　　　　　　拍摄作者

标本卷

SPECIMENS

< 凤蝶科

裳凤蝶属 / *Troides* Hübner, [1819]

　　大型凤蝶。头胸黑色，头后及胸侧具红毛，腹背中央具香鳞。头大，复眼裸露，触角粗长，末端膨大。前翅窄长，外缘平直或微内凹；后翅外缘波状，无尾突。雄蝶后翅臀褶内有灰黄色香鳞。性二型显著，雄蝶后翅常无斑纹，雌蝶常具黑斑。

　　成虫常见在林间高空缓慢滑翔巡弋，两性均访花，雄蝶具吸水习性。幼虫取食马兜铃科植物。

　　主要分布于东洋区。国内目前已知3种，本图鉴收录3种。

裳凤蝶 / *Troides helena* (Linnaeus, 1758)　　　　　　01-08 / P1442

　　大型凤蝶。雄蝶前翅背面天鹅绒黑色，脉侧灰黄色。后翅金黄色半透明、翅脉黑色，前缘黑色宽，外缘各室具黑色钝三角斑，臀缘棕黑色。腹面斑纹与背面大体相同，前翅脉侧污白色；后翅臀角具1枚游离黑斑。雌蝶前翅背面黑褐色，脉侧灰色。后翅背面深黄色，前缘黑色区，臀缘棕褐色，外缘与各室具黑色三角斑。腹面斑纹同背面，后翅各室外缘污白色。

　　1年多代，成虫多见于4-10月。幼虫寄主为马兜铃科卵叶马兜铃等植物。

　　分布于广东、海南、香港及云南南部、广西西南部等地。此外见于中南半岛、马来半岛和马来群岛。

金裳凤蝶 / *Troides aeacus* (C. & R. Felder, 1860)　　　　　09-15 / P1443

　　大型凤蝶。与裳凤蝶相近，但易从以下特征区分：①雄蝶前翅狭窄，顶角突出，外缘内凹，色较透明略有丝绢质感；②雄蝶后翅外缘弧形具波齿，前缘处无黑色而为金黄色，臀区外缘三角斑内侧具灰色晕；③雌蝶前翅脉侧灰白纹明显，后翅黑色斑列不与外缘黑斑接触，二者间具灰色晕。

　　1年多代，成虫多见于5-10月。幼虫寄主为马兜铃科卵叶马兜铃、管花马兜铃、港口马兜铃等植物。

　　分布于甘肃及陕西南部、长江以南地区。此外见于南亚次大陆、中南半岛和马来半岛等地。

荧光裳凤蝶 / *Troides magellanus* (C. & R. Felder, 1862)　　　　16-17 / P1443

　　大型凤蝶。外观与前两种相近，但易从以下特征区分：①两性后翅金黄色,在逆光下呈现幻彩珠光；②雄蝶前翅顶角不突出，外缘略内凹，脉侧白纹非常清晰；③雄蝶后翅外缘平直具浅波齿，金黄色区域十分饱满，外缘黑斑窄、内侧无灰色晕；④雌蝶后翅中区黑斑彼此相连成带状。

　　1年多代，成虫全年可见。雄蝶偶见在林间潮湿处吸水，两性常见访花。幼虫寄主为马兜铃科港口马兜铃、瓦氏线果兜铃等植物。

　　分布于台湾兰屿岛。此外见于菲律宾。

01 ♂
裳凤蝶
云南西双版纳

01 ♂
裳凤蝶
云南西双版纳

02 ♂
裳凤蝶
云南西双版纳

02 ♂
裳凤蝶
云南西双版纳

03 ♀
裳凤蝶
云南西双版纳

03 ♀
裳凤蝶
云南西双版纳

04 ♂
裳凤蝶
云南西双版纳

04 ♂
裳凤蝶
云南西双版纳

⑤ ♀
裳凤蝶
云南西双版纳

⑤ ♀
裳凤蝶
云南西双版纳

06 ♂
裳凤蝶
香港

06 ♂
裳凤蝶
香港

07 ♀
裳凤蝶
香港

08 ♀
裳凤蝶(异常型)
广东广州

08 ♀
裳凤蝶(异常型)
广东广州

⑨ ♂
金裳凤蝶
福建三明

⑨ ♂
金裳凤蝶
福建三明

⑩ ♂
金裳凤蝶
云南泸水

⑩ ♂
金裳凤蝶
云南泸水

⑪ ♀
金裳凤蝶
香港

⑪ ♀
金裳凤蝶
香港

⑫ ♂
金裳凤蝶
甘肃康县

⑫ ♂
金裳凤蝶
甘肃康县

⑬ ♀
金裳凤蝶
甘肃康县

⑬ ♀
金裳凤蝶
甘肃康县

⑭ ♂
金裳凤蝶
台湾新竹

⑭ ♂
金裳凤蝶
台湾新竹

⑮ ♀
金裳凤蝶
台湾新竹

⑮ ♀
金裳凤蝶
台湾新竹

⑯ ♂
荧光裳凤蝶
台湾台东

⑯ ♂
荧光裳凤蝶
台湾台东

⑰♀
荧光裳凤蝶
台湾台东

⑰♀
荧光裳凤蝶
台湾台东

曙凤蝶属 / *Atrophaneura* Reakirt, [1865]

大型凤蝶。体背黑色，腹面红色，胸侧具红毛。头较小，复眼裸露，触角较短。翅窄长，前翅外缘平直，后翅外缘波齿状，无尾突。雄蝶后翅臀褶内具香鳞。多数种类无性二型。

成虫栖息于林间空地及灌丛旁，飞行缓慢，但受到惊扰后可迅速乘气流逃脱。两性访花，雄蝶有吸水习性。幼虫取食马兜铃科植物。

主要分布于东洋区。国内目前已知3种，本图鉴收录3种。

曙凤蝶 / *Atrophaneura horishanus* (Matsumura, 1910) 　　　　01-02 / P1444

大型凤蝶。雄蝶翅背面灰黑色，前翅翅脉、中室纹及脉间纹不清晰；后翅背面黑色具蓝黑色光泽，并可透见腹面红斑，香鳞灰白色。腹面前翅如背面，色略淡，后翅基半部黑色，端半部红色镶嵌6-7枚黑点。雌蝶翅形较宽圆，底色褐色，红斑淡。

1年1代，成虫多见于5-10月。幼虫寄主为马兜铃科琉球马兜铃、台湾马兜铃等植物。

分布于台湾。

暖曙凤蝶 / *Atrophaneura aidoneus* (Doubleday, 1845) 　　　　03-07 / P1445

大型凤蝶。雄蝶前翅背面灰黑色带暗蓝色光泽，具黑色翅脉、中室纹及脉间纹。后翅背面黑色具较强的暗蓝色光泽，香鳞白色心形，外缘淡红色。腹面如背面但缺乏光泽。雌蝶翅背面褐色无光泽，前翅翅脉、中室纹及脉间纹黑褐色。腹面斑纹同背面，色泽淡。

1年至少2代，成虫多见于2-10月。幼虫寄主为马兜铃科广防己等植物。

分布于云南、贵州、广西、广东、海南及西藏东南部等地。此外见于南亚次大陆和中南半岛。

瓦曙凤蝶 / *Atrophaneura varuna* (White, 1842) 　　　　08-11

大型凤蝶。雄蝶翅背面深灰黑色，翅脉、中室纹及脉间纹不清晰。后翅背面具较强的蓝黑色光泽，中室天鹅绒黑色，外缘处具数目不一的白斑，香鳞褐色带黑色长毛。腹面如背面，色泽略淡，缺乏光泽。雌蝶翅形较宽圆，斑纹同雄蝶但色泽较淡，如有白斑则十分发达。

1年至少2代，成虫多见于2-9月。幼虫寄主为马兜铃科耳叶马兜铃等植物。

分布于云南、广西及西藏东南部等地。此外见于南亚次大陆、中南半岛和马来半岛。

①♂
曙凤蝶
台湾南投

①♂
曙凤蝶
台湾南投

②♀
曙凤蝶
台湾南投

②♀
曙凤蝶
台湾南投

03 ♀
暖曙凤蝶
广东龙门

03 ♀
暖曙凤蝶
广东龙门

04 ♀
暖曙凤蝶
广西龙州

04 ♀
暖曙凤蝶
广西龙州

⑤ ♂
暖曙凤蝶
云南西双版纳

⑤ ♂
暖曙凤蝶
云南西双版纳

⑥ ♀
暖曙凤蝶
云南西双版纳

⑥ ♀
暖曙凤蝶
云南西双版纳

⑦ ♂
暖曙凤蝶
西藏墨脱

⑦ ♂
暖曙凤蝶
西藏墨脱

⑧ ♀
瓦曙凤蝶
广西崇左

⑧ ♀
瓦曙凤蝶
广西崇左

09 ♂
瓦曙凤蝶
云南西双版纳

09 ♂
瓦曙凤蝶
云南西双版纳

10 ♂
瓦曙凤蝶
云南西双版纳

10 ♂
瓦曙凤蝶
云南西双版纳

11 ♀
瓦曙凤蝶
云南西双版纳

11 ♀
瓦曙凤蝶
云南西双版纳

麝凤蝶属 / *Byasa* Moore, 1882

中型至大型凤蝶。体背黑色，腹面红色，胸侧具红毛。头较小，复眼裸露，触角较短。翅窄长，前翅外缘平直，后翅具尾突，外缘波齿状。雄蝶后翅臀褶内具香鳞。无性二型。

成虫栖息于林间空地及灌丛旁，飞行缓慢，但受到惊扰后可迅速乘气流逃脱。两性均访花，雄蝶吸水较为少见。幼虫取食马兜铃科、防己科植物。

主要分布于东洋区，少数种类达古北区。国内目前已知14种，本图鉴收录14种。

麝凤蝶 / *Byasa alcinous* (Klug, 1836)　　　　01 / P1446

中大型凤蝶。雄蝶翅背面褐黑色，具黑色翅脉、中室纹及脉间纹。后翅尾突长，亚外缘具模糊的暗红色斑，香鳞灰黑色。腹面前翅如背面；后翅黑色，亚外缘红斑鲜艳清晰，臀角红斑被翅脉分割。雌蝶翅灰褐色，斑纹同雄蝶，后翅亚外缘斑粉色或橙色。

成虫多见于5-7月。幼虫寄主为马兜铃科关木通、台湾马兜铃、琉球马兜铃、耳叶马兜铃、美丽马兜铃、青木香以及防己科木防己等植物。

分布于东北。此外见于俄罗斯、日本及朝鲜半岛。

中华麝凤蝶 / *Byasa confusus* (Jordan, 1896)　　　　02-05

中型凤蝶。外观与麝凤蝶相近，但可从以下特征区分：①下唇须被红毛；②后翅亚外缘斑更多为新月形；③后翅臀角斑不被翅脉分割，而呈整体不规则形。

1年多代，成虫在台湾全年可见。幼虫寄主为马兜铃科大叶马兜铃、异叶马兜铃、港口马兜铃、瓜叶马兜铃以及防己科木防己等植物。

分布于台湾及西南、华南、华东地区。此外见于越南。

长尾麝凤蝶 / *Byasa impediens* (Seitz, 1907)　　　　06-07 / P1446

大型凤蝶。雄蝶翅背面褐黑色，前翅具黑色翅脉、中室纹及脉间纹。后翅尾突长指状，翅脉及外缘黑色，亚外缘具暗红色新月形斑，香鳞灰色。腹面斑纹同背面，前翅色较淡，后翅亚外缘红斑鲜艳，臀角红斑不规则。雌蝶翅灰褐色，斑纹如雄蝶，后翅红斑色较淡。

1年多代，成虫全年可见。幼虫寄主为马兜铃科多种马兜铃属植物。

分布于四川、台湾等地。

灰绒麝凤蝶 / *Byasa mencius* (C. & R. Felder, 1862)　　　　08-13

中大型凤蝶。雄蝶翅背面灰黑色，前翅具黑色翅脉、中室纹及脉间纹。后翅尾突长指状，亚外缘具暗红色新月形斑，香鳞白色。腹面斑纹如背面，亚外缘红色新月形斑鲜艳清晰，臀角红斑不规则。雌蝶翅灰褐色，斑纹同雄蝶，后翅背面亚外缘红斑清晰。

1年多代，成虫多见于3-10月。幼虫寄主为马兜铃科北马兜铃等植物。

分布于浙江、陕西、山西及福建至四川东部地区。

01 ♀
麝凤蝶
辽宁抚顺

01 ♀
麝凤蝶
辽宁抚顺

02 ♂
中华麝凤蝶
台湾新竹

02 ♂
中华麝凤蝶
台湾新竹

03 ♀
中华麝凤蝶
台湾新竹

03 ♀
中华麝凤蝶
台湾新竹

④ ♂
中华麝凤蝶
甘肃武都

④ ♂
中华麝凤蝶
甘肃武都

⑤ ♂
中华麝凤蝶
四川芦山

⑤ ♂
中华麝凤蝶
四川芦山

⑥ ♂
长尾麝凤蝶
台湾新北

⑥ ♂
长尾麝凤蝶
台湾新北

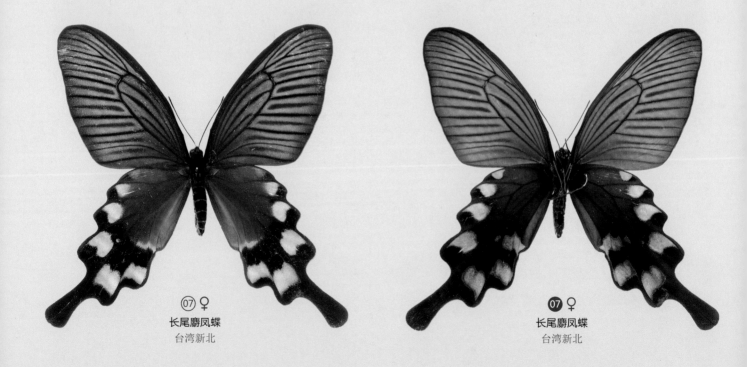

⑦ ♀
长尾麝凤蝶
台湾新北

⑦ ♀
长尾麝凤蝶
台湾新北

⑧ ♂
灰绒麝凤蝶
广东乳源

⑧ ♂
灰绒麝凤蝶
广东乳源

⑨ ♀
灰绒麝凤蝶
广东乳源

⑨ ♀
灰绒麝凤蝶
广东乳源

⑩♀
灰绒麝凤蝶
浙江临安

⑩♀
灰绒麝凤蝶
浙江临安

⑪♂
灰绒麝凤蝶
福建福州

⑪♂
灰绒麝凤蝶
福建福州

⑫ ♂
灰绒麝凤蝶
湖北襄阳

⑫ ♂
灰绒麝凤蝶
湖北襄阳

⑬ ♀
灰绒麝凤蝶
福建武夷山

⑬ ♀
灰绒麝凤蝶
福建武夷山

娆麝凤蝶 / *Byasa rhadinus* (Jordan, 1928)　　　01-02

　　中型凤蝶。外观与云南麝凤蝶和粗绒麝凤蝶相似，但可从以下稳定特征区分：①雄蝶后足胫节十分膨大而多刺；②后翅尾突窄长，尾突下方外缘不甚突出；③雄蝶香鳞分布区域窄，香鳞灰白色；④后翅腹面白斑与臀角红斑之间有红点相连；⑤后翅中室线纹模糊。

　　1年2代，成虫多见于5-9月。幼虫寄主为马兜铃科昆明马兜铃等植物。

　　分布于云南大理点苍山山脉。

短尾麝凤蝶 / *Byasa crassipes* (Oberthür, 1893)　　　03-05

　　中大型凤蝶。雄蝶翅背面褐黑色，前翅黑色翅脉、中室纹及脉间纹不清晰。后翅尾突极短，亚外缘可透见腹面红斑，香鳞白色。腹面前翅如背面，色泽略淡；后翅灰黑色，亚外缘、尾突端部及臀角具红斑。雌蝶同雄蝶，但色泽灰暗，后翅背面红斑明显。

　　1年2代，成虫多见于2-5月及7-9月。幼虫寄主为马兜铃科植物。

　　分布于云南南部、广西西南部。此外见于印度、缅甸、老挝、越南等地。

突缘麝凤蝶 / *Byasa plutonius* (Oberthür, 1876)　　　06-11

　　大型凤蝶。雄蝶翅背面深灰黑色，前翅具黑色翅脉、中室纹及脉间纹；后翅外缘黑色，亚外缘具模糊的红斑，香鳞灰黑色。腹面前翅斑纹同背面，色略淡；后翅色浅，黑色翅脉及外缘清晰，亚外缘具红色月形斑，臀角具不规则红斑。雌蝶翅灰色，斑纹同雄蝶，后翅背面亚外缘红斑明显，腹面红斑较淡。

　　1年1代，成虫多见于4-6月。幼虫寄主为马兜铃科宝兴马兜铃等植物。

　　分布于云南北部至西北部、四川西部、陕西南部、西藏东南部等地。此外见于印度、不丹及缅甸北部等地。

云南麝凤蝶 / *Byasa hedistus* (Jordan, 1928)　　　12-13

　　中型凤蝶。雄蝶翅背面深灰黑色，前翅翅脉、脉间纹及中室纹不清晰。后翅背面具丝绒光泽，中室纹消失，顶区具2枚白斑，亚外缘具暗红色新月斑，香鳞灰黑色。腹面斑纹同背面，前翅色泽较淡；后翅红斑更鲜明，臀角红斑不规则。雌蝶斑纹同雄蝶但色较淡。

　　1年2代，成虫多见于5-10月。幼虫寄主为马兜铃科昆明马兜铃等植物。

　　分布于云南、四川、贵州等地。此外见于缅甸及越南北部。

粗绒麝凤蝶 / *Byasa nevilli* (Wood-Mason, 1882)　　　14-17

　　中型凤蝶。外观与云南麝凤蝶相似，但可从以下稳定特征区分：①两性翅色皆偏灰色，尤其雄蝶后翅背面缺乏光泽；②两性后翅中室内黑线十分清晰；③尾突较宽且浑圆，香鳞灰黄色。

　　1年2代，成虫多见于3-8月。幼虫寄主为马兜铃科昆明马兜铃、宝兴马兜铃、西藏马兜铃等植物。

　　分布于西藏、云南、四川等地。此外见于印度、缅甸等地。

多姿麝凤蝶 / *Byasa polyeuctes* (Doubleday, 1842)　　　18-25 / P1446

　　大型凤蝶。雄蝶翅背面灰黑色，前翅具黑色翅脉、脉间纹及中室纹。后翅中室外端部具2枚白斑，亚外缘具暗红色斑，尾突附近脉端具红点，尾突具暗红色斑，香鳞灰黑色。腹面斑纹如背面，前翅色泽较淡，后翅红斑更鲜明，臀角红斑不规则。雌蝶前翅较宽圆，斑纹同雄蝶但翅色较淡。

　　1年2-4代，成虫多见于2-10月。幼虫寄主为马兜铃科昆明马兜铃、宝兴马兜铃、耳叶马兜铃、西藏马兜铃、北马兜铃、港口马兜铃等植物。

　　分布于长江以南各省区。此外见于南亚次大陆至中南半岛北部等地。

① ♀
娆麝凤蝶
云南大理

① ♀
娆麝凤蝶
云南大理

② ♂
娆麝凤蝶
云南洱源

② ♂
娆麝凤蝶
云南洱源

③ ♂
短尾麝凤蝶
云南盈江

③ ♂
短尾麝凤蝶
云南盈江

④ ♀
短尾麝凤蝶
云南盈江

④ ♀
短尾麝凤蝶
云南盈江

⑤ ♂
短尾麝凤蝶
云南西双版纳

05 ♂
短尾麝凤蝶
云南西双版纳

06 ♂
突缘麝凤蝶
云南东川

06 ♂
突缘麝凤蝶
云南东川

07 ♂
突缘麝凤蝶
云南腾冲

07 ♂
突缘麝凤蝶
云南腾冲

08 ♀
突缘麝凤蝶
云南保山

08 ♀
突缘麝凤蝶
云南保山

09 ♂
突缘麝凤蝶
重庆

09 ♂
突缘麝凤蝶
重庆

⑩ ♂
突缘麝凤蝶
陕西凤县

⑩ ♂
突缘麝凤蝶
陕西凤县

⑪ ♀
突缘麝凤蝶
陕西凤县

⑪ ♀
突缘麝凤蝶
陕西凤县

⑫ ♂
云南麝凤蝶
云南贡山

⑫ ♂
云南麝凤蝶
云南贡山

⑬ ♀
云南麝凤蝶
云南昆明

⑬ ♀
云南麝凤蝶
云南昆明

⑭ ♂
粗绒麝凤蝶
四川泸定

⑭ ♂
粗绒麝凤蝶
四川泸定

⑮ ♂
粗绒麝凤蝶
云南福贡

⑮ ♂
粗绒麝凤蝶
云南福贡

⑯ ♀
粗绒麝凤蝶
云南昆明

⑯ ♀
粗绒麝凤蝶
云南昆明

⑰ ♂
粗绒麝凤蝶
云南昆明

⑰ ♂
粗绒麝凤蝶
云南昆明

⑱ ♀
多姿麝凤蝶
云南贡山

⑱ ♀
多姿麝凤蝶
云南贡山

⑲ ♀
多姿麝凤蝶
广东从化

⑲ ♀
多姿麝凤蝶
广东从化

⑳ ♂
多姿麝凤蝶
云南腾冲

⑳ ♂
多姿麝凤蝶
云南腾冲

㉑ ♂
多姿麝凤蝶
云南西双版纳

㉑ ♂
多姿麝凤蝶
云南西双版纳

㉒ ♂
多姿麝凤蝶
四川雅安

㉒ ♂
多姿麝凤蝶
四川雅安

㉓ ♂
多姿麝凤蝶
四川九龙

㉓ ♂
多姿麝凤蝶
四川九龙

㉔ ♂
多姿麝凤蝶
台湾新化

㉔ ♂
多姿麝凤蝶
台湾新化

㉕ ♀
多姿麝凤蝶
台湾新化

㉕ ♀
多姿麝凤蝶
台湾新化

达摩麝凤蝶 / *Byasa daemonius* (Alphéraky, 1895) 　01-02

中型凤蝶。雄蝶翅背面褐黑色，前翅具黑色翅脉、中室纹及脉间纹。后翅翅脉及外缘黑色，亚外缘具暗红色新月形斑，香鳞白色。腹面斑纹如背面；后翅亚外缘红斑鲜艳清晰，臀角红斑被翅脉分割。雌蝶翅灰褐色，斑纹如雄蝶，后翅红斑淡。

1年2代，成虫多见于4-9月。幼虫寄主为马兜铃科贯叶马兜铃等植物。

分布于云南北部至西北部、四川西部、陕西南部、西藏东南部等地。此外见于印度、不丹及缅甸北部等地。

白斑麝凤蝶 / *Byasa dasarada* (Moore, [1858]) 　03-08

大型凤蝶。雄蝶翅背面深灰黑色，前翅黑色翅脉、脉间纹及中室纹不清晰。后翅尾突短粗，背面具光泽，顶区至亚外缘前半部可有2-4枚白斑或染红色的白斑，亚外缘后半部具暗红色新月斑，尾突具暗红色斑，香鳞灰黑色。腹面斑纹如背面，但色泽较淡；后翅红斑更鲜明，臀角红斑不规则。雌蝶斑纹同雄蝶但翅色较淡。

1年2代，成虫多见于4-10月。幼虫寄主为防己科木防己属植物。

分布于西藏、云南、海南等地。此外见于南亚次大陆和中南半岛北部等地。

纨绔麝凤蝶 / *Byasa latreillei* (Donovan, 1826) 　09-12

大型凤蝶。雄蝶翅背面灰黑色，前翅具黑色翅脉、中室纹及脉间纹。后翅中室端部具4-5枚长形白斑，亚外缘具暗红色斑，外缘后半段脉端暗红色，尾突端部具红斑，香鳞白色。腹面如同背面但色泽较淡；后翅红斑更艳。雌蝶斑纹同雄蝶但色泽暗淡。

1年1代，成虫多见于4-6月。幼虫寄主为马兜铃科昆明马兜铃等植物。

分布于西藏、云南、四川、贵州等地。此外见于阿富汗、印度、不丹、缅甸、老挝、越南等地。

彩裙麝凤蝶 / *Byasa polla* (de Nicéville, 1897) 　13-14

大型凤蝶。与纨绔麝凤蝶近似，但底色更黑，后翅白斑端部有缺刻，臀区粉红色，各脉端突出部分及尾突端部具向邻近外缘浸润深红色，香鳞白色；腹面红斑十分鲜艳。雌蝶斑纹同雄蝶，底色略呈褐色，红斑色泽淡。

1年1代，成虫多见于5-8月。幼虫寄主为马兜铃科植物。

分布于西藏东南部和云南西部。此外见于印度、不丹及缅甸北部等地。

01 ♂
达摩麝凤蝶
云南丽江

01 ♂
达摩麝凤蝶
云南丽江

02 ♀
达摩麝凤蝶
云南丽江

02 ♀
达摩麝凤蝶
云南丽江

03 ♂
白斑麝凤蝶
云南贡山

03 ♂
白斑麝凤蝶
云南贡山

04 ♂
白斑麝凤蝶
云南西双版纳

04 ♂
白斑麝凤蝶
云南西双版纳

05 ♀
白斑麝凤蝶
云南腾冲

05 ♀
白斑麝凤蝶
云南腾冲

06 ♀
白斑麝凤蝶
西藏墨脱

06 ♀
白斑麝凤蝶
西藏墨脱

⑦ ♂
白斑麝凤蝶
海南陵水

⑦ ♂
白斑麝凤蝶
海南陵水

⑧ ♀
白斑麝凤蝶
云南盈江

⑧ ♀
白斑麝凤蝶
云南盈江

09 ♂
纨绔麝凤蝶
云南贡山

09 ♂
纨绔麝凤蝶
云南贡山

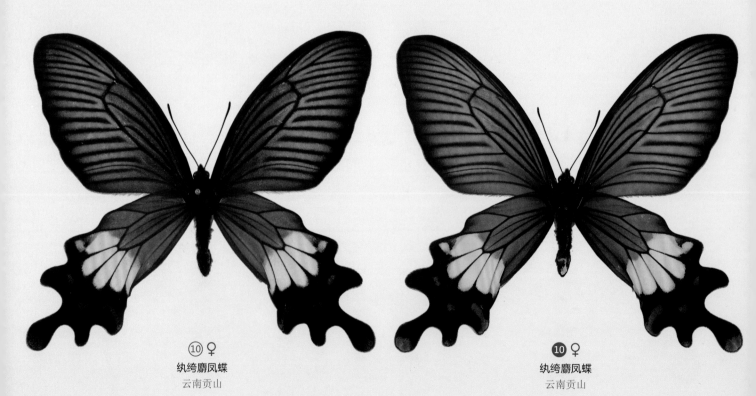

10 ♀
纨绔麝凤蝶
云南贡山

10 ♀
纨绔麝凤蝶
云南贡山

⑪ ♂
纨绔麝凤蝶
云南贡山

⑪ ♂
纨绔麝凤蝶
云南贡山

⑫ ♂
纨绔麝凤蝶
云南腾冲

⑫ ♂
纨绔麝凤蝶
云南腾冲

⑬ ♂
彩裙麝凤蝶
云南贡山

⑬ ♂
彩裙麝凤蝶
云南贡山

⑭ ♀
彩裙麝凤蝶
云南贡山

⑭ ♀
彩裙麝凤蝶
云南贡山

锤尾凤蝶属 / *Losaria* Moore, 1902

　　大型凤蝶。头胸黑色，头后、胸侧红或黄色，腹部红或黄色具黑纹。头较小，复眼裸露，触角短。翅极狭长，前翅外缘平直，后翅外缘波齿状，具细柄的锤状尾突。雄蝶后翅臀褶内无香鳞。无性二型。

　　成虫栖息于林间空地，缓慢滑翔飞行，两性均访花。幼虫取食马兜铃科植物。

　　主要分布于东洋区。国内目前已知1种，本图鉴收录1种。

锤尾凤蝶 / *Losaria coon* (Fabricius, 1793)　　　　　　　　　　　　　　　　　01-02

　　大型凤蝶。雄蝶翅背面基黑色，前翅外3/4具明显的辐射状灰色中室纹及脉侧纹，外缘灰黑色；后翅中域白色具黑色翅脉，外缘具2枚大白斑和2枚小红斑。腹面斑纹如背面，前翅色更淡。雌蝶翅形稍宽圆，斑纹似雄蝶但色泽暗淡。

　　1年2代，成虫多见于2-8月。幼虫寄主为马兜铃科线果兜铃。

　　分布于海南。此外见于南亚次大陆至马来群岛西侧广大区域。

01 ♂
锤尾凤蝶
海南陵水

01 ♂
锤尾凤蝶
海南陵水

02 ♀
锤尾凤蝶
海南乐东

02 ♀
锤尾凤蝶
海南乐东

珠凤蝶属 / *Pachliopta* Reakirt, [1865]

中型凤蝶。头胸黑色，腹部红色具黑纹。头较小，复眼裸露，触角较短。翅狭长，前翅外缘平直，后翅外缘波齿状，具窄匙状尾突。雄蝶后翅臀褶内无香鳞。无性二型。

成虫栖息于林间空地，飞行缓慢常滑翔。雄蝶具吸水习性，两性均访花。幼虫取食马兜铃科植物。

主要分布于东洋区。国内目前已知1种，本图鉴收录1种。

红珠凤蝶 / *Pachliopta aristolochiae* (Fabricius, 1775)　　　01-09 / P1447

中型凤蝶。雄蝶翅背面黑色，前翅外2/3具明显的辐射状灰色中室纹及脉侧纹，外缘黑色；后翅中室外侧具4枚长形白斑，亚外缘具模糊的暗红斑。腹面斑纹如背面，前翅色淡，后翅红斑鲜艳清晰。雌蝶翅褐色，斑纹同雄蝶但色泽暗淡。

1年多代，成虫多见于5-7月。幼虫寄主为马兜铃科卵叶马兜铃、昆明马兜铃、北马兜铃、港口马兜铃、西藏马兜铃等植物。

分布于长江以南各省区。此外见于南亚次大陆至马来半岛区域。

01 ♂
红珠凤蝶
香港

01 ♂
红珠凤蝶
香港

02 ♀
红珠凤蝶
香港

02 ♀
红珠凤蝶
香港

03 ♂
红珠凤蝶
广西龙州

03 ♂
红珠凤蝶
广西龙州

04 ♂
红珠凤蝶
福建福州

04 ♂
红珠凤蝶
福建福州

05 ♂
红珠凤蝶
台湾台中

05 ♂
红珠凤蝶
台湾台中

06 ♀
红珠凤蝶
台湾台中

06 ♀
红珠凤蝶
台湾台中

07 ♂
红珠凤蝶
上海

07 ♂
红珠凤蝶
上海

08 ♀
红珠凤蝶
上海

08 ♀
红珠凤蝶
上海

09 ♂
红珠凤蝶
海南白沙

09 ♂
红珠凤蝶
海南白沙

凤蝶属 / *Papilio* Linnaeus, 1758

　　中大型凤蝶。体色斑纹多变。头大，复眼裸露，触角长。翅形多宽阔，少数窄长；前翅外缘平直或内凹；后翅多具尾突，外缘波齿状。雄蝶后翅无香鳞。部分种类具性二型或雌多型。

　　成虫栖息于林间空地、灌丛旁、草地或农田附近，飞行迅速。两性均访花，雄蝶具群聚吸水习性。幼虫取食芸香科、伞形科、番荔枝科、樟科、木兰科植物。

　　分布于古北区和东洋区。国内目前已知31种，本图鉴收录31种。

　　备注：根据最新研究结果，将斑凤蝶属*Chilasa* Moore, [1881]和宽尾凤蝶属*Agehana* Matsumura, 1936并入凤蝶属。

小黑斑凤蝶 / *Papilio epycides* Hewitson, 1864　　　　　　　　　　　　01-04 / P1448

　　中小型凤蝶。无尾突。雄蝶翅背面污白色具黑脉，前翅前缘与顶区黑色，中室有4条黑线，亚外缘具2条黑带，外缘具污白色斑列；后翅中室具3条黑线，外中区至亚外缘具2列污白色斑，臀角具黄斑。腹面底色褐色，斑纹同背面，白色斑更发达。雌蝶色泽斑纹同雄蝶。

　　1年1代，成虫多见于4-5月。幼虫寄主为樟科香樟、沉水樟、山苍子、大叶钓樟等植物。

　　分布于西南、华南至华东等地。此外见于印度、缅甸、老挝、越南等地。

褐斑凤蝶 / *Papilio agestor* Gray, 1831　　　　　　　　　　　　　　　05-10 / P1449

　　中型凤蝶。无尾突，模拟绢斑蝶。雄蝶前翅背面黑色，各室具青灰色斑，亚外缘斑呈双列；后翅背面黑色至栗色，中室及其相邻部分具青灰色斑，中室有3条黑色至栗色线，亚外缘具白斑。腹面前翅斑纹同背面，但顶区呈栗色；后翅色泽斑纹与背面极似。雌蝶斑纹同雄蝶，但色泽较淡。

　　1年1代，成虫多见于4-5月。幼虫寄主为樟科馨香润楠、红楠、香樟等植物。

　　分布于西南、华南、华中局部。此外见于南亚次大陆至马来半岛。

臀珠斑凤蝶 / *Papilio slateri* Hewitson, 1859　　　　　　　　　　　　　11-14

　　中小型凤蝶。无尾突。雄蝶翅背面黑色，前翅室端具2枚蓝紫色斑，外中区各具多枚蓝紫色长纹；后翅背面棕色，外中区具成对的污白色楔形纹，臀角具黄斑。腹面棕色，前翅室端及前后翅外中区具模糊的淡色斑。雌蝶色泽斑纹同雄蝶。

　　1年1代，成虫多见于4-5月。幼虫寄主为樟科香樟、大叶桂等植物。

　　分布于云南、广西、海南等地。此外见于南亚次大陆至马来群岛西侧。

01 ♂
小黑斑凤蝶
福建福州

01 ♂
小黑斑凤蝶
福建福州

02 ♂
小黑斑凤蝶
四川峨眉山

02 ♂
小黑斑凤蝶
四川峨眉山

03 ♂
小黑斑凤蝶
台湾台北

03 ♂
小黑斑凤蝶
台湾台北

04 ♀
小黑斑凤蝶
台湾台北

04 ♀
小黑斑凤蝶
台湾台北

05 ♂
褐斑凤蝶
福建福州

05 ♂
褐斑凤蝶
福建福州

06 ♂
褐斑凤蝶
重庆

06 ♂
褐斑凤蝶
重庆

07 ♂
褐斑凤蝶
云南腾冲

07 ♂
褐斑凤蝶
云南腾冲

08 ♂
褐斑凤蝶
台湾新竹

08 ♂
褐斑凤蝶
台湾新竹

09 ♂
褐斑凤蝶
香港

09 ♂
褐斑凤蝶
香港

10 ♀
褐斑凤蝶
香港

10 ♀
褐斑凤蝶
香港

⑪ ♂
臀珠斑凤蝶
福建福州

⑪ ♂
臀珠斑凤蝶
福建福州

⑫ ♂
臀珠斑凤蝶
广西金秀

⑫ ♂
臀珠斑凤蝶
广西金秀

⑬ ♂
臀珠斑凤蝶
海南琼中

⑬ ♂
臀珠斑凤蝶
海南琼中

⑭ ♀
臀珠斑凤蝶
海南琼中

⑭ ♀
臀珠斑凤蝶
海南琼中

翠蓝斑凤蝶 / *Papilio paradoxa* (Zinken, 1831)　　　　　　　　　01-03 / P1449

　　大型凤蝶。无尾突，模拟紫斑蝶，具多型和性二型。雄蝶（基本型）：翅背面黑色具亮蓝紫色光泽，室端蓝白色斑，中区至亚外缘具蓝白色点；后翅背面棕色，亚外缘具白点列。腹面棕色，白斑如背面。雄蝶（白斑型）：翅背面黑色具暗紫色光泽，前翅室端具大白斑，其下方及前缘具大小不一的紫白色斑，亚外缘具紫白色点列；后翅基半部紫白色具黑脉，亚外缘具紫白色点列；腹面褐色，白斑如背面。雌蝶（基本型）：翅背面淡棕色，光泽弱，斑纹如雄蝶；后翅背面淡棕色，各翅室具污白色条纹，亚外缘具三角形白斑。腹面前翅中室及臀区具污白色条纹，后翅斑纹如背面。雌蝶（白斑型）：斑纹与雄蝶相似，底色浅而缺乏光泽，白斑扩大。

　　1年2代，成虫多见于5-10月。幼虫寄主为樟科馨香润楠、潺槁木姜子等植物。

　　分布于海南及云南南部、广西西南部。此外见于南亚次大陆至马来群岛、菲律宾群岛等广大区域。

斑凤蝶 / *Papilio clytia* Linnaeus, 1758　　　　　　　　　　　　04-09

　　中型凤蝶。无尾突，无性二型但具多型。正常型：翅背面褐色，前翅顶区及外缘具污白色斑列；后翅亚外缘具箭形白斑，其外侧还具白斑列。腹面斑纹同背面，但色较浅；后翅外缘具黄色斑。异常型：翅背面污白色具黑脉，前翅中室内具4条黑线，室端具黑带，外中区至顶区具4条黑带；后翅亚外缘具波状黑带，外缘黑色，臀角具黄斑；腹面斑纹似背面，后翅外缘具黄斑。雌蝶斑纹同雄蝶，正常型翅色通常较浅，白斑相对发达，异常型与雄蝶相同。

　　1年多代，成虫多见于3-10月。幼虫寄主为樟科香樟、大叶桂、潺槁木姜子等植物。

　　分布于台湾及西南、华南、华东等地。此外见于南亚次大陆至马来群岛等地。

宽尾凤蝶 / *Papilio elwesi* Leech, 1889　　　　　　　　　　　10-14 / P1450

　　中大型凤蝶。躯体黑褐色。前翅修长，翅顶圆，外缘直。后翅外缘波浪状，后翅具明显叶状尾突，内有两条翅脉贯穿，末端呈靴状。翅背面大部分呈灰褐色，中室及各翅室内有暗色细条，后翅外侧呈黑褐色。后翅中室及其周围有时有明显白色斑纹，尤其在西南地区。后翅沿外缘有1列红色或橙红色弦月形斑纹。翅腹面底色较背面略浅。

　　成虫多见于4-9月。蛹态越冬，卵主要产于寄主植物成熟叶上。幼虫寄主为樟科檫木及木兰科马褂木（鹅掌楸）、厚朴。

　　分布于长江流域各省区，包括浙江、福建、江西、安徽、广东、广西、湖南、四川、贵州等地。此外在越南北部曾有记录。

　　备注：宽尾凤蝶和台湾宽尾凤蝶形态、斑纹相似，尤其西南地区后翅有白斑的个体更加类似，但前者后翅的红斑较小。这两种凤蝶因共同拥有后翅尾突有两条翅脉贯穿的独特特征，因此常被另置一属*Agehana* Matsumura，但最近研究发现宽尾凤蝶源自美洲，与美洲多尾突之凤蝶类近缘，因此包含在广义凤蝶属内比较妥当。

台湾宽尾凤蝶 / *Papilio maraho* Shiraki & Sonan, 1934　　　15-16 / P1450

　　中大型凤蝶。躯体黑褐色。前翅修长，翅顶圆，外缘直。后翅外缘波浪状，后翅具明显叶状尾突，内有两条翅脉贯穿，末端颇圆。翅背面大部分呈灰褐色，中室及各翅室内有暗色细条，后翅外侧呈黑褐色。后翅中室及其周围有明显白色斑纹，沿外缘有1列红色或橙红色弦月形斑纹。翅腹面底色较背面略浅。

　　成虫多见于4-8月。蛹态越冬，卵主要产于寄主植物成熟叶上。幼虫寄主为樟科台湾檫木。

　　分布于台湾。

① ♂
翠蓝斑凤蝶
海南东方

① ♂
翠蓝斑凤蝶
海南东方

② ♀
翠蓝斑凤蝶
云南西双版纳

② ♀
翠蓝斑凤蝶
云南西双版纳

③ ♂
翠蓝斑凤蝶
云南景洪

③ ♂
翠蓝斑凤蝶
云南景洪

04 ♀
斑凤蝶
福建厦门

04 ♀
斑凤蝶
福建厦门

05 ♂
斑凤蝶
海南乐东

05 ♂
斑凤蝶
海南乐东

06 ♂
斑凤蝶
香港

06 ♂
斑凤蝶
香港

⑦ ♂
斑凤蝶
海南五指山

⑦ ♂
斑凤蝶
海南五指山

⑧ ♂
斑凤蝶
香港

⑧ ♂
斑凤蝶
香港

⑨ ♂
斑凤蝶
香港

⑨ ♂
斑凤蝶
香港

⑩ ♂
宽尾凤蝶
福建三明

⑩ ♂
宽尾凤蝶
福建三明

⑪ ♂
宽尾凤蝶
安徽霍山

⑪ ♂
宽尾凤蝶
安徽霍山

⑫ ♀
宽尾凤蝶
四川珙县

⑫ ♀
宽尾凤蝶
四川珙县

⑬♂
宽尾凤蝶
重庆

⑬♂
宽尾凤蝶
重庆

⑭♀
宽尾凤蝶
浙江湖州

⑭♀
宽尾凤蝶
浙江湖州

⑮ ♂
台湾宽尾凤蝶
台湾宜兰

⑮ ♂
台湾宽尾凤蝶
台湾宜兰

⑯ ♀
台湾宽尾凤蝶
台湾宜兰

⑯ ♀
台湾宽尾凤蝶
台湾宜兰

玉带凤蝶 / *Papilio polytes* Linnaeus, 1758

01-09 / P1450

中型凤蝶。雌多型，具短尾突。雄蝶翅背面黑色，前翅具土黄色中室纹和脉间纹，外缘具黄白色点列；后翅外中区贯穿1列黄白色斑，亚外缘或出现绛红色新月纹，外缘具黄白色点列。腹面斑纹与背面相似但色泽较淡，前翅外缘点列呈白色；后翅亚外缘常具稀疏的灰蓝色鳞，亚外缘斑列鲜艳清晰。雌蝶（玉带型）：斑纹同雄蝶仅色泽较淡。雌蝶（红珠型）：模拟红珠凤蝶，前翅端半部灰色具黑色翅脉和脉间纹，后翅室端具成团白斑，亚外缘红斑发达鲜艳。

1年2代至多代，成虫多见于3-11月。幼虫寄主为芸香科飞龙掌血、柑橘属、山小橘属、花椒属等多种植物。

分布于秦岭以南各省区。此外见于南亚次大陆、中南半岛、马来半岛、安达曼群岛、马来群岛、菲律宾群岛、日本群岛等地。

宽带凤蝶 / *Papilio nephelus* Boisduval, 1836

10-19 / P1451

大型凤蝶。具尾突。雄蝶翅背面黑色，前翅具土黄色中室纹和脉间纹；后翅亚顶区具4块小斑构成的牙白色大斑。腹面黑褐色斑纹大体如背面，前翅中室纹和脉间纹更清晰，中室外上方及臀角附近具小白斑；后翅中室具3条灰白线纹，白斑较窄小，亚外缘具土黄色斑列。雌蝶翅色暗淡，后翅白斑宽阔，在背面可进入中室，腹面常向臀角延伸为带状。

1年2代，成虫多见于4-10月。幼虫寄主为芸香科飞龙掌血、棟叶吴茱萸等植物。

分布于台湾及西南、华中、华东、华南。此外见于南亚次大陆至马来群岛广大区域。

玉斑凤蝶 / *Papilio helenus* Linnaeus, 1758

20-23 / P1452

中大型凤蝶。具尾突。雄蝶翅背面黑色，前翅具暗土色中室纹和脉间纹；后翅亚顶区具3块小斑构成的牙白色大斑，形似和尚打坐的侧影，亚外缘后半段具暗红色新月纹。腹面灰黑色，前翅中室纹及脉间纹灰白色；后翅肩区及前缘基半部散布灰白色鳞，中室具3条灰白色线，亚顶区白斑似背面但窄小，亚外缘具绛红色新月纹，臀角具绛红色环纹。雌蝶黑褐色，后翅白斑更黄，亚外缘红斑发达清晰。

1年2代至多代，热带成虫多见于2-11月，亚热带成虫多见于5-9月。幼虫寄主为芸香科柑橘属、花椒属、飞龙掌血等多种植物。

分布于南方各省区。此外见于南亚次大陆、中南半岛、马来半岛、菲律宾群岛、马来群岛以及日本群岛南部等地。

衲补凤蝶 / *Papilio noblei* de Nicéville, [1889]

24

中大型凤蝶。具尾突。雄蝶翅背面黑褐色，前翅臀缘外中部具乳白色小三角斑；后翅亚顶区及中室端部具带缺刻的乳白色大斑，臀角具橙红色"C"形斑。腹面褐色，前翅中室具4条白线，外中区散布白色鳞，外缘具细小白斑；后翅基部散布白色鳞，大白斑如背面，其与臀缘间有不连贯的乳白色波带，亚外缘除臀角外具淡橙色新月纹，臀角斑更发达。雌蝶斑纹同雄蝶但色泽较淡。

1年2代，成虫多见于2-8月。幼虫寄主为芸香科柑橘、柠檬、柚子等植物。

分布于云南西南部至南部，以及广西西南部。此外见于缅甸、老挝、越南等地。

① ♂
玉带凤蝶
台湾台东

① ♂
玉带凤蝶
台湾台东

② ♀
玉带凤蝶
台湾台东

② ♀
玉带凤蝶
台湾台东

③ ♀
玉带凤蝶
台湾台东

③ ♀
玉带凤蝶
台湾台东

04 ♂
玉带凤蝶
福建福州

04 ♂
玉带凤蝶
福建福州

05 ♀
玉带凤蝶
福建福州

05 ♀
玉带凤蝶
福建福州

06 ♀
玉带凤蝶
福建福州

06 ♀
玉带凤蝶
福建福州

07 ♂
玉带凤蝶
云南德钦

07 ♂
玉带凤蝶
云南德钦

08 ♀
玉带凤蝶
云南贡山

08 ♀
玉带凤蝶
云南贡山

09 ♂
玉带凤蝶
云南贡山

09 ♂
玉带凤蝶
云南贡山

⑩ ♂
宽带凤蝶
福建福州

⑩ ♂
宽带凤蝶
福建福州

⑪ ♀
宽带凤蝶
福建三明

⑪ ♀
宽带凤蝶
福建三明

⑫ ♂
宽带凤蝶
海南昌江

⑫ ♂
宽带凤蝶
海南昌江

⑬ ♀
宽带凤蝶
海南澄迈

⑬ ♀
宽带凤蝶
海南澄迈

⑭ ♂
宽带凤蝶
海南三亚

⑭ ♂
宽带凤蝶
海南三亚

⑮ ♂
宽带凤蝶
海南琼中

⑮ ♂
宽带凤蝶
海南琼中

⑯ ♂
宽带凤蝶
广西龙州

⑯ ♂
宽带凤蝶
广西龙州

⑰ ♂
宽带凤蝶
云南勐腊

⑰ ♂
宽带凤蝶
云南勐腊

⑱ ♂
宽带凤蝶
台湾桃园

⑱ ♂
宽带凤蝶
台湾桃园

⑲ ♀
宽带凤蝶
台湾花莲

⑲ ♀
宽带凤蝶
台湾花莲

⑳ ♂
玉斑凤蝶
西藏墨脱

⑳ ♂
玉斑凤蝶
西藏墨脱

㉑ ♂
玉斑凤蝶
海南昌江

㉑ ♂
玉斑凤蝶
海南昌江

㉒ ♀
玉斑凤蝶
海南昌江

㉒ ♀
玉斑凤蝶
海南昌江

㉓ ♀
玉斑凤蝶
广东广州

㉓ ♀
玉斑凤蝶
广东广州

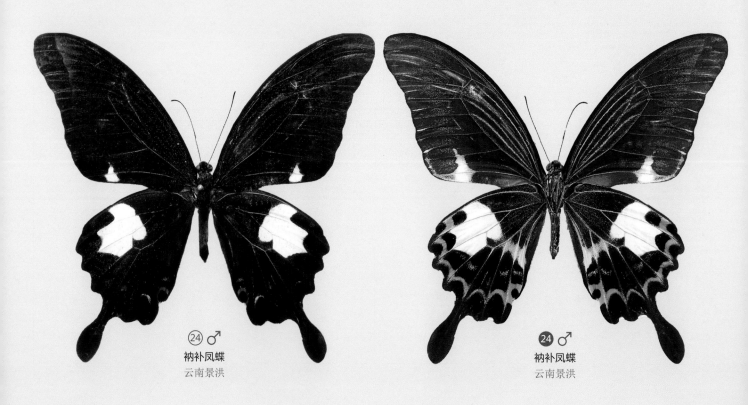

㉔ ♂
衲补凤蝶
云南景洪

㉔ ♂
衲补凤蝶
云南景洪

玉牙凤蝶 / *Papilio castor* Westwood, 1842

01-06 / P1453

中型凤蝶。无尾突。雄蝶翅背面黑褐色，前翅中室具4条模糊的灰黄色细纹，外缘具乳白色点列；后翅中室外侧具4-7枚大小不一的乳白色斑，亚外缘具白色点列。腹面翅褐色大体如背面，前翅室端具白点；后翅斑纹白色。雌蝶翅褐色，后翅白斑趋于消失或更加发达，可扩展至中室端部，亚外缘斑列发达呈新月形。

1年2代，成虫多见于2-10月。幼虫寄主为芸香科橘叶山小橘、五叶山小橘等植物。

分布于海南、台湾及云南南部、广西西南部。此外见于印度、缅甸、老挝、越南、柬埔寨、泰国、马来西亚等地。

蓝凤蝶 / *Papilio protenor* Cramer, 1775

07-12 / P1454

大型凤蝶。无尾突。雄蝶翅背面灰黑色有弱深蓝光泽，具清晰的黑色翅脉、脉间纹和中室纹；后翅具暗蓝色天鹅绒光泽，前缘中部具长椭圆形淡黄色香鳞斑，下端半部散布灰蓝色鳞，臀角具镶黑点的绛红色斑。腹面灰黑色，前翅斑纹如背面；后翅顶区、外缘中部和臀角具多枚红斑。雌蝶翅灰褐色无光泽，斑纹如雄蝶，后翅背面无香鳞。

1年多代，成虫多见于4-10月。幼虫寄主为芸香科飞龙掌血、花椒属等植物。

分布于秦岭以南各省区。此外见于南亚次大陆北部、中南半岛北部、朝鲜半岛、日本群岛等地。

美姝凤蝶 / *Papilio macilentus* Jason, 1877

13-14

中大型凤蝶。翅狭长，具尾突。雄蝶翅背面灰黑色，前翅具清晰的黑色翅脉、脉间纹和中室纹；后翅具暗蓝色光泽，前缘中部具长椭圆形淡黄色香鳞，外缘具绛红色斑列，臀角具镶黑点的绛红色斑。腹面灰黑色，外缘及臀角红斑较发达。雌蝶与雄蝶相似，翅褐黑色，后翅背面无香鳞，外缘红斑更清晰。

1年2代，成虫多见于4-7月。幼虫寄主为芸香科胡椒木、樗叶花椒、芸香、臭常山等多种植物。

分布于华东、华北、西南以及东北地区。此外见于俄罗斯及朝鲜半岛、日本本州岛和九州岛。

01 ♂
玉牙凤蝶
海南乐东

01 ♂
玉牙凤蝶
海南乐东

02 ♂
玉牙凤蝶
海南五指山

02 ♂
玉牙凤蝶
海南五指山

03 ♂
玉牙凤蝶
云南勐腊

03 ♂
玉牙凤蝶
云南勐腊

④ ♂
玉牙凤蝶
云南景洪

④ ♂
玉牙凤蝶
云南景洪

⑤ ♂
玉牙凤蝶
台湾台南

⑤ ♂
玉牙凤蝶
台湾台南

⑥ ♂
玉牙凤蝶
云南勐腊

⑥ ♂
玉牙凤蝶
云南勐腊

07 ♀
蓝凤蝶
江苏南京

07 ♀
蓝凤蝶
江苏南京

08 ♂
蓝凤蝶
江苏南京

08 ♂
蓝凤蝶
江苏南京

⑨ ♀
蓝凤蝶
四川雅安

⑨ ♀
蓝凤蝶
四川雅安

⑩ ♀
蓝凤蝶
海南五指山

⑩ ♀
蓝凤蝶
海南五指山

⑪ ♂
蓝凤蝶
台湾花莲

⑪ ♂
蓝凤蝶
台湾花莲

⑫ ♀
蓝凤蝶
台湾花莲

⑫ ♀
蓝凤蝶
台湾花莲

⑬ ♀
美姝凤蝶
四川芦山

⑬ ♀
美姝凤蝶
四川芦山

⑭ ♂
美姝凤蝶
辽宁凤城

⑭ ♂
美姝凤蝶
辽宁凤城

美凤蝶 / *Papilio memnon* Linnaeus, 1758

01-11 / P1455

　　大型凤蝶。雄蝶无尾突，雌多型，具有尾型。雄蝶翅背面黑色具暗蓝色光泽，前翅中室基部具暗红斑，中室外侧具蓝灰色条纹；后翅外2/3部为蓝灰色放射纹。腹面前翅基部红斑清晰，具黑色脉间纹和中室纹；后翅基具绛红色斑，外中区有蓝灰色镶黑斑的宽带，臀区具镶黑点的绛红斑。雌蝶（无尾型）：翅灰褐色具黑色翅脉、脉间纹和中室纹，中室基部具红色斑；后翅为大面积白斑，外缘为黑斑列。腹面斑纹如背面，前翅红斑和后翅白斑更发达。雌蝶（有尾型）：翅色同无尾型，后翅白斑小而染红，外缘凹入处浅红色；腹面斑纹似背面，红斑更发达。雌蝶（全黑型）：整体似雄蝶，但色泽暗淡，前翅背面基部红斑清晰。

　　1年多代，成虫全年可见。幼虫寄主为芸香科柚子、柠檬、柑橘等植物。

　　分布于秦岭以南广大区域。此外见于南亚次大陆、中南半岛、马来半岛、马来群岛、菲律宾群岛、日本群岛南部等地。

红基美凤蝶 / *Papilio alcmenor* C. & R. Felder, [1865]

12-18 / P1456

　　大型凤蝶。性二型明显。雄蝶无尾突，雌蝶具短粗尾。雄蝶翅背面黑色有弱深蓝光泽，前翅端半部具清晰的翅脉、脉间纹和中室纹；后翅臀角具镶黑点的红白色斑。腹面色较浅，翅基具红斑；后翅顶区具灰蓝色斑，翅基及臀缘具连续绛红色斑，臀角内缘白色。雌蝶翅背面灰褐色无光泽，前翅具清晰的黑褐色翅脉、脉间纹及中室纹，中室基部红色；后翅室端具白斑，外缘后半段具绛红色新月斑。腹面与背面相似但底色更浅，后翅红斑更发达。

　　1年2代，成虫多见于5-10月。幼虫寄主为芸香科飞龙掌血等植物。

　　分布于西藏、云南、四川、陕西、海南等地。此外见于印度、缅甸、老挝、越南、泰国等地。

台湾凤蝶 / *Papilio taiwanus* Rothschild, 1898

19-20 / P1456

　　大型凤蝶。雄蝶外观与蓝凤蝶和红基美凤蝶近似，但后翅外缘波齿程度深，深蓝色光泽弱，背面前缘无香鳞斑，腹面斑呈绛红色，面积大且镶嵌2-3行黑斑。雌蝶后翅中域具大白斑，背面亚外缘红斑明显。

　　1年多代，成虫全年可见。幼虫寄主为芸香科飞龙掌血和樟科植物。

　　分布于台湾。

牛郎凤蝶 / *Papilio bootes* Westwood, 1842

21-29

　　大型凤蝶。翅狭窄，具尾突，模拟麝凤蝶。雄蝶翅背面灰黑色，前翅具黑色翅脉、脉间纹和中室纹，中室基部具红斑；后翅外中区室端具0-4枚白斑，亚外缘后半段具绛红色新月斑，臀角红斑或为环状，尾突红斑有或无。腹面大体如背面，但红斑鲜艳发达。雌蝶斑纹同雄蝶，翅色较淡，背面红斑清晰。

　　1年1代，成虫多见于5-7月。幼虫寄主为芸香科五叶山小橘。

　　分布于西藏、云南、四川、陕西等地。此外见于印度、尼泊尔、不丹、缅甸、老挝、越南等地。

织女凤蝶 / *Papilio janaka* Moore, 1857

30-31

　　大型凤蝶。外观与牛郎凤蝶相似，但可从以下特征区分：①整体翅色黑，具暗光泽，前翅无明显的灰纹；②后翅白斑稳定4枚，尾突端部具红白色大斑；③后翅腹面臀缘红色条纹连续，由臀角直达肩角。

　　1年1代，成虫多见于5-8月。幼虫寄主为芸香科五叶山小橘。

　　分布于西藏、云南。此外见于印度、尼泊尔、不丹和缅甸。

①♀
美凤蝶
四川成都

①♀
美凤蝶
四川成都

②♀
美凤蝶
云南西双版纳

②♀
美凤蝶
云南西双版纳

03 ♂
美凤蝶
福建福州

03 ♂
美凤蝶
福建福州

04 ♂
美凤蝶
海南三亚

04 ♂
美凤蝶
海南三亚

⑤ ♀
美凤蝶
四川芦山

⑤ ♀
美凤蝶
四川芦山

06 ♀
美凤蝶
四川芦山

06 ♀
美凤蝶
四川芦山

⑦ ♀
美凤蝶
四川芦山

⑦ ♀
美凤蝶
四川芦山

08 ♀
美凤蝶
四川峨眉山

08 ♀
美凤蝶
四川峨眉山

⑨ ♂
美凤蝶
台湾台北

⑨ ♂
美凤蝶
台湾台北

⑩♀
美凤蝶
台湾台北

⑩♀
美凤蝶
台湾台北

⑪ ♀
美凤蝶
台湾台北

⑪ ♀
美凤蝶
台湾台北

⑫ ♀
红基美凤蝶
重庆

⑫ ♀
红基美凤蝶
重庆

⑬ ♂
红基美凤蝶
甘肃康县

⑬ ♂
红基美凤蝶
甘肃康县

⑭ ♂
红基美凤蝶
四川乐山

⑭ ♂
红基美凤蝶
四川乐山

⑮ ♀
红基美凤蝶
海南五指山

⑮ ♀
红基美凤蝶
海南五指山

⑯♀
红基美凤蝶
海南琼中

⑯♀
红基美凤蝶
海南琼中

⑰ ♂
红基美凤蝶
海南万宁

⑰ ♂
红基美凤蝶
海南万宁

⑱ ♂
红基美凤蝶
西藏墨脱

⑱ ♂
红基美凤蝶
西藏墨脱

⑲ ♂
台湾凤蝶
台湾南投

⑲ ♂
台湾凤蝶
台湾南投

⑳ ♀
台湾凤蝶
台湾南投

⑳ ♀
台湾凤蝶
台湾南投

㉑ ♂
牛郎凤蝶
云南贡山

㉑ ♂
牛郎凤蝶
云南贡山

㉒ ♂
牛郎凤蝶
云南腾冲

㉒ ♂
牛郎凤蝶
云南腾冲

㉓ ♂
牛郎凤蝶
云南腾冲

㉓ ♂
牛郎凤蝶
云南腾冲

㉔ ♂
牛郎凤蝶
云南腾冲

㉔ ♂
牛郎凤蝶
云南腾冲

㉕ ♂
牛郎凤蝶
云南德钦

㉕ ♂
牛郎凤蝶
云南德钦

㉖ ♀
牛郎凤蝶
四川九龙

凤蝶属

㉖ ♀
牛郎凤蝶
四川九龙

27 ♂
牛郎凤蝶
四川宝兴

27 ♂
牛郎凤蝶
四川宝兴

28 ♀
牛郎凤蝶
四川泸定

28 ♀
牛郎凤蝶
四川泸定

㉙ ♂
牛郎凤蝶
四川宝兴

㉙ ♂
牛郎凤蝶
四川宝兴

30 ♂
织女凤蝶
西藏墨脱

30 ♂
织女凤蝶
西藏墨脱

31 ♂
织女凤蝶
西藏墨脱

31 ♂
织女凤蝶
西藏墨脱

碧凤蝶 / *Papilio bianor* Cramer, 1777

01-16 / P1457

大型凤蝶。具尾突。雄蝶翅背面黑褐色密布金绿色鳞片，前翅翅脉、脉间纹和中室纹模糊，外中区金绿色带变异大，后半段具黑色香鳞；后翅顶区附近金蓝绿鳞集中，或形成边界不清的斑，亚外缘具紫红色斑，臀角斑"C"形。腹面翅基半部黑褐色散布草黄色鳞，前翅端半部灰色，具黑色翅脉、脉间纹和中室纹；后翅亚外缘具紫红色飞鸟形斑。雌蝶翅底色较浅，背面金绿色鳞稀疏，后翅背面红斑发达清晰。

1年多代，成虫多见于2-11月。幼虫寄主为芸香科两面针、花椒、竹叶椒、飞龙掌血、臭檀吴茱萸等植物。

分布于西南、华南、华中、华东、华北各省区，山东日照是本种分布的北界。此外见于南亚次大陆北部和中南半岛局部区域。

备注：本种形态变异巨大，国内有4个可以区分的亚种，分别为：分布于大部分地区的指名亚种、云南西部和西藏东南部的*gladiator*亚种（后翅蓝斑大，即我国前期记录的波绿凤蝶*Papilio polyctor*）、台湾本岛的*thrasymades*亚种以及台湾兰屿岛的*kotoensis*亚种（前后翅外中区有靓丽的蓝绿色横带，曾被混淆为绿带翠凤蝶）。

德罕翠凤蝶 / *Papilio dehaani* C. & R. Felder, 1864

17-23

大型凤蝶。外观与碧凤蝶相似，但可从以下特征区分：①前翅腹面臀区具显著白斑；②后翅外缘波曲程度小，较平滑，尾突端部扩大不明显；③雄蝶后翅背面金蓝绿色鳞散布均匀，不形成带或斑，亚外缘飞鸟纹蓝绿色。

1年2代，成虫多见于4-9月。幼虫寄主为芸香科黄檗、吴茱萸等植物。

分布于华北（山东日照以北区域）和东北。此外见于日本鹿儿岛以北及朝鲜半岛等地。

备注：北方不产飞龙掌血。

穹翠凤蝶 / *Papilio dialis* (Leech, 1893)

24-33 / P1458

大型凤蝶。尾突长度可变。雄蝶翅背面黑褐色，散布暗绿色鳞片，前翅翅脉、脉间纹和中室纹不清晰，外中区后半段具黑色香鳞。后翅亚外缘具饰有金蓝色鳞的紫红色斑，臀角斑呈闭合环状。腹面翅基半部黑褐色散布草黄色鳞片，前翅端半部灰色，具黑色翅脉、脉间纹和中室纹；后翅亚外缘具紫红色飞鸟形斑。雌蝶翅底色较浅，背面金绿色鳞片稀疏。

1年多代，成虫多见于5-10月。幼虫寄主为芸香科飞龙掌血、棟叶吴茱萸等植物。

分布于西南、华南、华中、华东及台湾。此外见于缅甸、老挝、越南等地。

绿带翠凤蝶 / *Papilio maackii* Ménétriès, 1859

34-49 / P1458

中大型凤蝶。具尾突。雄蝶翅背面灰黑色，散布金绿色或暗绿色鳞，前翅翅脉、脉间纹和中室纹不清晰，外中带发达程度多变，后半段具黑色香鳞。后翅散布金属蓝绿色鳞片，中室外侧较集中，或具发达程度不一的白斑，亚外缘具金蓝和紫红色斑。腹面翅基2/3散布灰色鳞片，前翅具黑色翅脉、脉间纹和中室纹；后翅外中区若有白斑则如背面，亚外缘具紫红色新月斑。雌蝶斑纹与雄蝶相同，仅色泽较淡。

1年2代，成虫多见于4-9月。幼虫寄主为芸香科刺花椒、花椒、吴茱萸等植物。

分布于西南、华南、华中、华东、华北和东北各省区。此外见于日本、俄罗斯等地及朝鲜半岛。

备注：本种形态变异巨大，国内有4个可识别亚种，分别为：分布于东北和华北的指名亚种，华中、华东和西南（除云南中部和西北部）的*shimogorii*亚种（即部分文献中采纳的*han*亚种），云南中西部的*albosyfanius*亚种（即白斑型西番翠凤蝶），西藏东南部的*kitawakii*亚种（无斑西番翠凤蝶）。

重帏翠凤蝶 / *Papilio hoppo* Matsumura, 1908

50-51 / P1459

大型凤蝶。具尾突。雄蝶翅背面黑褐色，密布金绿色鳞，前翅翅脉、脉间纹和中室纹不清晰，外中区色较淡；后翅顶区为密集的金蓝色鳞，亚外缘具金蓝绿色鳞的斑，臀角斑环形。腹面翅基半部黑褐色散布草黄色鳞片，前翅外中区具灰白色脉侧纹构成的横带，后翅亚外缘具粗重鲜明的红紫色飞鸟形斑，其内侧还有1列绛红色新月斑。雌蝶翅底色较浅，背面金绿色鳞片稀疏，后翅亚外缘红斑十分发达。

1年多代，成虫多见于3-10月。幼虫寄主植物为芸香科飞龙掌血。

分布于台湾。

01 ♂
碧凤蝶
广东乳源

01 ♂
碧凤蝶
广东乳源

02 ♂
碧凤蝶
广西崇左

02 ♂
碧凤蝶
广西崇左

③ ♂
碧凤蝶
陕西宁陕

③ ♂
碧凤蝶
陕西宁陕

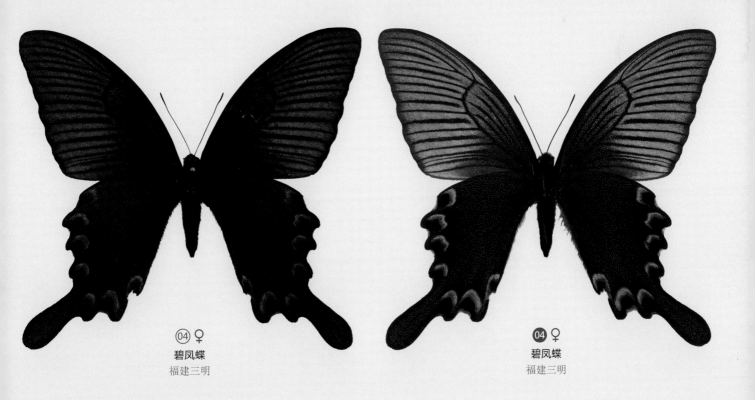

④ ♀
碧凤蝶
福建三明

④ ♀
碧凤蝶
福建三明

⑤ ♀
碧凤蝶
台湾台北

⑤ ♀
碧凤蝶
台湾台北

⑥ ♂
碧凤蝶
台湾新北

⑥ ♂
碧凤蝶
台湾新北

⑦ ♂
碧凤蝶
台湾台东兰屿

⑦ ♂
碧凤蝶
台湾台东兰屿

⑧ ♀
碧凤蝶
台湾台东兰屿

⑧ ♀
碧凤蝶
台湾台东兰屿

09 ♂
碧凤蝶
云南腾冲

09 ♂
碧凤蝶
云南腾冲

10 ♂
碧凤蝶
云南腾冲

10 ♂
碧凤蝶
云南腾冲

⑪♀
碧凤蝶
云南腾冲

⑪♀
碧凤蝶
云南腾冲

⑫♀
碧凤蝶
北京

⑫♀
碧凤蝶
北京

⑬ ♀
碧凤蝶
四川雅安

⑬ ♀
碧凤蝶
四川雅安

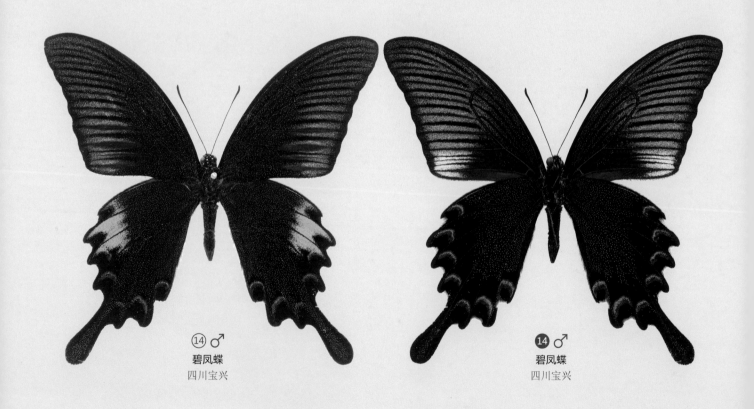

⑭ ♂
碧凤蝶
四川宝兴

⑭ ♂
碧凤蝶
四川宝兴

⑮ ♂
碧凤蝶
云南贡山

⑮ ♂
碧凤蝶
云南贡山

⑯ ♂
碧凤蝶
西藏墨脱

⑯ ♂
碧凤蝶
西藏墨脱

⑰ ♂
德罕翠凤蝶
辽宁本溪

⑰ ♂
德罕翠凤蝶
辽宁本溪

⑱ ♂
德罕翠凤蝶
辽宁抚顺

⑱ ♂
德罕翠凤蝶
辽宁抚顺

⑲ ♀
德罕翠凤蝶
辽宁抚顺

⑲ ♀
德罕翠凤蝶
辽宁抚顺

⑳ ♂
德罕翠凤蝶
辽宁抚顺

⑳ ♂
德罕翠凤蝶
辽宁抚顺

㉑ ♀
德罕翠凤蝶
山东青岛

㉑ ♀
德罕翠凤蝶
山东青岛

㉒ ♂
德罕翠凤蝶
山东青岛

㉒ ♂
德罕翠凤蝶
山东青岛

㉓ ♀
德罕翠凤蝶
山东青岛

㉓ ♀
德罕翠凤蝶
山东青岛

㉔ ♂
穹翠凤蝶
香港

㉔ ♂
穹翠凤蝶
香港

㉕ ♀
穹翠凤蝶
香港

㉕ ♀
穹翠凤蝶
香港

㉖ ♂
穹翠凤蝶
海南白沙

㉖ ♂
穹翠凤蝶
海南白沙

㉗ ♀
穹翠凤蝶
海南昌江

㉗ ♀
穹翠凤蝶
海南昌江

㉘ ♂
穹翠凤蝶
福建三明

㉘ ♂
穹翠凤蝶
福建三明

㉙ ♂
穹翠凤蝶
重庆

㉙ ♂
穹翠凤蝶
重庆

㉚ ♂
穹翠凤蝶
福建三明

㉚ ♂
穹翠凤蝶
福建三明

㉛ ♂
穹翠凤蝶
福建三明

㉛ ♂
穹翠凤蝶
福建三明

③2 ♂
穹翠凤蝶
广西南宁

③2 ♂
穹翠凤蝶
广西南宁

③3 ♂
穹翠凤蝶
广东乳源

③3 ♂
穹翠凤蝶
广东乳源

㉞ ♂
绿带翠凤蝶
四川峨眉山

㉞ ♂
绿带翠凤蝶
四川峨眉山

35 ♂
绿带翠凤蝶
北京

35 ♂
绿带翠凤蝶
北京

36 ♀
绿带翠凤蝶
北京

36 ♀
绿带翠凤蝶
北京

37 ♂
绿带翠凤蝶
北京

37 ♂
绿带翠凤蝶
北京

38 ♂
绿带翠凤蝶
北京

38 ♂
绿带翠凤蝶
北京

39 ♂
绿带翠凤蝶
广西金秀

39 ♂
绿带翠凤蝶
广西金秀

40 ♀
绿带翠凤蝶
北京

40 ♀
绿带翠凤蝶
北京

41 ♀
绿带翠凤蝶
辽宁丹东

41 ♀
绿带翠凤蝶
辽宁丹东

42 ♂
绿带翠凤蝶
陕西宝鸡

42 ♂
绿带翠凤蝶
陕西宝鸡

43 ♂
绿带翠凤蝶
四川甘孜

43 ♂
绿带翠凤蝶
四川甘孜

44 ♂
绿带翠凤蝶
四川九龙

44 ♂
绿带翠凤蝶
四川九龙

㊺ ♂
绿带翠凤蝶
四川九龙

㊺ ♂
绿带翠凤蝶
四川九龙

㊻ ♂
绿带翠凤蝶
四川九龙

㊻ ♂
绿带翠凤蝶
四川九龙

47 ♂
绿带翠凤蝶
四川九龙

47 ♂
绿带翠凤蝶
四川九龙

48 ♀
绿带翠凤蝶
四川九龙

48 ♀
绿带翠凤蝶
四川九龙

49 ♀
绿带翠凤蝶
云南昆明

49 ♀
绿带翠凤蝶
云南昆明

50 ♂
重帏翠凤蝶
台湾南投

50 ♂
重帏翠凤蝶
台湾南投

51 ♀
重帏翠凤蝶
台湾南投

51 ♀
重帏翠凤蝶
台湾南投

窄斑翠凤蝶 / *Papilio arcturus* Westwood, 1842　　　　　　　　　　　01-07

　　大型凤蝶。具尾突。雄蝶翅背面灰黑色，前翅具黑色翅脉、脉间纹和中室纹并散布金绿色鳞片，外中区具金绿色带；后翅外中区具斧头状金蓝色斑，亚外缘翅室具紫红色斑，臀角红斑环形。腹面翅基半部灰黑色散布草黄色鳞片、前翅端半部灰色，斑纹如背面；后翅亚外缘具紫红色新月斑。雌蝶翅底色均较浅，背面金绿色鳞片稀疏，后翅背面金属斑暗淡。

　　1年2代，成虫多见于5-9月。幼虫寄主为芸香科刺花椒、竹叶椒等植物。

　　分布于西藏、云南、四川、广西、广东。此外见于印度、缅甸、尼泊尔等地。

克里翠凤蝶 / *Papilio krishna* Moore, 1857　　　　　　　　　　　08-10

　　大型凤蝶。具尾突。雄蝶翅背面灰黑色散布金属蓝绿色鳞片，前翅具不清晰的黑色翅脉、脉间纹和中室纹并散布金绿色鳞片，外中区具清晰的草黄色带。后翅外中区有锯齿状金属蓝斑，并向臀缘发出金绿色带，亚外缘具紫红色斑，臀角斑环形。腹面翅基半部灰黑色散布草黄色和金绿色鳞片、前翅端半部灰色，具黑色翅脉、脉间纹和中室纹，外中带灰白色，外缘灰黑色；后翅外中带草黄色，亚外缘具紫红色椭圆斑。雌蝶翅底色较浅，背面金绿色鳞片稀疏，后翅金属斑暗淡。

　　1年1代，成虫多见于5-6月。幼虫寄主为芸香科无腺吴萸。

　　分布于西藏、云南、四川。此外见于印度、缅甸、不丹、尼泊尔、越南等地。

巴黎翠凤蝶 / *Papilio paris* Linnaeus, 1758　　　　　　　　　　　11-18 / P1460

　　大型凤蝶。具尾突。雄蝶翅背面黑色散布金绿色鳞片，前翅外中区具不发达的金绿色带；后翅外中区具金属蓝绿色大斑，其后端与臀角间连有金绿色线，臀角具饰有金蓝色鳞的暗红色环纹。腹面褐色，基部散布草黄色鳞片，前翅端半部具灰色脉间纹，后翅亚外缘具紫红色新月斑。雌蝶翅底色浅，背面金绿色鳞片稀疏，后翅金属斑稍退化。

　　1年多代，成虫多见于2-10月。幼虫寄主为芸香科三桠苦、飞龙掌血、两面针等植物。

　　分布于西南、华南、华中、华东至台湾等地。此外见于南亚次大陆至马来群岛广大区域。

台湾琉璃翠凤蝶 / *Papilio hermosanus* Rebel, 1906　　　　　　　19-20 / P1461

　　中大型凤蝶。外观与巴黎翠凤蝶相近，但可从以下特征区分：①个体较小，翅形较圆，前翅顶角不甚突出；②雄蝶前翅外中区后部具黑色香鳞；③后翅背面金绿色斑窄，近乎带状，且被黑色翅脉分割。

　　1年多代，成虫多见于2-11月。幼虫寄主为芸香科飞龙掌血。

　　分布于台湾。

① ♂
窄斑翠凤蝶
广西兴安

① ♂
窄斑翠凤蝶
广西兴安

② ♂
窄斑翠凤蝶
广东乳源

② ♂
窄斑翠凤蝶
广东乳源

③ ♂
窄斑翠凤蝶
四川九龙

③ ♂
窄斑翠凤蝶
四川九龙

④ ♂
窄斑翠凤蝶
云南屏边

④ ♂
窄斑翠凤蝶
云南屏边

⑤ ♂
窄斑翠凤蝶
云南腾冲

⑤ ♂
窄斑翠凤蝶
云南腾冲

⑥ ♂
窄斑翠凤蝶
西藏墨脱

06 ♂
窄斑翠凤蝶
西藏墨脱

⑦ ♀
窄斑翠凤蝶
四川天全

07 ♀
窄斑翠凤蝶
四川天全

⑧ ♂
克里翠凤蝶
西藏墨脱

⑧ ♂
克里翠凤蝶
西藏墨脱

⑨ ♂
克里翠凤蝶
云南腾冲

⑨ ♂
克里翠凤蝶
云南腾冲

⑩ ♂
克里翠凤蝶
四川九龙

⑩ ♂
克里翠凤蝶
四川九龙

⑪ ♂
巴黎翠凤蝶
福建宁德

⑪ ♂
巴黎翠凤蝶
福建宁德

⑫ ♀
巴黎翠凤蝶
福建三明

⑫ ♀
巴黎翠凤蝶
福建三明

⑬ ♂
巴黎翠凤蝶
西藏墨脱

⑬ ♂
巴黎翠凤蝶
西藏墨脱

⑭ ♀
巴黎翠凤蝶
广东广州

⑭ ♀
巴黎翠凤蝶
广东广州

⑮ ♂
巴黎翠凤蝶
四川成都

⑮ ♂
巴黎翠凤蝶
四川成都

⑯ ♂
巴黎翠凤蝶
台湾台北

⑯ ♂
巴黎翠凤蝶
台湾台北

⑰ ♀
巴黎翠凤蝶
台湾台北

⑰ ♀
巴黎翠凤蝶
台湾台北

⑱ ♂
巴黎翠凤蝶
海南琼中

⑱ ♂
巴黎翠凤蝶
海南琼中

⑲ ♂
台湾琉璃翠凤蝶
台湾南投

⑲ ♂
台湾琉璃翠凤蝶
台湾南投

⑳ ♀
台湾琉璃翠凤蝶
台湾南投

⑳ ♀
台湾琉璃翠凤蝶
台湾南投

达摩凤蝶 / *Papilio demoleus* Linnaeus, 1758　　　　01-06 / P1461

中型凤蝶。无尾突。雄蝶翅背面黑色散布若干淡黄色斑，前翅基部为鳞状纹；后翅前缘中部具饰蓝线的黑色大眼斑，臀角具镶蓝线的椭圆红斑。腹面大体似背面，前翅基及中室内为放射纹，亚顶区赭黄色；后翅近基部具黑色粗斜纹，室端及中区黑带饰有镶蓝边的黄斑，亚外缘贯穿黑色波带。雌蝶斑纹同雄蝶但翅底色深黄。

1年多代，成虫多见于3-11月。幼虫寄主为芸香科柑橘、柠檬、柚子等植物。

分布于西南、华南至台湾。此外见于日本冲绳以南、南亚次大陆至马来半岛以及菲律宾群岛等地。

柑橘凤蝶 / *Papilio xuthus* Linnaeus, 1767　　　　07-12 / P1462

中型凤蝶。后翅具尾突。雄蝶翅背面淡黄具黑脉，前翅中室具4条续断黄线，端部黑色形成大眼斑，亚外缘具淡黄新月斑列；后翅前缘中部具小团黑鳞，外缘宽黑带具蓝色鳞形成的斑，亚外缘具淡黄新月斑列，臀角具黑色橙斑。腹面大体似背面，前翅亚外缘具淡黄色带；外中区贯穿黑色宽横带，镶有蓝色鳞形成的斑，外侧染橙色，外缘黑色。雌蝶斑纹同雄蝶，淡色泽略偏黄。

1年多代，成虫多见于2-10月。幼虫寄主为芸香科柑橘属、花椒属、吴茱萸属等多种植物。

分布于除青藏高原以外的各个省区。此外见于俄罗斯及日本群岛、朝鲜半岛、中南半岛北部、菲律宾吕宋岛以及部分南太平洋岛屿（入侵种）等地。

金凤蝶 / *Papilio machaon* Linnaeus, 1758　　　　13-27 / P1463

中型凤蝶。具尾突。雄蝶翅背面金黄色具黑脉，前翅基1/3黑色散布黄鳞，室端及外侧具黑带，顶区具黑点，其上密布黄鳞，外中区至外缘具宽黑边，其内侧镶暗黄色带，中部具金黄色斑列；后翅基黑色，外中区至外缘具宽黑带，其内半部具灰蓝色斑，外半部具黄斑，臀角具椭圆形红斑。腹面大体如背面，前翅亚外缘双黑带间散布黑鳞，后翅外中区具夹黄色和灰蓝色黑色双横带，其后段染橙色。雌蝶色泽斑纹同雄蝶但翅形较阔。

1年1-2代，成虫多见于4-9月。幼虫寄主为伞形科胡萝卜、茴香、柴胡等植物。

分布于中国全境。此外见于欧亚大陆和中南半岛北部。

01 ♂
达摩凤蝶
福建顺昌

01 ♂
达摩凤蝶
福建顺昌

02 ♂
达摩凤蝶
台湾台北

02 ♂
达摩凤蝶
台湾台北

03 ♀
达摩凤蝶
台湾台北

03 ♀
达摩凤蝶
台湾台北

④ ♂
达摩凤蝶
海南东方

④ ♂
达摩凤蝶
海南东方

⑤ ♀
达摩凤蝶
云南元江

⑤ ♀
达摩凤蝶
云南元江

⑥ ♀
达摩凤蝶
云南元江

⑥ ♀
达摩凤蝶
云南元江

⑦ ♂
柑橘凤蝶
云南丽江

⑦ ♂
柑橘凤蝶
云南丽江

⑧ ♂
柑橘凤蝶
台湾台北

⑧ ♂
柑橘凤蝶
台湾台北

⑨ ♀
柑橘凤蝶
台湾台北

⑨ ♀
柑橘凤蝶
台湾台北

⑩ ♂
柑橘凤蝶
甘肃榆中

⑩ ♂
柑橘凤蝶
甘肃榆中

⑪ ♂
柑橘凤蝶
香港

⑪ ♂
柑橘凤蝶
香港

⑫ ♀
柑橘凤蝶
甘肃兰州

⑫ ♀
柑橘凤蝶
甘肃兰州

⑬ ♀
金凤蝶
北京

⑬ ♀
金凤蝶
北京

⑭ ♂
金凤蝶
云南贡山

⑭ ♂
金凤蝶
云南贡山

⑮ ♂
金凤蝶
北京

⑮ ♂
金凤蝶
北京

16 ♂
金凤蝶
广东乳源

16 ♂
金凤蝶
广东乳源

17 ♂
金凤蝶
福建福州

17 ♂
金凤蝶
福建福州

18 ♀
金凤蝶
甘肃榆中

18 ♀
金凤蝶
甘肃榆中

⑲ ♂
金凤蝶
台湾南投

⑲ ♂
金凤蝶
台湾南投

⑳ ♀
金凤蝶
台湾台中

⑳ ♀
金凤蝶
台湾台中

㉑ ♂
金凤蝶
云南贡山

㉑ ♂
金凤蝶
云南贡山

㉒ ♂
金凤蝶
四川康定

㉒ ♂
金凤蝶
四川康定

㉓ ♀
金凤蝶
青海都兰

㉓ ♀
金凤蝶
青海都兰

㉔ ♂
金凤蝶
北京

㉔ ♂
金凤蝶
北京

㉕ ♂
金凤蝶
甘肃肃南

㉕ ♂
金凤蝶
甘肃肃南

㉖ ♂
金凤蝶
江苏南京

㉖ ♂
金凤蝶
江苏南京

㉗ ♂
金凤蝶
云南德钦

㉗ ♂
金凤蝶
云南德钦

燕凤蝶属 / *Lamproptera* Gray, 1832

　　小型凤蝶。体背黑色，腹面白色。头大，复眼裸露，触角端部显著膨大。前翅短窄，端半部具大面积透明区域；后翅狭长皱褶，尾突极发达，臀褶内香鳞有或无，若有则为长毛状。无性二型。

　　本属种类飞行技巧高超，可在空中悬停或急转，似蜻蜓；雄蝶常在溪流边吸水，但不与其他种类的蝴蝶群聚；雌蝶多在附近山地灌丛中访花。幼虫取食莲叶桐科青藤属植物。

　　分布于东洋区低海拔区域。国内目前已知3种，本图鉴收录3种。

绿带燕凤蝶 / *Lamproptera meges* (Zinken, 1831)　　　　01-05 / P1464

　　小型凤蝶。雄蝶前翅背面基半部、前缘、外缘及后缘黑色，透明斑较大，中带淡草绿色至天蓝色；后翅背面黑色具淡草绿色至天蓝色中带，外缘白色，尾突端部白色，无香鳞。腹面翅基部灰白色，后翅臀区具3条污白色波纹，中带白色，其余斑纹同背面。雌蝶斑纹如雄蝶，前后翅背面中带近白色。

　　1年多代，成虫多见于4-11月。幼虫寄主为多种青藤属植物。

　　分布于云南、贵州、广西和海南。此外见于中南半岛、马来半岛和马来群岛。

燕凤蝶 / *Lamproptera curius* (Fabricius, 1787)　　　　06-09 / P1465

　　小型凤蝶。雄蝶前翅背面基半部、前缘、外缘及后缘黑色，端半部透明具黑色翅脉，中带白色，其外侧伴有约1毫米的透明带；后翅背面黑色具白色中带，下半部疏布白色鳞，外缘白色，尾突端部白色，香鳞白色。腹面前后基部灰白色，后翅臀区具3条污白色波纹，其余斑纹同背面。雌蝶翅底色褐色，斑纹如雄蝶。

　　1年多代，成虫在热带地区全年可见。幼虫寄主为多种青藤属植物。

　　分布于华南和西南各省区。此外见于南亚次大陆北部、中南半岛、马来半岛至马来群岛西部等地。

白线燕凤蝶 / *Lamproptera paracurius* Hu, Zhang & Cotton, 2014　　　　10-11

　　小型凤蝶。与燕凤蝶近似，可从以下特征区分：①前翅外缘黑边宽阔，期内侧具白色细横带，透明斑烟灰色；②前翅中带外侧透明带极窄细，后翅白色中带粗；③腹面基部灰白色区域宽阔。

　　1年2代，成虫多见于6-9月。幼虫寄主不详。

　　分布于西南地区的云南、四川交界的金沙江流域低海拔山区。

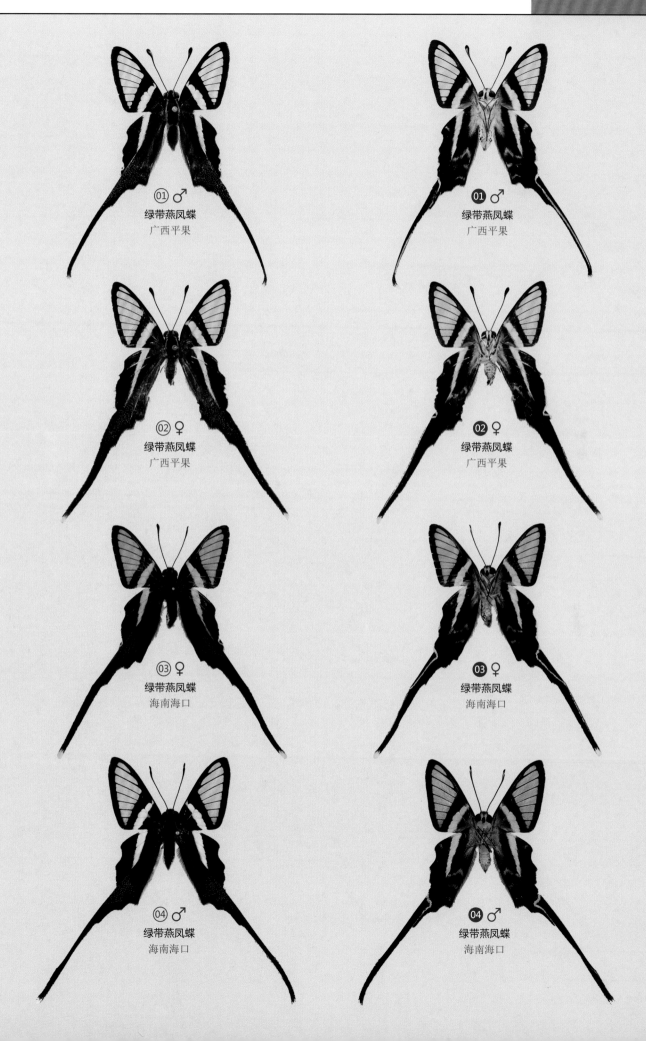

01 ♂
绿带燕凤蝶
广西平果

01 ♂
绿带燕凤蝶
广西平果

02 ♀
绿带燕凤蝶
广西平果

02 ♀
绿带燕凤蝶
广西平果

03 ♀
绿带燕凤蝶
海南海口

03 ♀
绿带燕凤蝶
海南海口

04 ♂
绿带燕凤蝶
海南海口

04 ♂
绿带燕凤蝶
海南海口

05 ♂
绿带燕凤蝶
广西扶绥

05 ♂
绿带燕凤蝶
广西扶绥

06 ♂
燕凤蝶
云南河口

06 ♂
燕凤蝶
云南河口

07 ♀
燕凤蝶
香港

07 ♀
燕凤蝶
香港

08 ♂
燕凤蝶
香港

08 ♂
燕凤蝶
香港

09 ♂
燕凤蝶
海南琼海

09 ♂
燕凤蝶
海南琼海

10 ♀
白线燕凤蝶
云南东川

10 ♀
白线燕凤蝶
云南东川

11 ♂
白线燕凤蝶
云南东川

11 ♂
白线燕凤蝶
云南东川

青凤蝶属 / *Graphium* Scopoli, 1777

中型凤蝶。体背黑色被密毛，腹面白色或污黄色，腹侧具黑色纵纹。头大，复眼裸露，触角端部膨大。翅形窄，前翅顶角明显；后翅外缘齿状；尾突有或无。雄蝶后翅臀褶内具发达的长毛状和绒毛状香鳞。无性二型。

成虫栖息于中低海拔山地、河谷或平原地区，花圃和溪流边常见。雄蝶具吸水习性，雌蝶访花。幼虫取食樟科、木兰科和番荔枝科植物。

分布于东洋区。国内目前已知8种，本图鉴收录8种。

宽带青凤蝶 / *Graphium cloanthus* (Westwood, 1845)　　　01-09 / P1466

中型凤蝶。具长尾突。雄蝶翅背面黑色，中区具被黑色分割的青绿色宽阔透明斑。后翅亚外缘具青绿色斑列，香鳞灰白色。腹面褐色，前翅亚外缘具模糊的灰褐色带，后翅肩角具不规则暗红色斑，中室端缘附近具暗红色斑列。雌蝶斑纹同雄蝶但色泽较浅。

1年多代，成虫多见于2-10月。幼虫寄主为樟科香樟等植物。

分布于秦岭以南各省区。此外见于印度、不丹、缅甸、老挝、越南、泰国等地。

青凤蝶 / *Graphium sarpedon* (Linnaeus, 1758)　　　10-18 / P1467

中型凤蝶。无尾突。雄蝶翅背面黑褐色，中区贯穿1列蓝绿色半透明斑，后翅前缘斑呈白色，亚外缘具蓝绿色新月斑。腹面褐色，斑纹大体似正面，后翅肩角处具1段红色短线，中室端部至臀区具红斑列。雌蝶斑纹同雄蝶，但色泽较浅。

1年2代，成虫多见于5-10月。幼虫寄主植物为樟科香樟、润楠等植物。

分布于秦岭以南各省区。此外见于日本、巴布亚新几内亚和澳大利亚及南亚次大陆至马来群岛、菲律宾群岛等地。

黎氏青凤蝶 / *Graphium leechi* (Rothschild, 1895)　　　19-22

中型凤蝶。无尾突。雄蝶翅背面黑褐色，各室具窄长的灰绿色斑，前翅外缘具灰绿色点列；后翅前缘斑白色，香鳞土黄色。腹面褐色，斑纹如正面，呈银白色，肩角处具楔形橙色斑，外中区具橙色点列。雌蝶斑纹同雄蝶，色泽更浅。

1年2代，成虫多见于4-9月。幼虫寄主为木兰科的鹅掌楸。

分布于云南东北部、广西北部、湖南至福建、浙江一带。此外见于越南东北部。

① ♂
宽带青凤蝶
台湾台北

① ♂
宽带青凤蝶
台湾台北

② ♀
宽带青凤蝶
台湾屏东

② ♀
宽带青凤蝶
台湾屏东

③ ♂
宽带青凤蝶
西藏墨脱

③ ♂
宽带青凤蝶
西藏墨脱

04 ♀
宽带青凤蝶
云南昆明

04 ♀
宽带青凤蝶
云南昆明

05 ♂
宽带青凤蝶
福建福州

05 ♂
宽带青凤蝶
福建福州

06 ♀
宽带青凤蝶
福建武夷山

06 ♀
宽带青凤蝶
福建武夷山

07 ♂
宽带青凤蝶
四川雅安

07 ♂
宽带青凤蝶
四川雅安

08 ♂
宽带青凤蝶
香港

08 ♂
宽带青凤蝶
香港

09 ♂
宽带青凤蝶
云南腾冲

09 ♂
宽带青凤蝶
云南腾冲

⑩ ♂
青凤蝶
福建宁德

⑩ ♂
青凤蝶
福建宁德

⑪ ♂
青凤蝶
海南海口

⑪ ♂
青凤蝶
海南海口

⑫ ♂
青凤蝶
西藏墨脱

⑫ ♂
青凤蝶
西藏墨脱

⑬♀
青凤蝶
广东广州

⑬♀
青凤蝶
广东广州

⑭♂
青凤蝶
台湾台中

⑭♂
青凤蝶
台湾台中

⑮♀
青凤蝶
台湾台北

⑮♀
青凤蝶
台湾台北

⑯ ♀
青凤蝶
湖南湘潭

⑯ ♀
青凤蝶
湖南湘潭

⑰ ♂
青凤蝶
香港

⑰ ♂
青凤蝶
香港

⑱ ♂
青凤蝶
香港

⑱ ♂
青凤蝶
香港

⑲ ♂
黎氏青凤蝶
云南盐津

⑲ ♂
黎氏青凤蝶
云南盐津

20 ♂
黎氏青凤蝶
湖南张家界

20 ♂
黎氏青凤蝶
湖南张家界

21 ♀
黎氏青凤蝶
江苏南京

21 ♀
黎氏青凤蝶
江苏南京

22 ♂
黎氏青凤蝶
福建武夷山

22 ♂
黎氏青凤蝶
福建武夷山

碎斑青凤蝶 / *Graphium chironides* (Honrath, 1884)

中型凤蝶。与黎氏青凤蝶相近，但可从以下特征区分：①前翅顶角非常突出；②翅面斑纹短粗，呈蓝绿色而非灰绿色。

1年多代，成虫多见于2-10月。幼虫寄主为木兰科的白兰、黄兰、深山含笑等植物。

分布于长江以南各省区。此外见于南亚次大陆至马来半岛广大区域。

银钩青凤蝶 / *Graphium eurypylus* (Linnaeus, 1758)

中型凤蝶。无尾突。雄蝶翅背面黑色，前翅中室具由细渐粗的蓝绿色斑列，第4枚为逗号状，中区具蓝绿色大斑列，亚外缘具蓝绿色点列，臀角斑成对；后翅中区为上宽下窄的蓝绿色斑列，亚外缘具蓝绿色小斑，香鳞长毛状，上黄色。腹面黑褐色，斑纹银白色，肩角短黑纹饰红斑，并与臀区黑带汇合呈"Y"形，外中区至臀区具红斑列。雌蝶斑纹同雄蝶但呈灰绿色。

1年多代，成虫多见于4-10月。幼虫寄主为番荔枝科的银钩花等植物。

分布于长江以南各省区。此外见于南亚次大陆至澳大利亚北部的广大区域。

南亚青凤蝶 / *Graphium evemon* (Boisduval, 1836)

中型凤蝶。与银钩青凤蝶非常相似，但可从以下特征区分：①前翅中室第4枚斑扩大为三角形而非逗号形，其余斑极窄细；②前翅背面臀角斑仅有1枚而不成对；③后翅臀褶内香鳞灰色。

1年2代，成虫多见于4-10月。幼虫寄主为木兰科植物。

分布于云南、广西、海南。此外见于南亚次大陆至马来群岛和菲律宾群岛等地。

木兰青凤蝶 / *Graphium doson* (C. & R. Felder, 1864)

中型凤蝶。与银钩青凤蝶相近，但可从以下特征区分：①前翅中室第4枚斑为新月形；②前翅背面臀角斑仅有1枚或另1枚较退化；③后翅肩区黑色短带与臀区黑色纵纹分离，臀褶内香鳞赭黄色。

1年2代，成虫多见于4-10月。幼虫寄主为木兰科含笑属植物。

分布于云南、贵州、广东、广西、海南、福建、台湾、香港等地区。此外见于南亚次大陆至马来群岛，以及菲律宾群岛、日本南部等地。

统帅青凤蝶 / *Graphium agamemnon* (Linnaeus, 1758)

中型凤蝶。具短尾突。雄蝶翅背面黑色，密布草绿色碎斑。腹面褐色，覆盖暗红色不规则斑，斑纹似背面但色泽较淡。后翅斑纹模糊，前缘至中室外侧具2枚内侧镶红边的黑斑，臀角有模糊红斑。雌蝶尾突稍长，斑纹同雄蝶但色泽偏黄。

1年多代，成虫多见于4-10月。幼虫寄主为木兰科白兰和番荔枝科假鹰爪等植物。

分布于西南、华南、东南等地区。此外见于南亚次大陆至马来群岛及菲律宾群岛。

01 ♂
碎斑青凤蝶
广东乳源

01 ♂
碎斑青凤蝶
广东乳源

02 ♂
碎斑青凤蝶
福建三明

02 ♂
碎斑青凤蝶
福建三明

03 ♂
碎斑青凤蝶
海南琼中

03 ♂
碎斑青凤蝶
海南琼中

04 ♀
碎斑青凤蝶
海南琼中

04 ♀
碎斑青凤蝶
海南琼中

05 ♂
碎斑青凤蝶
西藏墨脱

05 ♂
碎斑青凤蝶
西藏墨脱

06 ♂
碎斑青凤蝶
广东龙门

06 ♂
碎斑青凤蝶
广东龙门

07 ♀
碎斑青凤蝶
广西金秀

07 ♀
碎斑青凤蝶
广西金秀

⑧ ♂
碎斑青凤蝶
西藏墨脱

⑧ ♂
碎斑青凤蝶
西藏墨脱

⑨ ♂
银钩青凤蝶
云南河口

⑨ ♂
银钩青凤蝶
云南河口

⑩ ♂
银钩青凤蝶
广东龙门

⑩ ♂
银钩青凤蝶
广东龙门

⑪ ♂
银钩青凤蝶
广西龙州

⑪ ♂
银钩青凤蝶
广西龙州

⑫ ♂
南亚青凤蝶
海南乐东

⑫ ♂
南亚青凤蝶
海南乐东

⑬ ♂
南亚青凤蝶
云南勐腊

⑬ ♂
南亚青凤蝶
云南勐腊

⑭ ♂
木兰青凤蝶
广西龙州

⑭ ♂
木兰青凤蝶
广西龙州

⑮ ♂
木兰青凤蝶
香港

⑮ ♂
木兰青凤蝶
香港

⑯ ♀
木兰青凤蝶
海南东方

⑯ ♀
木兰青凤蝶
海南东方

⑰ ♂
木兰青凤蝶
海南昌江

⑰ ♂
木兰青凤蝶
海南昌江

⑱ ♂
木兰青凤蝶
福建福州

⑱ ♂
木兰青凤蝶
福建福州

⑲ ♂
木兰青凤蝶
云南勐腊

⑲ ♂
木兰青凤蝶
云南勐腊

⑳ ♂
木兰青凤蝶
台湾新北

⑳ ♂
木兰青凤蝶
台湾新北

㉑ ♀
木兰青凤蝶
台湾南投

㉑ ♀
木兰青凤蝶
台湾南投

㉒ ♂
统帅青凤蝶
香港

㉒ ♂
统帅青凤蝶
香港

㉓ ♀
统帅青凤蝶
香港

㉓ ♀
统帅青凤蝶
香港

㉔ ♀
统帅青凤蝶
广东广州

㉔ ♀
统帅青凤蝶
广东广州

㉕ ♀
统帅青凤蝶
台湾台南

㉕ ♀
统帅青凤蝶
台湾台南

㉖ ♂
统帅青凤蝶
台湾台南

㉖ ♂
统帅青凤蝶
台湾台南

㉗ ♂
统帅青凤蝶
福建福州

㉗ ♂
统帅青凤蝶
福建福州

纹凤蝶属 / *Paranticopsis* Wood-Mason & de Nicéville, [1887]

中小型凤蝶。体背黑色被密毛，腹面污白色，腹侧具黑色纵纹。头大，复眼裸露，触角端部膨大。翅形短阔，前翅顶角明显，外缘平直或内凹，斑纹模拟青斑蝶或绢斑蝶；后翅外缘波状。雄蝶后翅臀褶内生黄褐色香鳞。性二型明显。

成虫栖息于林地边缘和溪边，飞行缓慢。雄蝶具吸水习性，雌蝶访花。幼虫取食木兰科和番荔枝科植物。分布于东洋区。国内目前已知4种，本图鉴收录3种。

细纹凤蝶 / *Paranticopsis megarus* (Westwood, 1844)　　　　01-03

中小型凤蝶。外形与纹凤蝶相似，但可从以下特征区分：①体形更小，为国产最小纹凤蝶；②雄蝶翅面斑纹蓝绿；③前翅背面外中区中域斑断为两截；④后翅外中区斑纹由两段构成，亚外缘斑弯曲而细。

1年1代，成虫多见于3-4月。幼虫寄主为番荔枝科暗罗属植物。

分布于海南。此外见于南亚次大陆至马来群岛的广大区域。

客纹凤蝶 / *Paranticopsis xenocles* (Doubleday, 1842)　　　　04-08

中型凤蝶。雄蝶翅背面黑褐色，各室饰有较宽的青白色条斑。后翅无尾突，青白色斑填充饱满，外缘斑圆形，臀角具1-2枚橙色斑。腹面底色略呈棕色，斑纹同背面。雌蝶色泽斑纹同雄蝶，青白色斑更宽。

1年1代，成虫多见于4-5月。幼虫寄主为番荔枝科植物。

分布于云南和海南。此外见于南亚次大陆至马来半岛广大区域。

纹凤蝶 / *Paranticopsis macareus* (Godart, 1819)　　　　09-10 / P1471

中小型凤蝶。外形与客纹凤蝶相近，但可从以下特征区分：①雄蝶翅斑纹窄细，更偏淡青色；②后翅臀角无橙黄色斑；③具性二型，雌蝶褐色，具模糊的污白色斑。

1年1代，成虫多见于4-5月。幼虫寄主为番荔枝科植物。

分布于云南、广西和海南。此外见于南亚次大陆至马来半岛广大区域。

01 ♂
细纹凤蝶
海南乐东

01 ♂
细纹凤蝶
海南乐东

02 ♀
细纹凤蝶
海南昌江

02 ♀
细纹凤蝶
海南昌江

03 ♂
细纹凤蝶
海南东方

03 ♂
细纹凤蝶
海南东方

04 ♂
客纹凤蝶
云南西双版纳

04 ♂
客纹凤蝶
云南西双版纳

⑤ ♂
客纹凤蝶
海南乐东

⑤ ♂
客纹凤蝶
海南乐东

⑥ ♀
客纹凤蝶
海南乐东

⑥ ♀
客纹凤蝶
海南乐东

⑦ ♂
客纹凤蝶
海南乐东

⑦ ♂
客纹凤蝶
海南乐东

⑧ ♂
客纹凤蝶
海南昌江

⑧ ♂
客纹凤蝶
海南昌江

⑨ ♂
纹凤蝶
海南东方

⑨ ♂
纹凤蝶
海南东方

⑩ ♂
纹凤蝶
云南西双版纳

⑩ ♂
纹凤蝶
云南西双版纳

绿凤蝶属 / *Pathysa* Reakirt, [1865]

　　中型凤蝶。体背黑色被密毛，腹面白色，腹侧具黑纹。头大，复眼裸露，触角端部膨大。翅形短阔，前翅顶角明显，外缘平直或内凹，翅面布有4–6条黑带；后翅外缘齿状，具1条剑状尾突。雄蝶后翅臀内生土黄色香鳞。无性二型。

　　成虫栖息于林地和溪流边缘，飞行迅速、行为机敏。雄蝶具吸水习性，雌蝶访花。幼虫取食木兰科和番荔枝科植物。

　　分布于东洋区。国内目前已知4种，本图鉴收录4种。

斜纹绿凤蝶 / *Pathysa agetes* (Westwood, 1843)　　　　　01-06 / P1471

　　中型凤蝶。雄蝶翅绿白色，前翅端半渐透明，并列4条长短不一的黑色窄带，外中区自前缘至臀角贯穿1条黑带，外缘黑色；后翅背面可透见腹面斑纹，外缘灰黑色，尾突附近具2枚白斑，臀角具红斑，尾突黑色、端部白色。腹面前翅基部绿色更重，黑纹如背面；后翅内中区具黑带，中区具缀有红斑的黑带，其余斑纹同背面。雌蝶翅形较宽，斑纹似雄蝶，但色泽较淡。

　　1年1代，成虫多见于4–5月。幼虫寄主为番荔枝科瓜馥木等植物。

　　分布于云南、贵州、广西、广东、海南等地。此外见于南亚次大陆至马来群岛广大区域。

绿凤蝶 / *Pathysa antiphates* (Cramer, [1775])　　　　　07-11 / P1472

　　中大型凤蝶。雄蝶翅背面白色，前翅基部及顶区前缘草绿色，并列5条黑色粗横带，第4条常缩短。后翅背面可透见腹面斑纹，外缘具黑斑，尾突基部上方灰色，臀角橙黄色。腹面前翅上半部草绿色、下半部白色，斑纹如背面；后翅基半部草绿色，端半部淡橙色，自臀缘至中区并列3条黑带，其下端灰黑色、外侧具黑点列，外缘各具大小不一的黑斑。雌蝶斑纹同雄蝶但色泽较淡。

　　1年2代，成虫多见于5–10月。幼虫寄主为番荔枝科假鹰爪等植物。

　　分布长江以南各省区。此外见于南亚次大陆至马来群岛广大区域。

红绶绿凤蝶 / *Pathysa nomius* (Esper, 1799)　　　　　12-16 / P1473

　　中型凤蝶。雄蝶翅背面绿白色，前翅具6条长短不一的黑色横带，亚外缘至外缘为夹有绿白圆斑的宽黑边。后翅亚外缘至外缘黑色，饰有绿白色缘斑，中区及臀区具2条几乎平行的黑色横带，尾突黑色镶白边。腹面多数斑纹如背面但呈淡赭色，后翅中带两侧镶红色波带。雌蝶翅形宽，斑纹似雄蝶但色泽较淡。

　　1年多代，成虫多见于5月。幼虫寄主为番荔枝科番荔枝等植物。

　　分布于华南和西南各省。此外见于南亚次大陆至马来群岛西侧广大区域。

芒绿凤蝶 / *Pathysa aristeus* (Stoll, [1780])　　　　　17

　　中型凤蝶。与红绶绿凤蝶近似，但可从以下特征区分：①前翅亚外缘黑带更宽，向内扩展包裹第5条横带末端；②前翅亚外缘绿白色斑列成线形，更加连贯；③后翅背面尾突基部上方翅室散布灰色鳞。

　　1年2代，成虫多见于5月。幼虫寄主为番荔枝科植物。

　　仅分布于海南。此外见于南亚次大陆至澳大利亚北部的广大区域。

① ♂
斜纹绿凤蝶
云南西双版纳

① ♂
斜纹绿凤蝶
云南西双版纳

② ♂
斜纹绿凤蝶
海南白沙

② ♂
斜纹绿凤蝶
海南白沙

③ ♂
斜纹绿凤蝶
西藏墨脱

③ ♂
斜纹绿凤蝶
西藏墨脱

04 ♂
斜纹绿凤蝶
福建福州

04 ♂
斜纹绿凤蝶
福建福州

05 ♂
斜纹绿凤蝶
广东乳源

05 ♂
斜纹绿凤蝶
广东乳源

06 ♀
斜纹绿凤蝶
广东乳源

06 ♀
斜纹绿凤蝶
广东乳源

07 ♂
绿凤蝶
香港

07 ♂
绿凤蝶
香港

08 ♀
绿凤蝶
海南海口

08 ♀
绿凤蝶
海南海口

09 ♂
绿凤蝶
云南西双版纳

09 ♂
绿凤蝶
云南西双版纳

⑩ ♂
绿凤蝶
海南乐东

⑩ ♂
绿凤蝶
海南乐东

⑪ ♂
绿凤蝶
海南昌江

⑪ ♂
绿凤蝶
海南昌江

⑫ ♂
红绶绿凤蝶
云南元江

⑫ ♂
红绶绿凤蝶
云南元江

⑬ ♀
红绶绿凤蝶
云南元江

⑬ ♀
红绶绿凤蝶
云南元江

⑭ ♂
红绶绿凤蝶
海南乐东

⑭ ♂
红绶绿凤蝶
海南乐东

⑮ ♂
红绶绿凤蝶
海南昌江

⑮ ♂
红绶绿凤蝶
海南昌江

⑯ ♂
红绶绿凤蝶
海南昌江

⑯ ♂
红绶绿凤蝶
海南昌江

⑰ ♂
芒绿凤蝶
海南乐东

⑰ ♂
芒绿凤蝶
海南乐东

剑凤蝶属 / *Pazala* Moore, 1888

中型凤蝶。体背黑色被密毛，腹面白色，腹侧具黑色纵纹。头大，复眼裸露，触角端部膨大。翅形短阔，前翅顶角明显，外缘平直或内凹，翅面布有10条长短不一的黑带；后翅外缘齿状，具1条飘带状尾突，黑色中带形态因种而异，臀角黑色，内侧有黄斑。雄蝶后翅臀褶窄，内生褐色香鳞。无性二型。

成虫栖息于林地边缘，飞行迅速、行为机敏。雄蝶具吸水习性，雌蝶访花。幼虫取食樟科植物。

分布于东洋区和古北区交界处。国内目前已知7种，本图鉴收录7种。

华夏剑凤蝶 / *Pazala mandarinus* (Oberthür, 1879)　　　　　01-03

中型凤蝶。雄蝶翅白色半透明，前翅前缘、顶区及外缘略呈黄色，第8、9横带在顶区向内错位，之间可散布黑鳞。后翅背面中带不完整，亚外缘至外缘具3列并行的黑斑，臀角各室具灰蓝色斑，黄斑相连。腹面斑纹如背面，呈油纸状，中带"8"字形，上环内有黄斑，下环黑色沿翅脉扩散。雌蝶翅形宽圆，斑纹似雄蝶，但黑纹较退化。

1年1-2代，成虫多见于4-6月。幼虫寄主为樟科杨叶木姜子等植物。

分布于云南西北部和四川西部。此外见于缅甸北部和泰国北部山区。

四川剑凤蝶 / *Pazala sichuanica* Koiwaya, 1993　　　　　04-06 / P1474

中型凤蝶。外观与华夏剑凤蝶相近，但可从以下特征区分：①整体色泽白净、翅形略窄；②前翅第8、9横带间绝无黑鳞；③后翅背面中带完整笔直，腹面"8"字形特征退化，但中带清晰。

1年1代，成虫多见于4-5月。幼虫寄主为樟科木姜子属植物。

分布于四川盆地西缘及华中、华东、华南北部山区。为中国特有种。

铁木剑凤蝶 / *Pazala mullah* (Alphéraky, 1897)　　　　　07-12 / P1475

中型凤蝶。雄蝶翅蜡白色半透明，前翅亚外缘至外缘灰色，外缘黑色。后翅背面中带完整并在臀角上方分叉，亚外缘具1条宽阔的灰黑色带，外缘黑色，臀角各室具灰蓝色斑，黄斑相连。腹面斑纹如背面，中带上端有黄斑。雌蝶翅形较宽，斑纹同雄蝶。

1年1代，成虫多见于3-4月。幼虫寄主为樟科木姜子属植物。

分布于云南、四川、浙江、福建、台湾等省区。此外见于老挝及越南北部。

乌克兰剑凤蝶 / *Pazala tamerlanus* (Oberthür, 1876)　　　　　13-16

中型凤蝶。雄蝶翅乳白色半透明，第8、9横带间白净，外缘黑色。后翅背面中带完整笔直，亚外缘至外缘具3列并行的黑斑，臀角各室具灰蓝色斑，黄斑相连。腹面斑纹如背面但较淡，后中带上端有黄斑。雌蝶翅形宽阔，斑纹同雄蝶，色泽更加白净。

1年1代，成虫多见于4-5月。幼虫寄主为樟科木姜子属植物。

分布于长江中上游山区。为中国特有种。

圆翅剑凤蝶 / *Pazala parus* (de Nicéville, 1900)   17-19

中小型凤蝶。外观与乌克兰剑凤蝶相近，但可从以下特征区分：①个体明显较小，翅形略窄，呈蜡黄白色；②前翅第8、9横带间填充黑鳞；③尾突较短。

1年1代，成虫多见于4-5月。幼虫寄主为樟科木姜子属植物。

分布于长江中上游的云南西北部、四川西部。此外见于缅甸东北部。

金斑剑凤蝶 / *Pazala alebion* (Gray, 1853)   20-21

中小型凤蝶。外观与乌克兰剑凤蝶和圆翅剑凤蝶近似，但可从以下特征区分：①个体更小，翅十分窄长，腹面底色明显偏黄；②前翅第8、9横带间绝无黑鳞；③后翅背面中带粗而笔直，臀角2枚黄斑融为一体、大而鲜艳；④后翅背面臀区蓝色新月纹上方具彼此分离的白斑（特有特征）。

1年1代，成虫多见于4-5月。幼虫寄主为樟科木姜子属植物。

分布于长江下游地区，如江西、福建、浙江等地。为中国特有种。

升天剑凤蝶 / *Pazala eurous* (Leech, [1893])   22-30 / P1476

中型凤蝶。雄蝶翅白色半透明，前翅第8、9横带在顶区不错位。后翅背面中带完整或部分缺失，亚外缘至外缘具3列并行的黑斑，臀角各室具灰蓝色斑，黄斑相连。腹面斑纹如背面，后翅2条中带间夹有黄色。雌蝶翅形较阔，斑纹同雄蝶。

1年1代，成虫多见于4-5月。幼虫寄主为樟科木姜子属或新木姜子属植物。

分布于台湾及西南、华南、华中、华东。此外见于印度北部及尼泊尔、缅甸、泰国、老挝、越南的山区。

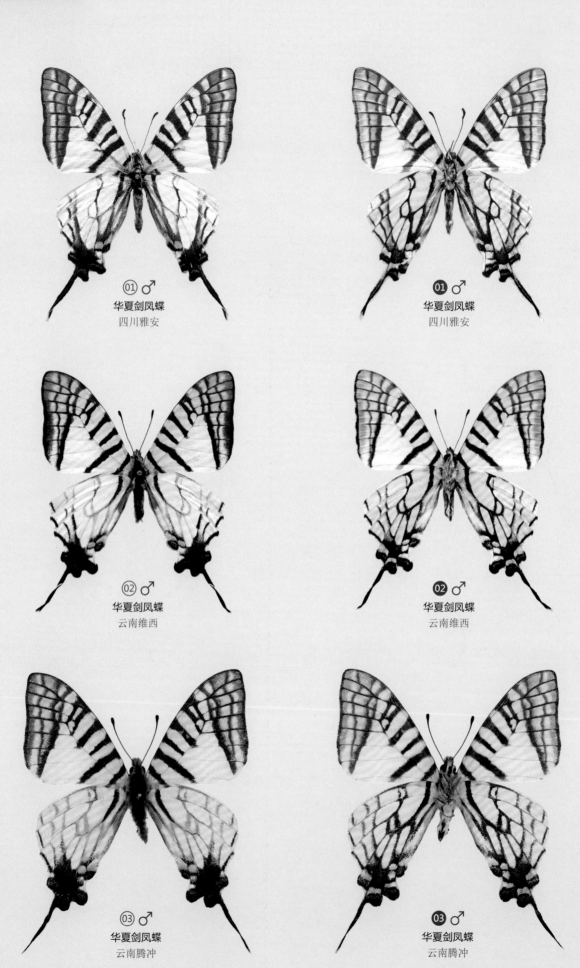

01 ♂
华夏剑凤蝶
四川雅安

01 ♂
华夏剑凤蝶
四川雅安

02 ♂
华夏剑凤蝶
云南维西

02 ♂
华夏剑凤蝶
云南维西

03 ♂
华夏剑凤蝶
云南腾冲

03 ♂
华夏剑凤蝶
云南腾冲

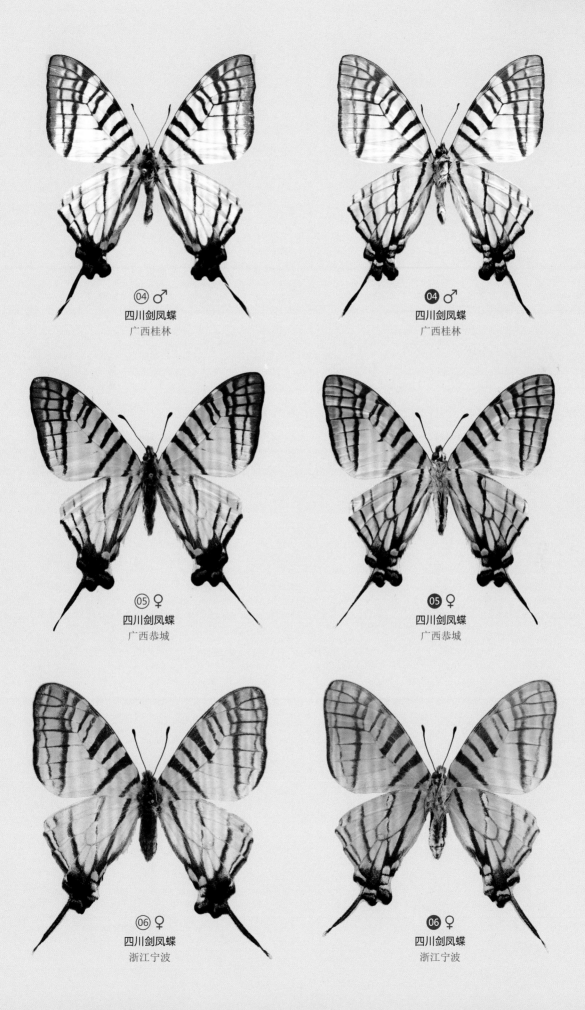

04 ♂
四川剑凤蝶
广西桂林

04 ♂
四川剑凤蝶
广西桂林

05 ♀
四川剑凤蝶
广西恭城

05 ♀
四川剑凤蝶
广西恭城

06 ♀
四川剑凤蝶
浙江宁波

06 ♀
四川剑凤蝶
浙江宁波

07 ♂
铁木剑凤蝶
福建福州

07 ♂
铁木剑凤蝶
福建福州

08 ♂
铁木剑凤蝶
台湾新北

08 ♂
铁木剑凤蝶
台湾新北

09 ♀
铁木剑凤蝶
福建连江

09 ♀
铁木剑凤蝶
福建连江

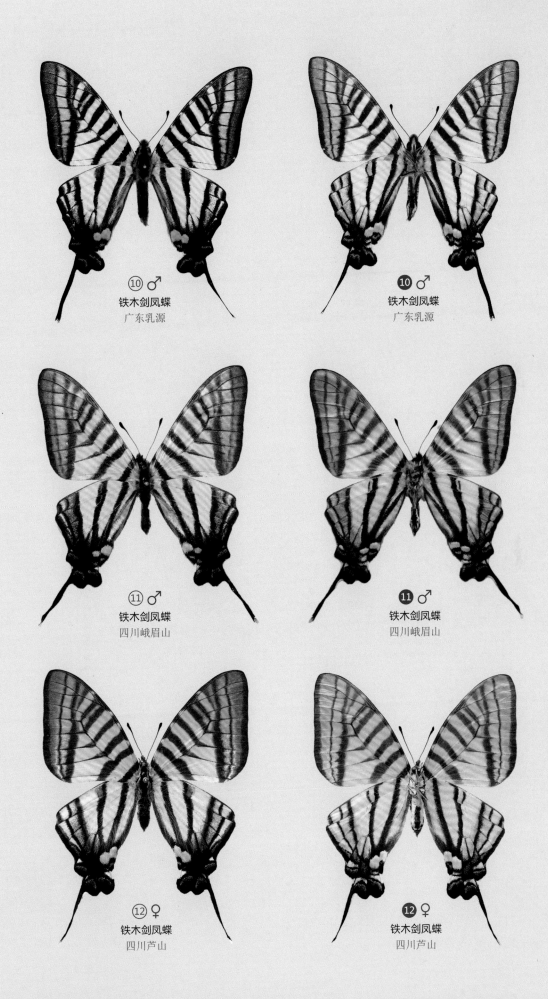

⑩ ♂
铁木剑凤蝶
广东乳源

⑩ ♂
铁木剑凤蝶
广东乳源

⑪ ♂
铁木剑凤蝶
四川峨眉山

⑪ ♂
铁木剑凤蝶
四川峨眉山

⑫ ♀
铁木剑凤蝶
四川芦山

⑫ ♀
铁木剑凤蝶
四川芦山

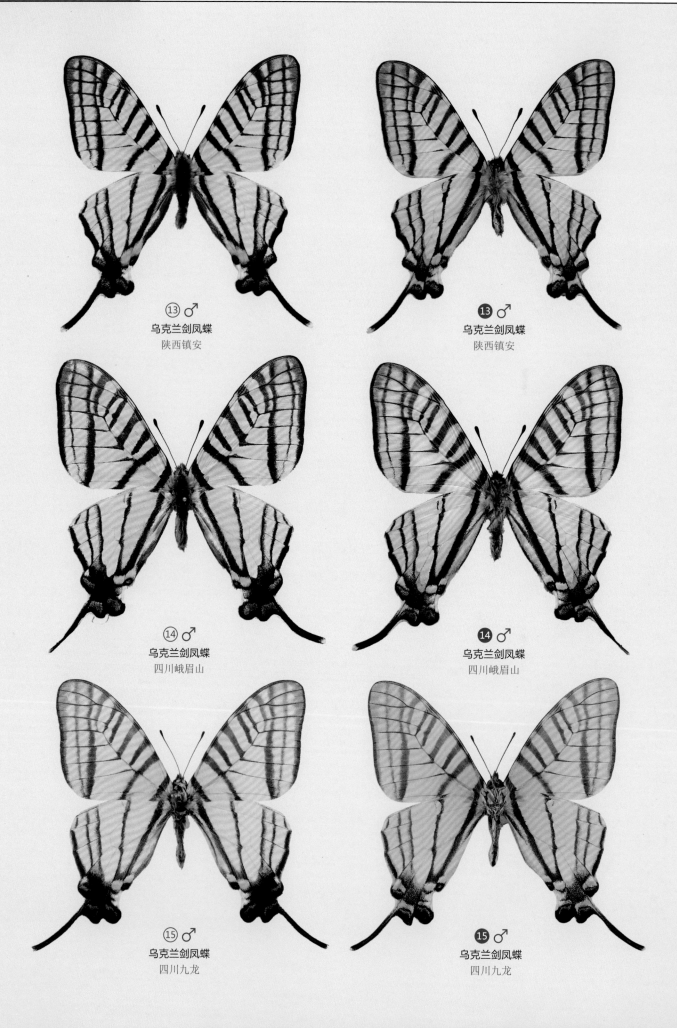

⑬ ♂
乌克兰剑凤蝶
陕西镇安

⑬ ♂
乌克兰剑凤蝶
陕西镇安

⑭ ♂
乌克兰剑凤蝶
四川峨眉山

⑭ ♂
乌克兰剑凤蝶
四川峨眉山

⑮ ♂
乌克兰剑凤蝶
四川九龙

⑮ ♂
乌克兰剑凤蝶
四川九龙

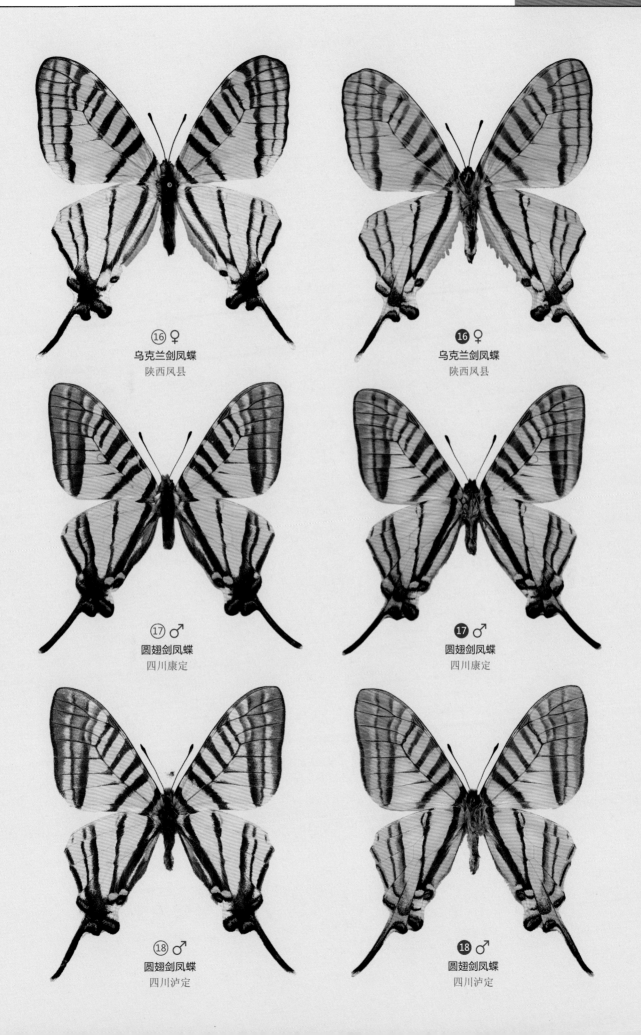

⑯ ♀
乌克兰剑凤蝶
陕西凤县

⑯ ♀
乌克兰剑凤蝶
陕西凤县

⑰ ♂
圆翅剑凤蝶
四川康定

⑰ ♂
圆翅剑凤蝶
四川康定

⑱ ♂
圆翅剑凤蝶
四川泸定

⑱ ♂
圆翅剑凤蝶
四川泸定

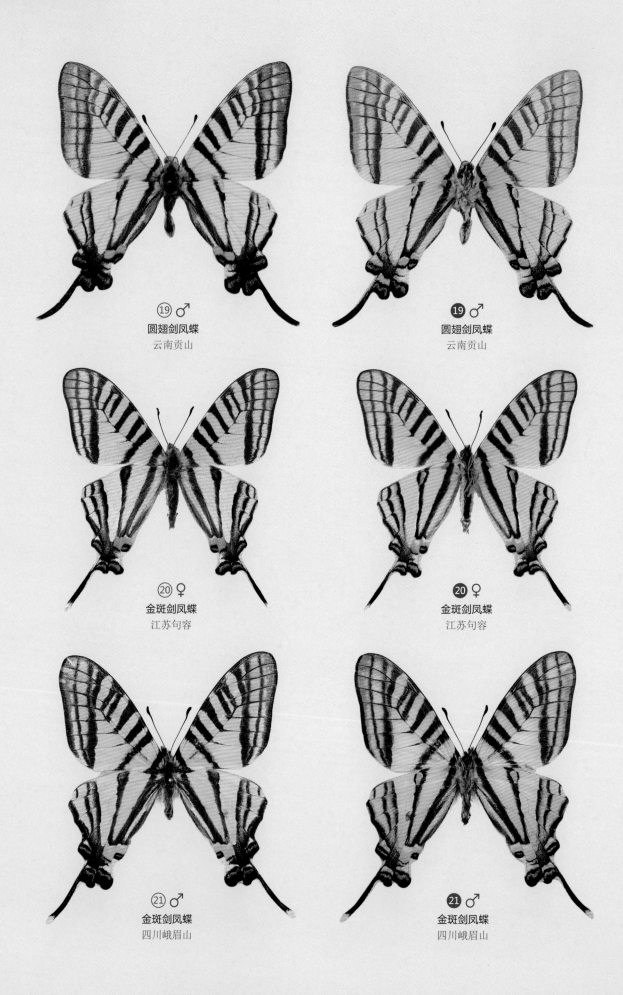

19 ♂
圆翅剑凤蝶
云南贡山

19 ♂
圆翅剑凤蝶
云南贡山

20 ♀
金斑剑凤蝶
江苏句容

20 ♀
金斑剑凤蝶
江苏句容

21 ♂
金斑剑凤蝶
四川峨眉山

21 ♂
金斑剑凤蝶
四川峨眉山

22 ♂
升天剑凤蝶
四川芦山

22 ♂
升天剑凤蝶
四川芦山

23 ♂
升天剑凤蝶
西藏墨脱

23 ♂
升天剑凤蝶
西藏墨脱

24 ♂
升天剑凤蝶
四川峨眉山

24 ♂
升天剑凤蝶
四川峨眉山

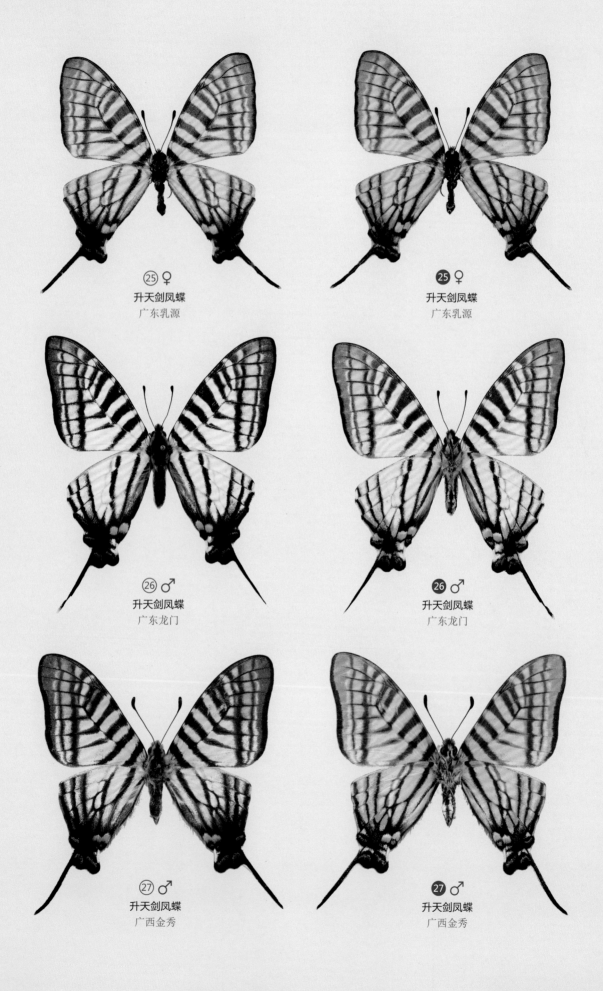

㉕ ♀
升天剑凤蝶
广东乳源

㉕ ♀
升天剑凤蝶
广东乳源

㉖ ♂
升天剑凤蝶
广东龙门

㉖ ♂
升天剑凤蝶
广东龙门

㉗ ♂
升天剑凤蝶
广西金秀

㉗ ♂
升天剑凤蝶
广西金秀

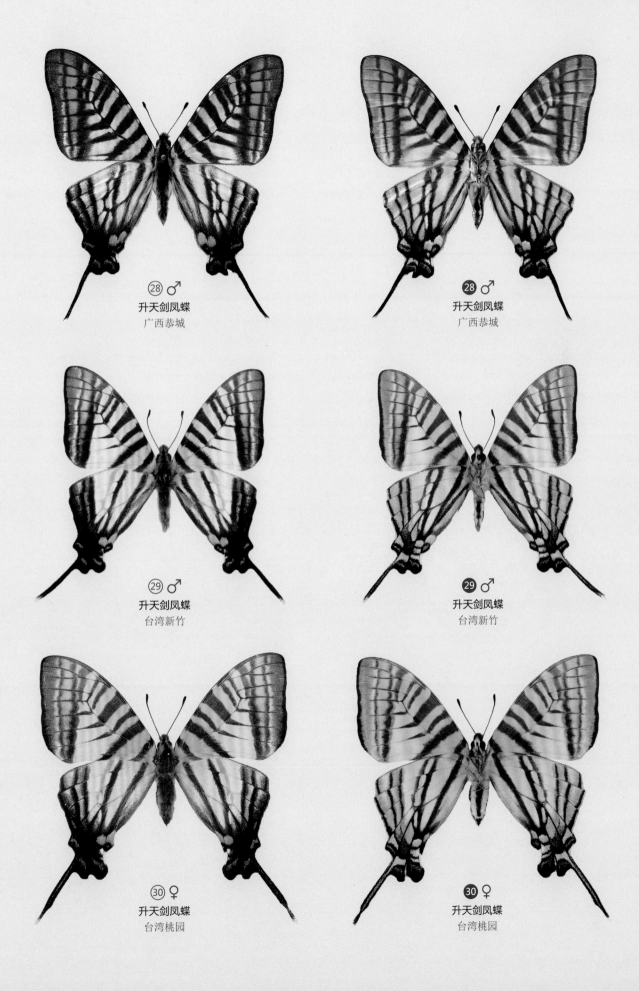

㉘ ♂
升天剑凤蝶
广西恭城

㉘ ♂
升天剑凤蝶
广西恭城

㉙ ♂
升天剑凤蝶
台湾新竹

㉙ ♂
升天剑凤蝶
台湾新竹

㉚ ♀
升天剑凤蝶
台湾桃园

㉚ ♀
升天剑凤蝶
台湾桃园

旖凤蝶属 / *Iphiclides* Hübner, [1819]

　　中型凤蝶。体背黑色，腹面白色。头大，复眼裸露，触角端部膨大。翅形短阔；前翅外缘平直，后翅外缘齿状，具1条飘带状尾突，无香鳞。无性二型。

　　成虫栖息于高海拔山区干旱河谷地带，飞行能力强，但速度适中。雄蝶具吸水习性，雌蝶少见。幼虫取食蔷薇科植物。

　　分布于古北区。国内目前已知2种，本图鉴收录2种。

西藏旖凤蝶 / *Iphiclides podalirinus* (Oberthür, 1890)　　　　01-02

　　中型凤蝶。雄蝶翅背面污白色散布黑色鳞，前翅自前缘发出7条长短、粗细不一的黑色横带，占据翅面大部分面积，外缘黑色；后翅臀缘黑色，中区2条黑带夹有红心，外中区具弥散的黑色带，外缘宽阔的黑边外镶有污白色和蓝灰色缘斑，臀角具红色新月纹，下有镶灰蓝色点的黑斑，尾突黑色，末端白色。腹面斑纹如背面，前翅亚外缘及外缘灰黄色，后翅黑斑窄，臀角红斑淡。雌蝶斑纹同雄蝶，但翅色略暗黄。

　　1年1代，成虫多见于6月。幼虫寄主为蔷薇科花楸属植物。

　　分布于云南西北部和西藏东南部交界的区域。

旖凤蝶 / *Iphiclides podalirius* (Linnaeus, 1758)　　　　03 / P1476

　　中型凤蝶。雄蝶翅背面乳白色，前翅具6条长短不一的黑色横带，外缘黑色。后翅臀缘黑色，具1条黑色中带，外中区透见腹面黑带，外缘黑边上窄下宽，镶污白色和蓝灰色斑，臀角具橙色新月纹，下有镶灰蓝色点的黑斑，尾突黑色，末端白色。腹面斑纹如背面，色泽较淡，后翅黑斑较窄，中区有夹有橙色的双黑带。雌蝶斑纹同雄蝶，但翅色略带暗黄。

　　1年1代，成虫多见于6月。幼虫寄主植物为蔷薇科的杏。

　　分布于新疆。此外见于中亚、中欧及北非局部。

① ♂
西藏旖凤蝶
四川巴塘

① ♂
西藏旖凤蝶
四川巴塘

② ♂
西藏旖凤蝶
西藏昌都

② ♂
西藏旖凤蝶
西藏昌都

③ ♂
旖凤蝶
新疆裕民

③ ♂
旖凤蝶
新疆裕民

钩凤蝶属 / *Meandrusa* Moore, 1888

大型凤蝶。体黄褐色至褐色。头大，复眼裸露，触角端部膨大。前翅顶角突出或呈钩状，外缘平直；后翅外缘齿状，具1条指状尾突。雄蝶无香鳞。具性二型。

成虫栖息于中低海拔山区林地，飞行迅速。雄蝶具吸水习性；雌蝶访花，极为少见。幼虫取食樟科植物。

分布于东洋区。国内目前已知3种，本图鉴收录3种。

钩凤蝶 / *Meandrusa payeni* (Boisduval, 1836)　　　　　　　　　　　01-06 / P1477

中大型凤蝶。翅狭窄，前翅顶角尖钩状。雄蝶翅背面赭黄色，前翅基部、前缘及外缘棕色，室端具不规则褐斑，外中区2列褐色箭形斑；后翅基色略深，外缘及尾突棕色，室端具褐斑，外中区褐色宽波带饰赭黄色箭形斑，臀角有褐斑。腹面赭黄色，前翅外缘棕色，翅基、中室、室端及亚顶区具不规则棕色斑，亚外缘具棕色波纹，后翅内中区具4枚不规则棕色斑，室端有棕色椭圆斑，外中区具2条棕色波带。雌蝶翅形较宽圆，斑纹如雄蝶，颜色较浅。

1年2代，成虫多见于4-10月。幼虫寄主为樟科樟属植物。

分布于海南及云南西南部、南部等地。此外见于南亚次大陆至马来群岛广大区域。

褐钩凤蝶 / *Meandrusa sciron* (Leech, 1890)　　　　　　　　　　　07-09 / P1477

大型凤蝶。前翅顶角钝。翅背面褐色，前翅室端至亚顶区具不连续的赭黄色斑，中区有不规则的赭黄色带，其外侧至亚外缘具若干孤立的赭黄色斑；后翅具赭黄色种带，臀角处具灰蓝色鳞，亚外缘具赭黄色斑。腹面基部褐色，前翅中域及亚顶区灰色具不深色波纹，室端具褐色瓶状斑，亚外缘具浅色斑列；后翅中域灰色具深色波纹，室端具褐斑，亚外缘具浅色波纹。雌蝶如雄蝶但赭黄色区域宽阔。

1年2代，成虫多见于4-10月。幼虫寄主为樟科樟属植物。

分布于西藏东南部、四川西部、云南大部和广西局部。此外见于越南东北部。

西藏钩凤蝶 / *Meandrusa lachinus* (Fruhstorfer, [1902])　　　　　　　　10-13

大型凤蝶。外观与褐钩凤蝶相近，但易从以下特征区分：①体形平均更大，尾突长且末端扩大略呈足状；②雄蝶多整体褐色，翅面稀黄褐色斑，或近外缘残余少许；③雌蝶前后翅中区贯穿白色宽横带。

1年2代，成虫多见于4-10月。幼虫寄主为樟科樟属植物。

分布于西藏东南部、云南西部至南部，以及广西、广东局部。此外见于印度、尼泊尔、不丹、缅甸、老挝、越南等地。

① ♂
钩凤蝶
海南五指山

① ♂
钩凤蝶
海南五指山

② ♂
钩凤蝶
云南西双版纳

② ♂
钩凤蝶
云南西双版纳

③ ♂
钩凤蝶
云南西双版纳

③ ♂
钩凤蝶
云南西双版纳

04 ♂
钩凤蝶
海南乐东

04 ♂
钩凤蝶
海南乐东

05 ♂
钩凤蝶
广西兴安

05 ♂
钩凤蝶
广西兴安

06 ♀
钩凤蝶
海南琼中

06 ♀
钩凤蝶
海南琼中

⑦ ♀
褐钩凤蝶
江西井冈山

⑦ ♀
褐钩凤蝶
江西井冈山

08 ♂
褐钩凤蝶
甘肃康县

08 ♂
褐钩凤蝶
甘肃康县

09 ♂
褐钩凤蝶
四川峨眉山

09 ♂
褐钩凤蝶
四川峨眉山

⑩ ♂
西藏钩凤蝶
广东龙门

⑩ ♂
西藏钩凤蝶
广东龙门

⑪ ♀
西藏钩凤蝶
广东龙门

⑪ ♀
西藏钩凤蝶
广东龙门

⑫ ♂
西藏钩凤蝶
云南腾冲

⑫ ♂
西藏钩凤蝶
云南腾冲

⑬ ♂
西藏钩凤蝶
西藏墨脱

⑬ ♂
西藏钩凤蝶
西藏墨脱

喙凤蝶属 / *Teinopalpus* Hope, 1843

大型凤蝶。体背褐色密布金绿色鳞，腹面黄褐色密布草黄色鳞。头大，复眼裸露，触角端部膨大，下唇须发达并向前伸出。翅形阔，前翅顶角突出，外缘稍内凹，后翅外缘齿状，雄蝶具1条细飘带状尾突，雌蝶具5条长短不一的尾突。性二型显著。

成虫栖息于中海拔山地林区。雄蝶具吸水习性，雌蝶较难遇见。幼虫取食木兰科植物。

分布于东洋区。国内目前已知2种，本图鉴收录2种。

喙凤蝶 / *Teinopalpus imperialis* Hope, 1843　　　　　　　01-05

大型凤蝶。触角裸露、棕红色。雄蝶翅背面褐色密布金绿色鳞，前翅约1/2处具黑色横带，其外侧有金黄绿色横带，中区、外中区和亚外缘具模糊的黑带，外缘黑色；后翅外中区具弯月状金黄色宽带，中后段有灰色鳞，向臀缘变为内侧镶黑边的灰白色细带，外中区黑褐色，亚外缘具黄绿色斑，外缘贯穿金绿色线，尾突黑色，末端金黄色。腹面前翅基1/3密布金绿色鳞，其余部分棕红色，黑带如背面，后翅斑纹同背面但色泽较浅。

雌蝶前翅基1/3黑褐色散布金绿色鳞，其余部分底色深灰，黑带如雄蝶。后翅基1/3黑褐色散布金绿色鳞，其外侧至外中区具上宽下窄、后端黄色、两侧镶黑边的灰白色大斑，外侧后半部有灰鳞，中室端部具黑斑，亚外缘黑色，外缘后半段具黄绿色斑并贯穿金绿色线，尾突黑色，末端黄白色。腹面斑纹如背面，但前翅黑带窄。

1年2代至多代。幼虫寄主为木兰科滇藏木兰。

分布于西藏东南部、四川西部、云南西部至西南部。此外见于南亚次大陆至中南半岛北部区域。

金斑喙凤蝶 / *Teinopalpus aureus* Mell, 1923　　　　　　　06-08

大型凤蝶。外观与喙凤蝶相近，但易从以下特征区分：①触角黑色；②雄蝶前翅顶角圆钝；③雄蝶前翅腹面外2/3灰色；④雄蝶后翅中域金黄色斑呈饱满的五角形；⑤雌蝶整体较白，后翅中域斑极大，呈乳白色。

1年2代，成虫多见于5-9月。幼虫寄主为木兰科桂南木莲、深山含笑等。

分布于广西、广东、福建、浙江、江西、海南及云南南部至东南部等地。此外见于老挝、越南等地。

① ♂
喙凤蝶
四川宝兴

① ♂
喙凤蝶
四川宝兴

② ♀
喙凤蝶
四川宝兴

② ♀
喙凤蝶
四川宝兴

03 ♂
喙凤蝶
云南泸水

03 ♂
喙凤蝶
云南泸水

04 ♂
喙凤蝶
四川雅安

04 ♂
喙凤蝶
四川雅安

05 ♀
喙凤蝶
云南鹤庆

05 ♀
喙凤蝶
云南鹤庆

06 ♂
金斑喙凤蝶
福建德化

06 ♂
金斑喙凤蝶
福建德化

07 ♂
金斑喙凤蝶
福建顺昌

07 ♂
金斑喙凤蝶
福建顺昌

08 ♀
金斑喙凤蝶
广西金秀

08 ♀
金斑喙凤蝶
广西金秀

丝带凤蝶属 / *Sericinus* Westwood, 1851

　　中型凤蝶。该属成虫翅半透明，性二型。雄蝶翅底色淡黄白色，翅面具有黑色斑纹。后翅臀角有黑斑和红斑。雌蝶翅黑色，具许多白色至浅黄色的线状斑纹，后翅具带状红斑，红斑外具有蓝斑。两性尾突极长，是本属的主要特征。

　　成虫栖息于中低海拔阔叶林区、溪流、田地等场所，成虫飞行较缓慢，常以滑翔的姿态飞行，有落地吸水的习性。幼虫以马兜铃科马兜铃属植物为寄主，卵群产于植物的茎叶上，幼虫群栖。

　　分布于古北区。国内目前已知1种，本图鉴收录1种。

丝带凤蝶 / *Sericinus montelus* Gray, 1852   01-04 / P1478

　　中型凤蝶。性二型。躯体呈黑白红三色相间。雄蝶翅淡黄白色，翅面具有黑色斑纹。后翅臀角有黑斑和红斑。雌蝶翅黑色，具许多白色至浅黄色的线状斑纹，后翅具带状红斑，红斑外具有蓝斑。两性尾突极长。

　　1年多代，成虫多见于4-10月。幼虫以马兜铃科马兜铃属植物为寄主。以蛹越冬。

　　分布于北京、辽宁、河北、甘肃、宁夏、陕西、河南、湖北、湖南等地。此外见于日本、俄罗斯及朝鲜半岛。

① ♂
丝带凤蝶
北京

① ♂
丝带凤蝶
北京

② ♀
丝带凤蝶
北京

② ♀
丝带凤蝶
北京

③ ♂
丝带凤蝶
北京

③ ♂
丝带凤蝶
北京

④ ♀
丝带凤蝶
江苏南京

④ ♀
丝带凤蝶
江苏南京

虎凤蝶属 / *Luehdorfia* Cruger, 1851

　　中小型凤蝶。翅底色黑黄相间，因酷似老虎毛皮纹路，而得名。后翅外缘具有红色、蓝色及黄色斑点，具有较短的尾突。胸部背面具有红色长软毛。本属成员通常体形较小，外形分化不大。

　　成虫栖息于阔叶林、溪流附近等场所，飞行迅速，有访花、落地吸水的习性。幼虫以马兜铃科植物为寄主。

　　分布于古北区。国内目前已知3种，本图鉴收录3种。

虎凤蝶 / *Luehdorfia puziloi* (Erschoff, 1872)　　　　　　　　01-02

　　小型凤蝶。翅底色呈淡黄色，前翅具有多条黑色纵带，外缘宽带内嵌有黄色短条斑和较为不明显的黄色横线。后翅锯齿状，齿凹处具有黄色弯月形斑纹，外侧具黑色和黄白色的边，后翅上半部具有黑色条带，中后部具不明显的新月形红斑，红斑外侧具有蓝斑，臀角具有红蓝黑三色圆斑。尾突较短。本种与中华虎凤蝶*L. chinensis*相似，但其后翅的红色斑纹不明显，可与后者区分。

　　1年1代，成虫多见于4-5月。幼虫以马兜铃科细辛属植物为寄主。

　　分布于黑龙江、吉林、辽宁等地。此外见于俄罗斯、日本及朝鲜半岛。

中华虎凤蝶 / *Luehdorfia chinensis* Leech, 1893　　　　　　　03-04 / P1479

　　小型凤蝶。翅底色呈黄色，前翅具有多条黑色纵带，中室及中室端具有6条黑色纵带，中室后方具有2条黑色纵带。后翅外缘锯齿状，在齿凹处有弯月形黄色斑纹，内嵌蓝斑，蓝斑内侧具有红斑，尾突较短。

　　1年1代，成虫多见于3-5月。幼虫以马兜铃科杜蘅属植物为寄主。

　　分布于江苏、浙江、湖北、河南、陕西等地。

长尾虎凤蝶 / *Luehdorfia longicaudata* Lee, 1981　　　　　　　05-06

　　中型凤蝶。翅底色呈黄色，前翅上半部具有多条黑色纵带，外缘宽带内嵌有黄色短条斑和较为不明显的黄色横线。后翅锯齿状，齿凹处具有黄色弯月形斑纹，外侧具黑色和黄白色的边，后翅上半部具有黑色条带，中后部具新月形红斑，红斑外侧具有蓝斑，臀角具有红蓝黑三色圆斑。尾突较长。本种与中华虎凤蝶*L. chinensis*相似，但翅黑色横带比中华虎凤蝶宽，本种后翅尾突在虎凤蝶属里最长，因此得名。

　　1年1代，成虫多见于4-5月。幼虫以马兜铃科马蹄香属植物为寄主。

　　分布于秦岭山脉，如陕西等地。

02 ♀
虎凤蝶
黑龙江牡丹江

03 ♂
中华虎凤蝶
江苏南京

01 ♂
虎凤蝶
黑龙江牡丹江

02 ♀
虎凤蝶
黑龙江牡丹江

03 ♂
中华虎凤蝶
江苏南京

01 ♂
虎凤蝶
黑龙江牡丹江

04 ♀
中华虎凤蝶
江苏南京

05 ♂
长尾虎凤蝶
陕西凤县

06 ♀
长尾虎凤蝶
陕西凤县

04 ♀
中华虎凤蝶
江苏南京

05 ♂
长尾虎凤蝶
陕西凤县

06 ♀
长尾虎凤蝶
陕西凤县

尾凤蝶属 / *Bhutanitis* Atkinson, 1873

中大型凤蝶。体黑色被疏毛，腹面密被黄色鳞毛。头小，复眼裸露或被毛，触角短、末端膨大不明显。翅狭长，前翅外缘平直或微弧形，后翅外缘波齿状，具2-4枚尾突。无性二型。

成虫栖息于中高海拔山地林缘，雄蝶常在开阔地上空盘旋，雌蝶多见于寄主及蜜源附近。两性均访花，偶见雄蝶吸水。幼虫取食马兜铃科马兜铃属植物。

分布于东洋区与古北区交界处。国内目前已知4种，本图鉴收录3种。

二尾凤蝶 / *Bhutanitis mansfieldi* (Riley, 1939) 　　01-02

中小型凤蝶。体翅褐色，尾突2枚，复眼周围具毛，触角腹面锯齿状。雄蝶前背面褐色，前翅布有7条波曲的黄色宽带。后翅有粗重的黄色网纹，臀角具红色弧形斑，下方具3枚模糊的灰斑，外缘具橙黄色斑。腹面斑纹如背面，鳞片稀少而呈油纸状，黄纹宽阔发达。雌蝶斑纹似雄蝶，翅色更淡，黄纹更宽。

1年1代，成虫多见于3-4月。幼虫寄主为宝兴马兜铃等植物。

分布于四川、云南。

三尾凤蝶 / *Bhutanitis thaidina* (Blanchard, 1871) 　　03-08 / P1480

中型凤蝶。体翅黑褐色，尾突3枚。雄蝶翅背面褐色，前翅布有8条波曲的淡黄色带；后翅饰有淡黄色网状纹，臀角具鲜红色长形斑，下方有3枚蓝白色斑，外缘具橙黄色斑。腹面斑纹如背面，色泽淡而呈油纸状。雌蝶斑纹似雄蝶，但翅色更显棕色，黄纹变细但颜色较深，后翅红斑色较淡。

1年1代，成虫多见于4-5月。幼虫寄主为宝兴马兜铃等植物。

分布于四川、陕西和云南山区。

多尾凤蝶 / *Bhutanitis lidderdalii* Atkinson, 1873 　　09-10

大型凤蝶。体翅黑褐色，尾突4枚。雄蝶翅背面黑褐色，前翅布有8条波曲的黄白色细线；后翅饰有黄白色网状纹，臀角具暗红色大斑，其下方黑色有3枚蓝白色斑，外缘具橙黄色斑。腹面斑纹似背面，色泽较淡，但黄白色纹更密、外缘橙色斑明显。雌蝶斑纹同雄蝶。

1年1代，成虫多见于8-10月。幼虫寄主为西藏马兜铃、昆明马兜铃等植物。

分布于云南、西藏。此外见于不丹、印度、缅甸及泰国北部。

01 ♂
二尾凤蝶
四川泸定

01 ♂
二尾凤蝶
四川泸定

02 ♀
二尾凤蝶
四川泸定

02 ♀
二尾凤蝶
四川泸定

03 ♂
三尾凤蝶
陕西凤县

03 ♂
三尾凤蝶
陕西凤县

04 ♂
三尾凤蝶
云南东川

04 ♂
三尾凤蝶
云南东川

05 ♀
三尾凤蝶
四川泸定

05 ♀
三尾凤蝶
四川泸定

06 ♂
三尾凤蝶
四川九龙

06 ♂
三尾凤蝶
四川九龙

07 ♂
三尾凤蝶
云南玉龙

07 ♂
三尾凤蝶
云南玉龙

08 ♀
三尾凤蝶
云南玉龙

08 ♀
三尾凤蝶
云南玉龙

09 ♂
多尾凤蝶
云南云龙

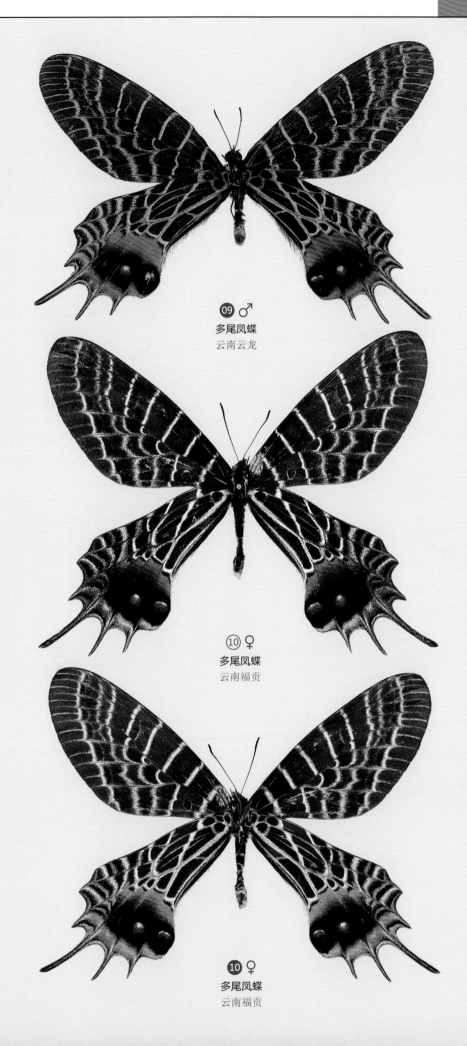

09 ♂
多尾凤蝶
云南云龙

10 ♀
多尾凤蝶
云南福贡

10 ♀
多尾凤蝶
云南福贡

绢蝶属 / *Parnassius* Latreille, 1804

中型至大型绢蝶。躯体黑色覆盖密毛，触角短，端部膨大呈棒状。翅近圆形，后翅无尾突，翅背面白色或灰白色，个别种为灰色至灰褐色，多数翅面缀黑色、红色、橘红色或蓝色斑点，斑纹多呈环状、点状、带状，特别醒目。前后翅鳞片稀少，接近半透明，犹如绢纱和蝉翼。腹面与背面的斑纹和色泽相似。雌蝶腹部末端在交配后产生各种形状的角质臀袋，角质臀袋形状的不同也是种的鉴定依据之一。

成虫多栖息于较高海拔山地、草原、草甸、碎石坡等场所，有访花性，休憩时翅摊平。多数飞行缓慢，耐寒力强。幼虫以景天科、罂粟科、马兜铃科、紫堇科、虎耳草科、藜科等植物为寄主。

主要分布于古北区。国内目前已知42种，本图鉴收录33种。

阿波罗绢蝶 / *Parnassius Apollo* (Linnaeus, 1758)　　　01-02 / P1481

大型绢蝶。翅背面白色，翅脉黄褐色。前翅翅面外缘黑色半透明，亚外缘有不规则的黑褐带，中室有2个略呈方形的大黑斑，中室外有2横列黑斑，后缘中部有黑色斑纹。后翅翅面亚外缘黑带断裂为6个黑斑，中部有2个外围黑环、内有白心的大红或橙红色，翅基及内缘区半部黑色，臀角有2个并列的黑斑。翅腹面似背面，但后翅基部有4个外围黑边的红斑，臀角斑亦为外围黑边的红斑。雌蝶翅面斑纹似雄蝶，但翅面散生的黑色鳞片较密，后翅红斑较雄蝶大而鲜艳。

1年1代，成虫多见于6-8月。幼虫以景天科植物为寄主。

分布于新疆。此外见于欧亚各国。

小红珠绢蝶 / *Parnassius nomion* Fischer & Waldheim, 1823　　　03-46 / P1482

中大型绢蝶。翅背面白色，翅脉黄褐色，前翅外缘翅脉间隔有黑斑，亚外缘有锯齿状黑带，中室有2个较大黑斑，中室外和后缘中部有3个外围黑边的红斑；后翅外缘翅脉间隔有黑斑，亚外缘或有新月状斑带，中部有2个外围黑环的大红斑，红斑或镶有白色瞳点，翅基及内缘区为不规则的宽带占据，臀角有红色横斑。腹面斑纹与背面类似。

1年1代，成虫多见于7-8月。幼虫以罂粟科植物为寄主。

分布于吉林、北京、山西、甘肃、青海等地。此外见于俄罗斯、哈萨克斯坦及朝鲜半岛。

天山绢蝶 / *Parnassius tianschanicus* Oberthür, 1879　　　47-49 / P1482

大型绢蝶。翅背面灰白色，翅脉黄褐色，前翅外缘半透明，亚外缘有锯齿状暗带，中室有2个略呈方形的黑斑，中室外和后缘中部有3个外围黑边的红斑；后翅外缘半透明，亚外缘有镰刀状或三角形黑斑，中部有2个外围黑环的红斑，翅基及内缘区黑色。腹面斑纹与背面类似，但后翅基部有4个外围黑环的红斑，臀角有2个红心黑斑。

1年1代，成虫多见于6-8月。幼虫以景天科植物为寄主。

分布于新疆、西藏等地。此外见于哈萨克斯坦、乌兹别克斯坦、塔吉克斯坦、阿富汗、巴基斯坦等地。

羲和绢蝶 / *Parnassius apollonius* (Eversmann, 1847)　　　50

大型绢蝶。翅背面白色，前翅亚外缘有大小均等的黑色点列，中室有2个黑斑，中室外和后缘中部有3个外围黑边的红斑；后翅翅面亚外缘有大小均等的黑色点列，中部有2个外围黑环的红斑，翅基及内缘区大部黑色，其中有1个红色斑点，臀角有2个黑斑。腹面斑纹与背面类似。雌蝶比雄蝶具有更多的暗色鳞片。

1年1代，成虫多见于5-6月。幼虫以川续断科、藜科植物为寄主。

分布于新疆、西藏等地。此外见于乌兹别克斯坦、哈萨克斯坦、塔吉克斯坦、阿富汗、巴基斯坦等地。

① ♂
阿波罗绢蝶
新疆布尔津

① ♂
阿波罗绢蝶
新疆布尔津

② ♀
阿波罗绢蝶
新疆布尔津

② ♀
阿波罗绢蝶
新疆布尔津

③ ♂
小红珠绢蝶
北京

③ ♂
小红珠绢蝶
北京

④ ♀
小红珠绢蝶
北京

④ ♀
小红珠绢蝶
北京

05 ♂
小红珠绢蝶
甘肃永靖

05 ♂
小红珠绢蝶
甘肃永靖

06 ♂
小红珠绢蝶
甘肃永靖

06 ♂
小红珠绢蝶
甘肃永靖

07 ♂
小红珠绢蝶
甘肃永靖

07 ♂
小红珠绢蝶
甘肃永靖

08 ♀
小红珠绢蝶
甘肃永靖

08 ♀
小红珠绢蝶
甘肃永靖

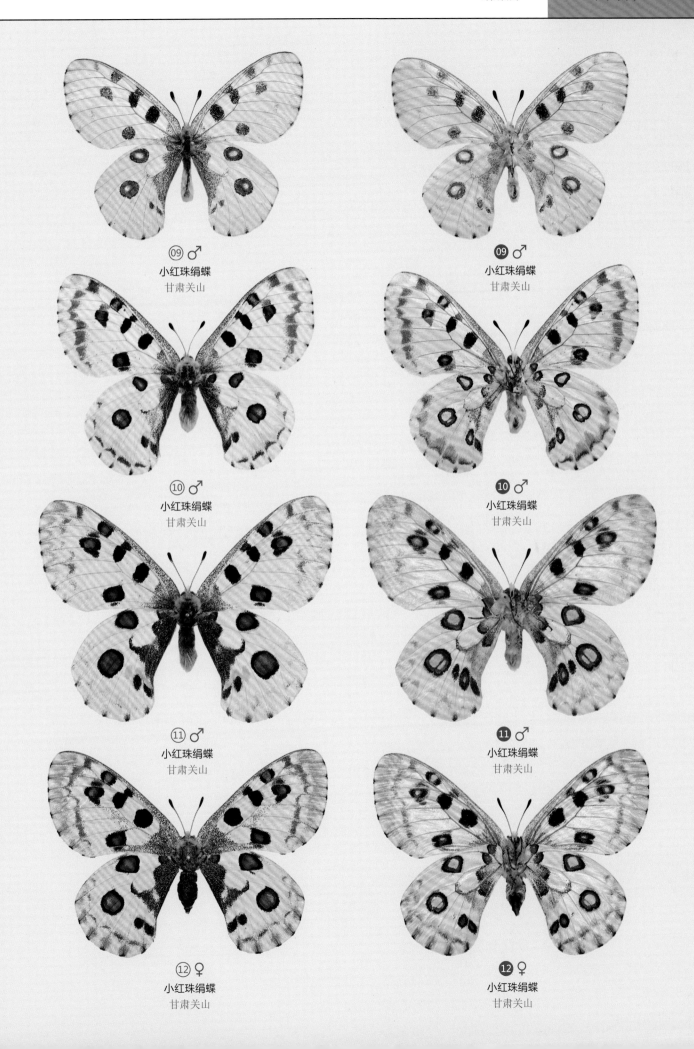

09 ♂
小红珠绢蝶
甘肃关山

09 ♂
小红珠绢蝶
甘肃关山

10 ♂
小红珠绢蝶
甘肃关山

10 ♂
小红珠绢蝶
甘肃关山

11 ♂
小红珠绢蝶
甘肃关山

11 ♂
小红珠绢蝶
甘肃关山

12 ♀
小红珠绢蝶
甘肃关山

12 ♀
小红珠绢蝶
甘肃关山

⑬ ♂
小红珠绢蝶
甘肃肃南

⑬ ♂
小红珠绢蝶
甘肃肃南

⑭ ♂
小红珠绢蝶
甘肃肃南

⑭ ♂
小红珠绢蝶
甘肃肃南

⑮ ♂
小红珠绢蝶
甘肃肃南

⑮ ♂
小红珠绢蝶
甘肃肃南

⑯ ♀
小红珠绢蝶
甘肃肃南

⑯ ♀
小红珠绢蝶
甘肃肃南

⑰ ♂
小红珠绢蝶
甘肃肃南

⑰ ♂
小红珠绢蝶
甘肃肃南

⑱ ♂
小红珠绢蝶
甘肃肃南

⑱ ♂
小红珠绢蝶
甘肃肃南

⑲ ♂
小红珠绢蝶
甘肃天祝

⑲ ♂
小红珠绢蝶
甘肃天祝

⑳ ♂
小红珠绢蝶
甘肃天祝

⑳ ♂
小红珠绢蝶
甘肃天祝

㉑ ♂
小红珠绢蝶
甘肃定西

㉑ ♂
小红珠绢蝶
甘肃定西

㉒ ♀
小红珠绢蝶
甘肃定西

㉒ ♀
小红珠绢蝶
甘肃定西

㉓ ♂
小红珠绢蝶
甘肃舟曲

㉓ ♂
小红珠绢蝶
甘肃舟曲

㉔ ♂
小红珠绢蝶
甘肃临夏

㉔ ♂
小红珠绢蝶
甘肃临夏

⑤ ♂
小红珠绢蝶
甘肃肃南

❺ ♂
小红珠绢蝶
甘肃肃南

㉖ ♂
小红珠绢蝶
甘肃肃南

㉖ ♂
小红珠绢蝶
甘肃肃南

㉗ ♂
小红珠绢蝶
甘肃肃南

㉗ ♂
小红珠绢蝶
甘肃肃南

㉘ ♀
小红珠绢蝶
甘肃肃南

㉘ ♀
小红珠绢蝶
甘肃肃南

㉙ ♂
小红珠绢蝶
青海西宁

㉙ ♂
小红珠绢蝶
青海西宁

㉚ ♀
小红珠绢蝶
甘肃卓尼

㉚ ♀
小红珠绢蝶
甘肃卓尼

㉛ ♂
小红珠绢蝶
内蒙古扎兰屯

㉛ ♂
小红珠绢蝶
内蒙古扎兰屯

㉜ ♀
小红珠绢蝶
内蒙古扎兰屯

㉜ ♀
小红珠绢蝶
内蒙古扎兰屯

③③ ♂
小红珠绢蝶
陕西耀县

③③ ♂
小红珠绢蝶
陕西耀县

③④ ♀
小红珠绢蝶
陕西耀县

③④ ♀
小红珠绢蝶
陕西耀县

③⑤ ♂
小红珠绢蝶
山西五台山

③⑤ ♂
小红珠绢蝶
山西五台山

③⑥ ♀
小红珠绢蝶
山西五台山

③⑥ ♀
小红珠绢蝶
山西五台山

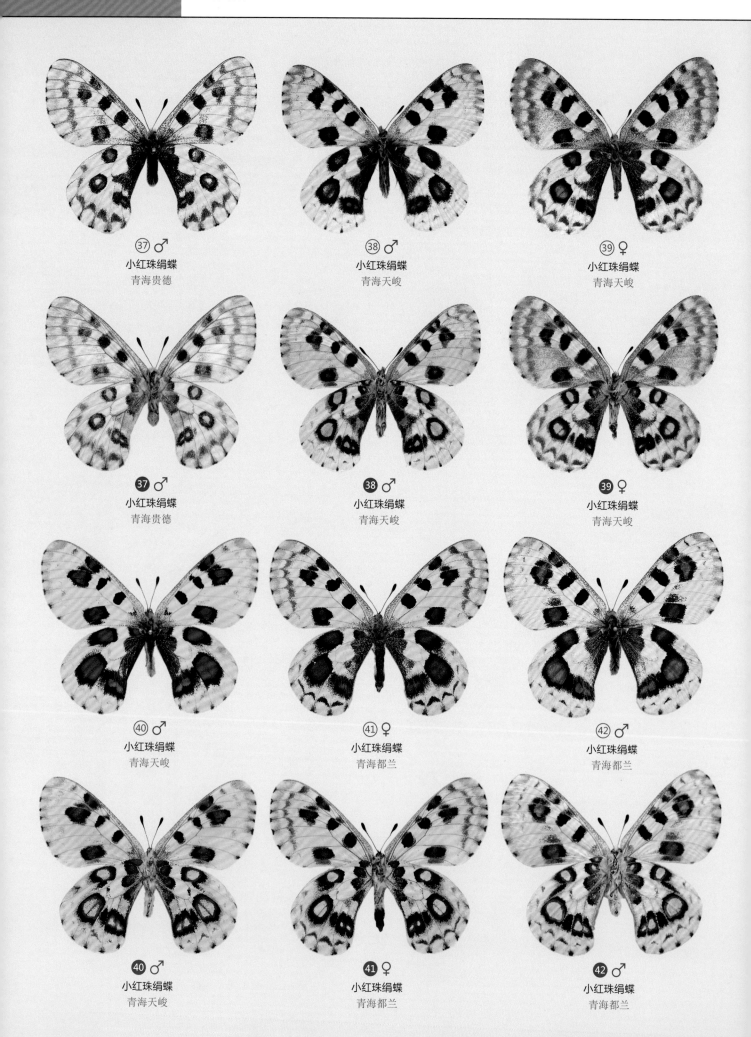

㊲ ♂
小红珠绢蝶
青海贵德

㊳ ♂
小红珠绢蝶
青海天峻

㊴ ♀
小红珠绢蝶
青海天峻

㊲ ♂
小红珠绢蝶
青海贵德

㊳ ♂
小红珠绢蝶
青海天峻

㊴ ♀
小红珠绢蝶
青海天峻

㊵ ♂
小红珠绢蝶
青海天峻

㊶ ♀
小红珠绢蝶
青海都兰

㊷ ♂
小红珠绢蝶
青海都兰

㊵ ♂
小红珠绢蝶
青海天峻

㊶ ♀
小红珠绢蝶
青海都兰

㊷ ♂
小红珠绢蝶
青海都兰

43 ♂
小红珠绢蝶
青海循化

43 ♂
小红珠绢蝶
青海循化

44 ♀
小红珠绢蝶
青海循化

44 ♀
小红珠绢蝶
青海循化

45 ♂
小红珠绢蝶
青海湟源

45 ♂
小红珠绢蝶
青海湟源

46 ♀
小红珠绢蝶
青海西宁

46 ♀
小红珠绢蝶
青海西宁

47 ♂
天山绢蝶
新疆精河

47 ♂
天山绢蝶
新疆精河

48 ♀
天山绢蝶
新疆精河

48 ♀
天山绢蝶
新疆精河

49 ♀
天山绢蝶
新疆精河

49 ♀
天山绢蝶
新疆精河

50 ♂
羲和绢蝶
新疆塔城

50 ♂
羲和绢蝶
新疆塔城

依帕绢蝶 / *Parnassius epaphus* Oberthür, 1879

01-05 / P1483

中小型绢蝶。翅背面灰白色，散有灰褐色鳞片，前翅外缘翅脉泛黑色，外缘带深色半透明，亚外缘有锯齿状暗带，中室有2个黑斑，中室外有2个内嵌红点的黑斑，后缘中部有黑色斑点；后翅外缘带深色，亚外缘有黑色新月状斑列，中部有2个外围黑环的红斑，内缘黑色。腹面斑纹与背面类似，但后翅基部有外围黑环的红斑。

　　1年1代，成虫多见于6-7月。幼虫以景天科植物为寄主。

　　分布于新疆、西藏、甘肃、青海、四川等地。此外见于印度、尼泊尔、阿富汗、巴基斯坦等地。

夏梦绢蝶 / *Parnassius jacquemontii* (Boisduval, 1836)

06-18 / P1484

中小型绢蝶。翅背面白色，翅脉黑褐色，前翅外缘深色半透明，亚外缘有锯齿状黑色暗带，中室有2个黑斑，中室外有2个内嵌红点的黑斑，后缘中部有黑斑；后翅亚外缘有新月状或楔状黑色斑列，中部有2个外围黑环的红斑，翅基及内缘区黑色，臀角有斑点。腹面斑纹与背面类似，后翅基部有4个红斑，臀角有2个红斑。

　　1年1代，成虫多见于6-8月。幼虫以景天科植物为寄主。

　　分布于四川、甘肃、青海、西藏等地。此外见于乌兹别克斯坦、吉尔吉斯、阿富汗、巴基斯坦、印度等地。

中亚丽绢蝶 / *Parnassius actius* (Eversmann, 1843)

19-23 / P1484

中型绢蝶。翅背面白色，翅脉端黑色，前翅外缘半透明，亚外缘有锯齿状暗带，中室有2个略呈方形的黑斑，中室外有2个外围黑边的红斑，后缘有1个圆形黑斑；后翅有不规则的黑色外缘带，亚外缘有1列近三角形黑斑，中部有2个外围黑环的红斑，翅基及内缘区黑色。腹面斑纹与背面类似，但后翅基部有外围黑环的红斑，臀角有红心黑斑。

　　1年1代，成虫多见于6-8月。

　　分布于新疆、西藏、四川、甘肃等地。此外见于塔吉克斯坦、哈萨克斯坦、阿富汗、巴基斯坦等地。

红珠绢蝶 / *Parnassius bremeri* Bremer, 1864

24-31 / P1485

中大型绢蝶。雄蝶翅背面白色，翅脉黑褐色，前翅外缘半透明，亚外缘有灰褐色横带，中室有2个黑斑，中室外和后缘中部有3个黑斑，有的黑斑显红心；后翅中部有2个外围黑环的红斑，翅基及内缘区半部黑色。也有雌蝶翅灰褐色，前翅翅面外缘具宽半透明带，后翅翅面亚外缘有黑色半透明带。腹面斑纹与背面类似，但后翅基部有4个红斑。

　　1年1代，成虫多见于6-7月。幼虫以景天科植物为寄主。

　　分布于黑龙江、辽宁、内蒙古、北京、山西等地。此外见于俄罗斯及朝鲜半岛、欧洲等地。

福布绢蝶 / *Parnassius phoebus* (Fabricius, 1793)

32-34 / P1486

中型绢蝶。翅背面白色，翅脉黄褐色，前翅外缘半透明，亚外缘有锯齿状灰黑色横带，中室有2个黑斑，中室外和后缘中部有3个黑斑，有的黑斑显红心；后翅中部有2个外围黑环的红斑，翅基及内缘区半部黑色。雌蝶后翅翅面亚外缘有锯齿状黑色带，臀角有1-2个红心黑斑。腹面斑纹与背面类似。

　　1年1代，成虫多见于6-8月。幼虫以景天科、虎耳草科植物为寄主。

　　分布于新疆。此外见于意大利、匈牙利、瑞士、哈萨克斯坦、俄罗斯等地。

白绢蝶 / *Parnassius stubbendorfii* Ménétriés, 1849

35-38

中型绢蝶。翅背面白色，翅脉黑色，雄蝶前翅亚外缘隐现半透明暗带，有的个体则完全无斑纹。雌蝶亚外缘暗带比较明显，中室有2个淡灰色斑。后翅翅面内缘区有条形黑斑。腹面斑纹与背面类似。

　　1年1代，成虫多见于6-7月。幼虫以紫堇科、马兜铃科植物为寄主。

　　分布于黑龙江、辽宁、四川、甘肃、青海等地。此外见于俄罗斯、蒙古、日本等地及朝鲜半岛。

冰清绢蝶 / *Parnassius glacialis* Butler, 1866   39-45 / P1486

中型绢蝶。翅背面白色半透明，翅脉黑褐色，前翅亚外缘隐约可见灰色横带，中室有2个灰色斑；后翅内缘区有1条宽黑带。腹面斑纹与背面类似。身体覆盖黄色毛。

1年1代，成虫多见于5-7月。幼虫以紫堇科、马兜铃科植物为寄主。

分布于辽宁、山东、江苏、浙江、贵州等地。此外见于日本及朝鲜半岛等地。

艾雯绢蝶 / *Parnassius eversmanni* Ménétriés, [1850]   46-48

中型绢蝶。翅背面白色，翅脉灰褐色，前翅外缘灰色半透明，亚外缘隐约有灰色横带，中室有2个半透明暗色斑，后缘中部有暗色小斑；后翅中部有2个黑斑，有时黑斑显红心，翅基及内缘区为连片黑斑，臀角有1个黑斑。雌蝶前翅亚外缘锯齿状灰色横带明显，后翅亚外缘有半透明弧形斑列，中部有2个黑边橘红心的圆斑。翅腹面色泽及斑纹较淡。

成虫多见于6-8月。幼虫以紫堇科植物为寄主。

分布于吉林、新疆、内蒙古等地。此外见于俄罗斯、蒙古、日本等地。

爱侣绢蝶 / *Parnassius ariadne* (Lederer, 1853)   49-50 / P1486

中型绢蝶。翅背面白色，翅脉黄褐色，前翅外缘灰色半透明，亚外缘有锯齿状灰色带，中室有2个黑色斑，雌蝶后缘有暗色斑。后翅亚外缘有锯齿状半透明带，中部有2个外围黑环的红色或橘红色斑，翅基及内缘区为连片黑斑。臀角斑雄蝶黑色，雌蝶为橘黄色。腹面斑纹与背面类似，色泽稍淡。

1年1代，成虫多见于7-8月。

分布于新疆、西藏等地。此外见于哈萨克斯坦、蒙古、塔吉克斯坦、俄罗斯等地。

珍珠绢蝶 / *Parnassius orleans* Oberthür, 1890   51-56 / P1487

中型绢蝶。翅白色，翅脉淡黄色。前翅翅面外缘边饰黑色线纹，灰褐色半透明，亚外缘有锯齿状黑带，中室内有2个黑斑，中室外和后缘中部有3个外围黑边的红斑；后翅翅面外缘带狭窄半透明，内侧有4个扁形黑斑，中间有2个外围黑环的红斑，翅基及内缘区黑色，臀角有2个外围黑环的蓝斑。腹面斑纹与背面类似。

1年1代，成虫多见于6-7月。

分布于四川、陕西、甘肃、青海、西藏等地。此外见于蒙古。

联珠绢蝶 / *Parnassius hardwickii* Gray, 1831   57 / P1488

中型绢蝶。雄蝶翅背面黄白色，翅脉黄褐色，前翅外缘有半透明暗色带，亚外缘有黑斑点1列，中室有2个黑斑，中室外和后缘中部有3个外围黑边的红斑；后翅亚外缘有镶黑边的蓝色斑列，翅基及内缘区黑色。腹面斑纹与背面类似，但后翅基部有3个红斑。雌蝶翅色较雄蝶深，前翅翅面亚外缘为齿状斑列。

1年1代，成虫多见于6-8月。幼虫以虎耳草科植物为寄主。

分布于西藏。此外见于尼泊尔、不丹、印度等地。

君主绢蝶 / *Parnassius imperator* Oberthür, 1883   58-87 / P1488

中大型绢蝶。翅背面白色或淡黄色，翅脉黄褐色，前翅外缘带黑褐色半透明，亚外缘有锯齿状黑色带，中室有2个长方形大黑斑，中室外和后缘中部有3个黑斑，有时连接形成"S"形黑色横带；后翅亚外缘有黑色带，中部有2个黑边白心的大红或橙红斑，臀角有2个外围黑环的大蓝斑，翅基及内缘区黑色，基部有时显现1个红色斑，外方有1条黑色横条纹。腹面斑纹与背面类似，但后翅基部有3个红斑。

1年1代，成虫多见于7-8月。幼虫以紫堇科植物为寄主。

分布于甘肃、青海、四川、云南、西藏等地。

01 ♀
依帕绢蝶
西藏察隅

02 ♂
依帕绢蝶
青海天峻

03 ♀
依帕绢蝶
青海玉树

01 ♀
依帕绢蝶
西藏察隅

02 ♂
依帕绢蝶
青海天峻

03 ♀
依帕绢蝶
青海玉树

04 ♂
依帕绢蝶
青海都兰

05 ♀
依帕绢蝶
青海都兰

06 ♂
夏梦绢蝶
西藏札达

04 ♂
依帕绢蝶
青海都兰

05 ♀
依帕绢蝶
青海都兰

06 ♂
夏梦绢蝶
西藏札达

07 ♀
夏梦绢蝶
青海乌兰

08 ♂
夏梦绢蝶
青海乌兰

09 ♂
夏梦绢蝶
甘肃酒泉

07 ♀
夏梦绢蝶
青海乌兰

08 ♂
夏梦绢蝶
青海乌兰

09 ♂
夏梦绢蝶
甘肃酒泉

10 ♀
夏梦绢蝶
甘肃酒泉

11 ♀
夏梦绢蝶
西藏札达

12 ♂
夏梦绢蝶
西藏札达

10 ♀
夏梦绢蝶
甘肃酒泉

11 ♀
夏梦绢蝶
西藏札达

12 ♂
夏梦绢蝶
西藏札达

⑬ ♀
夏梦绢蝶
新疆塔县

⑭ ♂
夏梦绢蝶
新疆塔县

⑮ ♀
夏梦绢蝶
甘肃康乐

⑬ ♀
夏梦绢蝶
新疆塔县

⑭ ♂
夏梦绢蝶
新疆塔县

⑮ ♀
夏梦绢蝶
甘肃康乐

⑯ ♂
夏梦绢蝶
甘肃康乐

⑰ ♂
夏梦绢蝶
甘肃康乐

⑱ ♀
夏梦绢蝶
甘肃康乐

⑯ ♂
夏梦绢蝶
甘肃康乐

⑰ ♂
夏梦绢蝶
甘肃康乐

⑱ ♀
夏梦绢蝶
甘肃康乐

⑲♂
中亚丽绢蝶
新疆察县

⑳♀
中亚丽绢蝶
新疆察县

㉑♂
中亚丽绢蝶
新疆乌鲁木齐

⑲♂
中亚丽绢蝶
新疆察县

⑳♀
中亚丽绢蝶
新疆察县

㉑♂
中亚丽绢蝶
新疆乌鲁木齐

㉒♂
中亚丽绢蝶
新疆和静

㉓♀
中亚丽绢蝶
新疆和静

㉔♀
红珠绢蝶
山西忻县

㉒♂
中亚丽绢蝶
新疆和静

㉓♀
中亚丽绢蝶
新疆和静

㉔♀
红珠绢蝶
山西忻县

㉕ ♂
红珠绢蝶
内蒙古伊图里河

㉖ ♂
红珠绢蝶
北京

㉗ ♀
红珠绢蝶
北京

㉕ ♂
红珠绢蝶
内蒙古伊图里河

㉖ ♂
红珠绢蝶
北京

㉗ ♀
红珠绢蝶
北京

㉘ ♂
红珠绢蝶
山西忻县

㉙ ♀
红珠绢蝶
内蒙古伊图里河

㉚ ♀
红珠绢蝶
北京

㉘ ♂
红珠绢蝶
山西忻县

㉙ ♀
红珠绢蝶
内蒙古伊图里河

㉚ ♀
红珠绢蝶
北京

③1 ♀
红珠绢蝶
北京

③2 ♂
福布绢蝶
新疆哈巴河

③3 ♀
福布绢蝶
新疆塔县

③1 ♀
红珠绢蝶
北京

③2 ♂
福布绢蝶
新疆哈巴河

③3 ♀
福布绢蝶
新疆塔县

❸4 ♂
福布绢蝶
新疆塔县

❸5 ♂
白绢蝶
甘肃定西

❸6 ♀
白绢蝶
甘肃定西

❸4 ♂
福布绢蝶
新疆塔县

❸5 ♂
白绢蝶
甘肃定西

❸6 ♀
白绢蝶
甘肃定西

㊲ ♂
白绢蝶
北京

㊳ ♀
白绢蝶
北京

㊴ ♂
冰清绢蝶
北京

㊲ ♂
白绢蝶
北京

㊳ ♀
白绢蝶
北京

㊴ ♂
冰清绢蝶
北京

㊵ ♀
冰清绢蝶
陕西宝鸡

㊶ ♂
冰清绢蝶
陕西宝鸡

㊷ ♂
冰清绢蝶
湖北襄阳

㊵ ♀
冰清绢蝶
陕西宝鸡

㊶ ♂
冰清绢蝶
陕西宝鸡

㊷ ♂
冰清绢蝶
湖北襄阳

43 ♂
冰清绢蝶
江苏南京

44 ♀
冰清绢蝶
江苏南京

43 ♂
冰清绢蝶
江苏南京

44 ♀
冰清绢蝶
江苏南京

45 ♀
冰清绢蝶
北京

46 ♀
艾雯绢蝶
黑龙江伊春

45 ♀
冰清绢蝶
北京

46 ♀
艾雯绢蝶
黑龙江伊春

㊼ ♂
艾雯绢蝶
黑龙江伊春

㊽ ♂
艾雯绢蝶
黑龙江伊春

④⑦ ♂
艾雯绢蝶
黑龙江伊春

④⑧ ♂
艾雯绢蝶
黑龙江伊春

㊾ ♂
爱侣绢蝶
新疆阿尔泰

㊿ ♀
爱侣绢蝶
新疆阿尔泰

④⑨ ♂
爱侣绢蝶
新疆阿尔泰

⑤⓿ ♀
爱侣绢蝶
新疆阿尔泰

51 ♂
珍珠绢蝶
四川甘孜

52 ♀
珍珠绢蝶
四川甘孜

53 ♂
珍珠绢蝶
甘肃肃南

51 ♂
珍珠绢蝶
四川甘孜

52 ♀
珍珠绢蝶
四川甘孜

53 ♂
珍珠绢蝶
甘肃肃南

54 ♀
珍珠绢蝶
甘肃肃南

55 ♂
珍珠绢蝶
陕西周至

56 ♀
珍珠绢蝶
陕西周至

57 ♂
联珠绢蝶
西藏普兰

54 ♀
珍珠绢蝶
甘肃肃南

55 ♂
珍珠绢蝶
陕西周至

56 ♀
珍珠绢蝶
陕西周至

57 ♂
联珠绢蝶
西藏普兰

58 ♂
君主绢蝶
甘肃永靖

58 ♂
君主绢蝶
甘肃永靖

59 ♀
君主绢蝶
甘肃新城

59 ♀
君主绢蝶
甘肃新城

⑥ ♂
君主绢蝶
甘肃张掖

⑥ ♂
君主绢蝶
甘肃张掖

⑥ ♂
君主绢蝶
甘肃新城

⑥ ♂
君主绢蝶
甘肃新城

⑥ ♂
君主绢蝶
甘肃新城

⑥ ♂
君主绢蝶
甘肃新城

⑥ ♀
君主绢蝶
甘肃新城

⑥ ♀
君主绢蝶
甘肃新城

64 ♂
君主绢蝶
甘肃天祝

64 ♂
君主绢蝶
甘肃天祝

65 ♀
君主绢蝶
甘肃肃南

65 ♀
君主绢蝶
甘肃肃南

66 ♂
君主绢蝶
甘肃临夏

66 ♂
君主绢蝶
甘肃临夏

67 ♂
君主绢蝶
甘肃夏河

67 ♂
君主绢蝶
甘肃夏河

68 ♂
君主绢蝶
甘肃夏河

68 ♂
君主绢蝶
甘肃夏河

69 ♀
君主绢蝶
甘肃夏河

69 ♀
君主绢蝶
甘肃夏河

70 ♂
君主绢蝶
甘肃夏河

70 ♂
君主绢蝶
甘肃夏河

71 ♂
君主绢蝶
甘肃夏河

71 ♂
君主绢蝶
甘肃夏河

72 ♂
君主绢蝶
甘肃永靖

72 ♂
君主绢蝶
甘肃永靖

73 ♂
君主绢蝶
甘肃永靖

73 ♂
君主绢蝶
甘肃永靖

74 ♀
君主绢蝶
甘肃永靖

74 ♀
君主绢蝶
甘肃永靖

75 ♂
君主绢蝶
甘肃永靖

75 ♂
君主绢蝶
甘肃永靖

76 ♀
君主绢蝶
甘肃酒泉

76 ♀
君主绢蝶
甘肃酒泉

77 ♂
君主绢蝶
四川康定

77 ♂
君主绢蝶
四川康定

78 ♀
君主绢蝶
四川康定

78 ♀
君主绢蝶
四川康定

79 ♂
君主绢蝶
青海西宁

79 ♂
君主绢蝶
青海西宁

⑧⑩ ♂
君主绢蝶
青海兴海

⑧⓪ ♂
君主绢蝶
青海兴海

⑧① ♀
君主绢蝶
青海兴海

⑧① ♀
君主绢蝶
青海兴海

⑧② ♂
君主绢蝶
青海玉树

⑧② ♂
君主绢蝶
青海玉树

⑧③ ♀
君主绢蝶
青海玉树

⑧③ ♀
君主绢蝶
青海玉树

84 ♂
君主绢蝶
青海循化

84 ♂
君主绢蝶
青海循化

85 ♀
君主绢蝶
青海循化

85 ♀
君主绢蝶
青海循化

86 ♂
君主绢蝶
青海湟源

86 ♂
君主绢蝶
青海湟源

87 ♀
君主绢蝶
青海临夏

87 ♀
君主绢蝶
青海临夏

姹瞳绢蝶 / *Parnassius charltonius* Gray, [1853]

01-02

中大型绢蝶。翅背面灰白色，翅脉黄褐色，前翅外缘带宽，亚外缘有灰色带半透明，中室有2个长方形大黑斑，翅中部有1条"S"形的黑色横带，其中部色淡；后翅外缘带窄，灰褐色半透明，亚外缘有5个黑色蓝心的圆斑，中部有2个白心黑边的红斑，翅基及内缘区灰黑色，臀角有1条淡黑色的条状纹。腹面斑纹与背面类似，但后翅基部镶有红斑。

1年1代，成虫多见于7-9月。幼虫以紫堇科植物为寄主。

分布于西藏、新疆等地。此外见于阿富汗、吉尔吉斯、哈萨克斯坦、巴基斯坦、印度等地。

奥古斯都绢蝶 / *Parnassius augustus* (Fruhstorfer, 1903)

03-04

中型绢蝶。翅背面灰黄色，翅脉黄褐色，翅面黑色鳞片扩散，前翅外缘带黑褐色半透明，亚外缘有锯齿状黑色带，中室有2个长形黑斑，中室外和后缘中部黑斑连接形成"S"形横带，翅基有黑色鳞片区，外侧显1个长形黑斑；后翅亚外缘有黑褐色半透明带，中部有2个黑边白心的大红斑，臀角处有2个外围黑环的大蓝斑，翅基及内缘区黑色，有时显现1个红色斑。腹面斑纹与背面类似，但后翅基部有3个红斑。

1年1代，成虫多见于8月。

分布于西藏。

孔雀绢蝶 / *Parnassius loxias* Püngeler, 1901

05 / P1490

中型绢蝶。翅背面黄白色，翅脉黄色，前翅外缘带窄且色淡，亚外缘为黑色波状带，并在中间错位成两段，中室外横带只有前段可见，中室有2个长方形黑斑；后翅亚外缘有5个黑色圆斑，上部呈蓝色，像孔雀翎斑，中部有2个圆形橙色斑，围有窄的黑线，翅基部与内缘区散生灰色鳞片。腹面斑纹与背面类似。

1年1代，成虫多见于7月。

分布于新疆。此外见于吉尔吉斯等地。

蓝精灵绢蝶 / *Parnassius acdestis* Grum-Grshimailo, 1891

06-09

中小型绢蝶。翅背面白色，具蓝色光泽，翅脉黄褐色，前翅外缘深色半透明，亚外缘及中部各有1条灰黑色的横带，中室有2个黑斑；后翅翅面外缘深色半透明，亚外缘有灰色断续带纹，中部有2个外围黑环的红色斑，翅基及内缘区黑色，臀角处有1-2个黑斑。腹面斑纹与背面类似。

1年1代，成虫多见于6-7月。

分布于四川、青海、新疆、西藏等地。此外见于吉尔吉斯、哈萨克斯坦、印度、不丹等地。

翠雀绢蝶 / *Parnassius delphius* Eversmann, 1843

10-11

中型绢蝶。翅背面浅黄色或灰褐色，翅脉黑褐色，前翅外缘带宽，灰色半透明，亚外缘带深灰色，中室有2个黑斑，翅中部有1条深灰色横带；后翅外缘带灰色半透明，中部有2个外围黑环的红斑，臀角有2个黑圆斑，内镶蓝心，翅基及内缘区黑色。腹面斑纹与背面类似，但后翅基部嵌有2-3个红斑。有些个体前后翅呈暗色半透明。

1年1代，成虫多见于6-8月。幼虫以紫堇科植物为寄主。

分布于新疆。此外见于哈萨克斯坦、乌兹别克斯坦、巴基斯坦、印度等地。

蜡贝绢蝶 / *Parnassius labeyriei* Weiss & Michel, 1989

12-14

中大型绢蝶。翅背面灰白色，翅面有黄色粗鳞片，呈颗粒状，翅脉灰褐色，前翅顶角稍尖，外缘半透明暗色，亚外缘有锯齿状灰褐色横带，无红色斑，中室有2个较大黑斑，翅中部有"S"形灰褐色横带；后翅外缘暗色半透明，中部有2个镶黑边的红斑，翅基及内缘区黑色，臀角有2个小黑斑。腹面斑纹与背面类似。

1年1代，成虫多见于6月。

分布于青海、新疆、西藏等地。

爱珂绢蝶 / *Parnassius acco* Gray, [1853]　　　　　　　　　　　　　　　　　　15-20

　　中型绢蝶。翅背面灰白色，前翅窄长，前翅外缘暗色，亚外缘有灰褐色横带，中室外有2个红心黑斑；后翅外缘黑褐色，亚外缘有清晰新月形或三角形黑斑列，中部有2个外围黑环的红色或橘红色斑，翅基及内缘区黑色。腹面斑纹与背面类似。

　　1年1代，成虫多见于6-7月。

　　分布于西藏、新疆等地。此外见于巴基斯坦、印度等地。

巴裔绢蝶 / *Parnassius baileyi* South, 1913　　　　　　　　　　　　　　　　　　21-23

　　中型绢蝶。翅背面较暗半透明，翅缘有黑色鳞毛，翅面斑纹与爱珂绢蝶接近，但体形较大，前翅外缘褐色半透明，中室有2个黑斑，中室外和后缘中部隐约有3个黑斑，中部有灰褐色半透明区；后翅暗褐色，外缘带褐色，中部有2个镶黑边的红斑，臀角有2个三角形眼斑，瞳点蓝色，其上方至前缘的斑列连成横带。腹面斑纹与背面类似。

　　1年1代，成虫多见于6月。

　　分布于云南、四川等地。

普氏绢蝶 / *Parnassius przewalskii* Alphéraky, 1887　　　　　　　　　　　　　　24-27

　　中型绢蝶。前翅窄长，翅背面淡黄色，翅脉浓黄，前翅外缘和亚外缘黑色带纹稍宽，中室有2个方形黑斑，中室外和后缘中部有3个外围黑边的红斑；后翅外缘带纹较窄，其内侧有4个排为1列外围黑边的蓝斑，中部有2个外围黑环的红斑。翅基及内缘区黑色，基部显现红斑。腹面斑纹与背面类似，但翅色较淡，散布粉红色鳞片。

　　1年1代，成虫多见于6月。

　　分布于四川、青海、新疆、西藏等地。

元首绢蝶 / *Parnassius cephalus* Grum-Grshimailo, 1891　　　　　　　　28-34 / P1490

　　中型绢蝶。翅背面白色，翅脉灰褐色，前翅外缘灰色半透明，亚外缘有1条灰褐色齿状横带，中室有2个黑斑，中室外和后缘中部有3个黑斑；后翅亚外缘有1条灰褐色横带，中部有2个外围黑环的红色或橘红色圆斑，翅基及内缘区黑色，有时显出1-2个红斑，臀角有2个黑环蓝斑。腹面斑纹与背面类似，但色泽及斑纹发灰白。

　　1年1代，成虫多见于6-7月。

　　分布于四川、云南、甘肃、青海、西藏等地。此外见于巴基斯坦、印度。

① ♂
姹瞳绢蝶
西藏普兰

② ♂
姹瞳绢蝶
新疆乌恰

① ♂
姹瞳绢蝶
西藏普兰

② ♂
姹瞳绢蝶
新疆乌恰

③ ♀
奥古斯都绢蝶
西藏江孜

④ ♀
奥古斯都绢蝶
西藏日喀则

③ ♀
奥古斯都绢蝶
西藏江孜

④ ♀
奥古斯都绢蝶
西藏日喀则

05 ♂
孔雀绢蝶
新疆克州

06 ♀
蓝精灵绢蝶
青海贵德

07 ♂
蓝精灵绢蝶
西藏日喀则

05 ♂
孔雀绢蝶
新疆克州

06 ♀
蓝精灵绢蝶
青海贵德

07 ♂
蓝精灵绢蝶
西藏日喀则

08 ♂
蓝精灵绢蝶
青海兴海

09 ♀
蓝精灵绢蝶
四川甘孜

10 ♂
翠雀绢蝶
新疆伊犁

08 ♂
蓝精灵绢蝶
青海兴海

09 ♀
蓝精灵绢蝶
四川甘孜

10 ♂
翠雀绢蝶
新疆伊犁

⑪ ♀
翠雀绢蝶
新疆伊犁

⑫ ♂
蜡贝绢蝶
青海兴海

⑬ ♂
蜡贝绢蝶
青海兴海

⑪ ♀
翠雀绢蝶
新疆伊犁

⑫ ♂
蜡贝绢蝶
青海兴海

⑬ ♂
蜡贝绢蝶
青海兴海

⑭ ♀
蜡贝绢蝶
青海兴海

⑮ ♂
爱珂绢蝶
西藏萨迦

⑯ ♀
爱珂绢蝶
西藏萨迦

⑭ ♀
蜡贝绢蝶
青海兴海

⑮ ♂
爱珂绢蝶
西藏萨迦

⑯ ♀
爱珂绢蝶
西藏萨迦

㉗ ♀
爱珂绢蝶
西藏札达

⑱ ♂
爱珂绢蝶
四川甘孜

⑲ ♂
爱珂绢蝶
西藏江孜

㉗ ♀
爱珂绢蝶
西藏札达

⑱ ♂
爱珂绢蝶
四川甘孜

⑲ ♂
爱珂绢蝶
西藏江孜

⑳ ♀
爱珂绢蝶
西藏札达

㉑ ♂
巴裔绢蝶
四川甘孜

㉒ ♀
巴裔绢蝶
四川甘孜

⑳ ♀
爱珂绢蝶
西藏札达

㉑ ♂
巴裔绢蝶
四川甘孜

㉒ ♀
巴裔绢蝶
四川甘孜

㉓ ♂
巴裔绢蝶
云南德钦

㉔ ♂
普氏绢蝶
青海都兰

㉕ ♀
普氏绢蝶
青海都兰

㉓ ♂
巴裔绢蝶
云南德钦

㉔ ♂
普氏绢蝶
青海都兰

㉕ ♀
普氏绢蝶
青海都兰

㉖ ♀
普氏绢蝶
青海格尔木

㉗ ♂
普氏绢蝶
青海格尔木

㉘ ♀
元首绢蝶
云南德钦

㉖ ♀
普氏绢蝶
青海格尔木

㉗ ♂
普氏绢蝶
青海格尔木

㉘ ♀
元首绢蝶
云南德钦

㉙ ♂
元首绢蝶
青海祁连

㉚ ♂
元首绢蝶
四川甘孜

㉛ ♀
元首绢蝶
四川甘孜

㉙ ♂
元首绢蝶
青海祁连

㉚ ♂
元首绢蝶
四川甘孜

㉛ ♀
元首绢蝶
四川甘孜

㉜ ♂
元首绢蝶
青海兴海

㉝ ♀
元首绢蝶
西藏日喀则

㉞ ♀
元首绢蝶
甘肃肃南

㉜ ♂
元首绢蝶
青海兴海

㉝ ♀
元首绢蝶
西藏日喀则

㉞ ♀
元首绢蝶
甘肃肃南

西狄绢蝶 / *Parnassius hide* (Koiwaya, 1987)　　01-03

中型绢蝶。翅背面灰白色，翅脉褐色，缘毛白色，前翅顶角稍尖，翅面外缘带半透明，亚外缘有锯齿状灰褐色带，中室有2个黑斑，中室外和后缘中部灰褐色斑纹连接形成"S"形横带；后翅翅面外缘带窄半透明，亚外缘有1列小斑，中部有2个黑色斑，有时黑斑显红心，翅基及内缘区黑色。腹面斑纹与背面类似。

成虫多见于6月。

分布于青海、西藏等地。

野濑绢蝶 / *Parnassius nosei* (Watanabe, 1989)　　04

中型绢蝶。翅背面灰白色，翅脉黄褐色，前翅翅面外缘灰黑色，亚外缘有灰黑色暗带，中室有2个略呈方形的黑斑，翅中部有灰黑色横带；后翅翅面外缘灰黑色，亚外缘有很细的暗色带，中部有2个黑斑，臀角处并列2个较小黑斑，翅基及内缘区黑色。腹面斑纹与背面类似，但翅色稍淡。

1年1代，成虫多见于6-7月。

分布于西藏。

四川绢蝶 / *Parnassius szechenyii* Frivaldszky, 1886　　05-12

中型绢蝶。翅背面淡黄色，翅脉黄褐色，前翅外缘半透明，亚外缘有断裂黑色带，中室有2个黑斑，中室外和后缘中部有3个外围黑边的橘红斑或黑斑；后翅中部有2个外围黑环的橘红色斑，中心或有白色瞳点，翅基及内缘区黑色，臀角处并列有2个镶黑边的蓝斑，蓝斑上方有黑色条斑。腹面斑纹与背面类似，但斑纹与翅色淡，后翅基部有4个外黑内蓝中心红的斑点。

1年1代，成虫多见于6-7月。

分布于四川、云南、甘肃、青海、西藏等地。

西猴绢蝶 / *Parnassius simo* Gray, [1853]　　13-17 / P1491

小型绢蝶。翅背面白色，翅脉暗褐色，前翅外缘带狭窄半透明，亚外缘带锯齿状灰褐色，中室外方有2个小黑斑，中室有2个黑斑，后缘中部有1个小黑斑，翅基部黑色；后翅翅面外缘边黑色，亚外缘有锯齿状灰褐色带纹，中部有2个镶黑边的红斑或橘红斑，翅基部及内缘区被黑宽带占据。腹面斑纹与背面类似。

1年1代，成虫多见于6-7月。幼虫以玄参科植物为寄主。

分布于四川、甘肃、青海、新疆、西藏等地。此外见于巴基斯坦、印度。

安度绢蝶 / *Parnassius andreji* Eisner, 1930　　18

小型绢蝶。翅背面白色，翅脉暗褐色，前翅外缘带狭窄半透明，亚外缘带锯齿状灰褐色，中室内有2个黑斑，中室外和后缘中部有3个小黑斑，翅基部黑色。后翅外缘边黑色，亚外缘有锯齿状灰褐色带纹，中部有2个镶黑边的橙黄色斑，翅基部及内缘区被黑宽带占据。腹面斑纹与背面类似。

1年1代，成虫多见于6-7月。

分布于四川、甘肃、青海等地。

赫宁顿绢蝶 / *Parnassius hunningtoni* Avinoff, 1916　　19-21

小型绢蝶。翅背面黄白色，缘毛白色，翅脉褐色，前翅顶角稍尖，翅面外缘带黑色半透明，亚外缘有锯齿状灰黑带，中室有2个黑斑，中室前部有1个小斑；后翅外缘边泛粉红色，亚外缘有1列三角形小黑斑，雌蝶中部有断续灰褐色带，翅基及内缘区散生灰色鳞片。翅背面似翅面，但后翅散布粉红色鳞片。

1年1代，成虫多见于5月。

分布于西藏。

微点绢蝶 / *Parnassius tenedius* Eversmann, 1851　　　　　　　　22

　　中小型绢蝶。翅背面白色，翅脉淡黄色，前翅翅面外缘带狭窄半透明，亚外缘为小黑点斑列，中室外方有2个小黑斑，内有2个黑斑，翅基部黑色；后翅翅面亚外缘有小黑点斑列，中部有2个镶黑边的小红点，翅基部和内缘区有扩展的黑斑。腹面斑纹与背面类似，但基部黑斑分散成黑色条纹。

　　1年1代，成虫多见于6-7月。幼虫以紫堇科植物为寄主。

　　分布于吉林、内蒙古等地。此外见于俄罗斯、蒙古等地。

01 ♂
西狄绢蝶
青海果洛

02 ♀
西狄绢蝶
青海果洛

03 ♂
西狄绢蝶
青海兴海

01 ♂
西狄绢蝶
青海果洛

02 ♀
西狄绢蝶
青海果洛

03 ♂
西狄绢蝶
青海兴海

04 ♂
野濑绢蝶
西藏察隅

05 ♂
四川绢蝶
甘肃肃南

06 ♀
四川绢蝶
甘肃肃南

04 ♂
野濑绢蝶
西藏察隅

05 ♂
四川绢蝶
甘肃肃南

06 ♀
四川绢蝶
甘肃肃南

⑦ ♂
四川绢蝶
四川甘孜

⑧ ♂
四川绢蝶
青海乌兰

⑨ ♂
四川绢蝶
青海祁连

⑦ ♂
四川绢蝶
四川甘孜

⑧ ♂
四川绢蝶
青海乌兰

⑨ ♂
四川绢蝶
青海祁连

⑩ ♂
四川绢蝶
甘肃肃南

⑪ ♀
四川绢蝶
青海祁连

⑫ ♀
四川绢蝶
青海都兰

⑩ ♂
四川绢蝶
甘肃肃南

⑪ ♀
四川绢蝶
青海祁连

⑫ ♀
四川绢蝶
青海都兰

⑬ ♂
西猴绢蝶
甘肃肃南

⑬ ♂
西猴绢蝶
甘肃肃南

⑭ ♀
西猴绢蝶
甘肃肃南

⑭ ♀
西猴绢蝶
甘肃肃南

⑮ ♂
西猴绢蝶
四川甘孜

⑮ ♂
西猴绢蝶
四川甘孜

⑯ ♂
西猴绢蝶
青海门源

⑯ ♂
西猴绢蝶
青海门源

⑰ ♂
西猴绢蝶
青海兴海

⑰ ♂
西猴绢蝶
青海兴海

⑱ ♂
安度绢蝶
青海贵德

⑱ ♂
安度绢蝶
青海贵德

⑲ ♂
赫宁顿绢蝶
西藏日喀则

⑲ ♂
赫宁顿绢蝶
西藏日喀则

⑳ ♀
赫宁顿绢蝶
西藏日喀则

⑳ ♀
赫宁顿绢蝶
西藏日喀则

㉑ ♀
赫宁顿绢蝶
西藏日喀则

㉑ ♀
赫宁顿绢蝶
西藏日喀则

㉒ ♂
微点绢蝶
内蒙古根河

㉒ ♂
微点绢蝶
内蒙古根河

<粉蝶科

迁粉蝶属 / *Catopsilia* Hübner, [1819]

中型粉蝶。体背黑色密被白毛，腹部黄白色。头大，触角短粗被密鳞。翅浑圆，前翅顶角明显；颜色单调，以黄、白色为主。具性二型，部分种类雌多型。

成虫多栖息于河谷开阔区，飞行迅速而跳跃。两性均访花，雄蝶常在潮湿地面或溪边大量聚集吸水。幼虫取食豆科植物。

主要分布于东洋区，部分种类达到非洲热带区。国内目前已知4种，本图鉴收录3种。

迁粉蝶 / *Catopsilia pomona* (Fabricius, 1775)   01-14 / P1492

中型粉蝶。两性多型。雄蝶（银纹型）：背面白色微黄，基1/3荧光黄，前翅顶角外缘黑色。腹面黄白色具珠光，前翅顶角外缘红褐色，室端具镶红褐色边的银斑，后翅具2枚红褐边银斑，外中区具红褐色带。雄蝶（无纹型）：个体略小，翅背面似前型但基部荧光黄部分更浓；腹面为纯净的绿黄色。

雌蝶（黑斑型）：翅背面淡黄白色，基1/3鲜黄色，前翅前缘至室端具宽黑边，室端具黑斑，顶角及外缘为宽黑边，顶区以下有黑纹；后翅外缘具宽黑边。腹面淡黄白色具珠光，可透见背面斑纹。雌蝶（基本型）：翅背面黄色，前翅室端具黑点，顶区外缘具黑边，其内侧有黑波纹；后翅外缘黑边不连贯。腹面镉黄色，斑纹红褐色；后翅室端具2枚红褐边银斑。雌蝶（血斑型）：似基本型，但腹面红褐色斑发达，室端及其外侧具大块锈红色斑。

1年多代，成虫全年可见。幼虫以豆科腊肠树、铁刀木等植物为寄主。

分布于南方各省。此外见于东洋区、印澳区大陆和岛屿。

镉黄迁粉蝶 / *Catopsilia scylla* (Linnaeus, 1764)   15-17

中型粉蝶。前翅背面白色，前缘、顶角及外缘具黑边；后翅背面镉黄色，脉端黑色。腹面黄色，前翅外缘、外中区及室端具不规则红褐色斑纹。雌蝶似雄蝶，但背面室端和外中区具黑纹，腹面红褐色斑更发达。

1年多代。幼虫寄主为豆科腊肠树、决明等植物。

分布于海南、云南和台湾。此外见于南亚次大陆至马来群岛及菲律宾群岛广大区域。

梨花迁粉蝶 / *Catopsilia pyranthe* (Linnaeus, 1758)   18-22 / P1493

中型粉蝶。翅背面青白色，前翅前缘、顶角及外缘具黑边；后翅脉端黑色或具黑边。腹面乳白色具珠光，外缘及室端具红褐色斑，前翅顶区及后翅全部密布暗色细波纹。雌蝶似雄蝶，但背面室端和外中区具黑褐色不规则斑，腹面红褐色斑更发达。

1年多代，成虫全年可见。幼虫以豆科决明属多种植物为寄主。

分布于云南、广西、广东、海南、台湾、香港等地。此外见于南亚次大陆至马来群岛及菲律宾群岛广大区域。

① ♂
迁粉蝶
海南五指山

② ♀
迁粉蝶
海南五指山

③ ♀
迁粉蝶
台湾高雄

① ♂
迁粉蝶
海南五指山

② ♀
迁粉蝶
海南五指山

③ ♀
迁粉蝶
台湾高雄

④ ♀
迁粉蝶
海南五指山

⑤ ♀
迁粉蝶
海南五指山

⑥ ♀
迁粉蝶
海南五指山

④ ♀
迁粉蝶
海南五指山

⑤ ♀
迁粉蝶
海南五指山

⑥ ♀
迁粉蝶
海南五指山

07 ♂
迁粉蝶
台湾台北

08 ♀
迁粉蝶
台湾高雄

09 ♂
迁粉蝶
台湾宜兰

07 ♂
迁粉蝶
台湾台北

08 ♀
迁粉蝶
台湾高雄

09 ♂
迁粉蝶
台湾宜兰

10 ♂
迁粉蝶
香港

11 ♂
迁粉蝶
云南腾冲

12 ♂
迁粉蝶
云南贡山

10 ♂
迁粉蝶
香港

11 ♂
迁粉蝶
云南腾冲

12 ♂
迁粉蝶
云南贡山

⑬ ♀
迁粉蝶
香港

⑭ ♀
迁粉蝶
海南乐东

⑬ ♀
迁粉蝶
香港

⑭ ♀
迁粉蝶
海南乐东

⑮ ♂
镉黄迁粉蝶
台湾屏东

⑯ ♀
镉黄迁粉蝶
台湾高雄

⑰ ♂
镉黄迁粉蝶
海南三亚

⑮ ♂
镉黄迁粉蝶
台湾屏东

⑯ ♀
镉黄迁粉蝶
台湾高雄

⑰ ♂
镉黄迁粉蝶
海南三亚

⑱ ♀
梨花迁粉蝶
海南五指山

⑲ ♂
梨花迁粉蝶
海南五指山

⑳ ♀
梨花迁粉蝶
台湾嘉义

⑱ ♀
梨花迁粉蝶
海南五指山

⑲ ♂
梨花迁粉蝶
海南五指山

⑳ ♀
梨花迁粉蝶
台湾嘉义

㉑ ♂
梨花迁粉蝶
台湾台北

㉒ ♂
梨花迁粉蝶
福建三明

㉑ ♂
梨花迁粉蝶
台湾台北

㉒ ♂
梨花迁粉蝶
福建三明

方粉蝶属 / *Dercas* Doubleday, [1847]

中型粉蝶。体背黑色密被白毛，腹部黄色。头大，触角短粗，端部稍膨大。前翅顶角尖突，后翅或呈方形；整体颜色单调。性二型不明显。

成虫栖息于森林边缘，喜在开阔地和溪边飞行，速度适中。两性访花，雄蝶在潮湿地面或溪边少量聚集吸水，喜停歇于叶面。幼虫取食鼠李科植物。

主要分布于东洋区。国内目前已知3种，本图鉴收录3种。

黑角方粉蝶 / *Dercas lycorias* (Doubleday, 1842)　　　　01-05 / P1494

中小型粉蝶。后翅无尾。背面黄色，前翅顶角与邻近前缘、外缘为窄黑边，顶区染橙色，外中区中部具黑点，与顶角间连有赭黄色带。腹面淡黄色具光泽，前后翅室端具锈色斑，外中区具淡锈色带，与前翅顶角锈色斑相接。雌蝶斑纹似雄蝶，但色较淡。

1年2代，成虫多见于夏季。幼虫寄主不详。

分布于华南、华东及西南广大地区。此外见于印度北部至缅甸北部等地。

橙翅方粉蝶 / *Dercas nina* Mell, 1913　　　　06-07

中小型粉蝶。后翅稍呈方形。大体似黑角方粉蝶，但背面橙黄色，尤以前翅明显，前翅顶角黑斑较大，内缘凹凸齿状；腹面前翅顶角锈色斑内至少镶嵌1枚黄斑。

1年2代。幼虫寄主不详。

分布于广西和广东。此外可能见于越南北部。

檀方粉蝶 / *Dercas verhuelli* (van der Hoeven, 1839)　　　　08-14

中型粉蝶。后翅方形具小尾突。背面鲜黄色，前翅顶角具不规则大黑斑。腹面黄色具光泽，前后翅室端具锈色不规则斑，外中区具淡锈色横带。雌蝶前后翅突出部分更发达，斑纹似雄蝶，但底色较淡。

1年多代，成虫多见于3-10月。幼虫寄主植物为豆科两粤黄檀。

分布于华南及西南热带区域。此外见于印度北部、中南半岛和马来半岛。

① ♂
黑角方粉蝶
西藏墨脱

② ♂
黑角方粉蝶
四川成都

③ ♂
黑角方粉蝶
云南贡山

① ♂
黑角方粉蝶
西藏墨脱

② ♂
黑角方粉蝶
四川成都

③ ♂
黑角方粉蝶
云南贡山

④ ♂
黑角方粉蝶
福建福州

⑤ ♀
黑角方粉蝶
福建顺昌

④ ♂
黑角方粉蝶
福建福州

⑤ ♀
黑角方粉蝶
福建顺昌

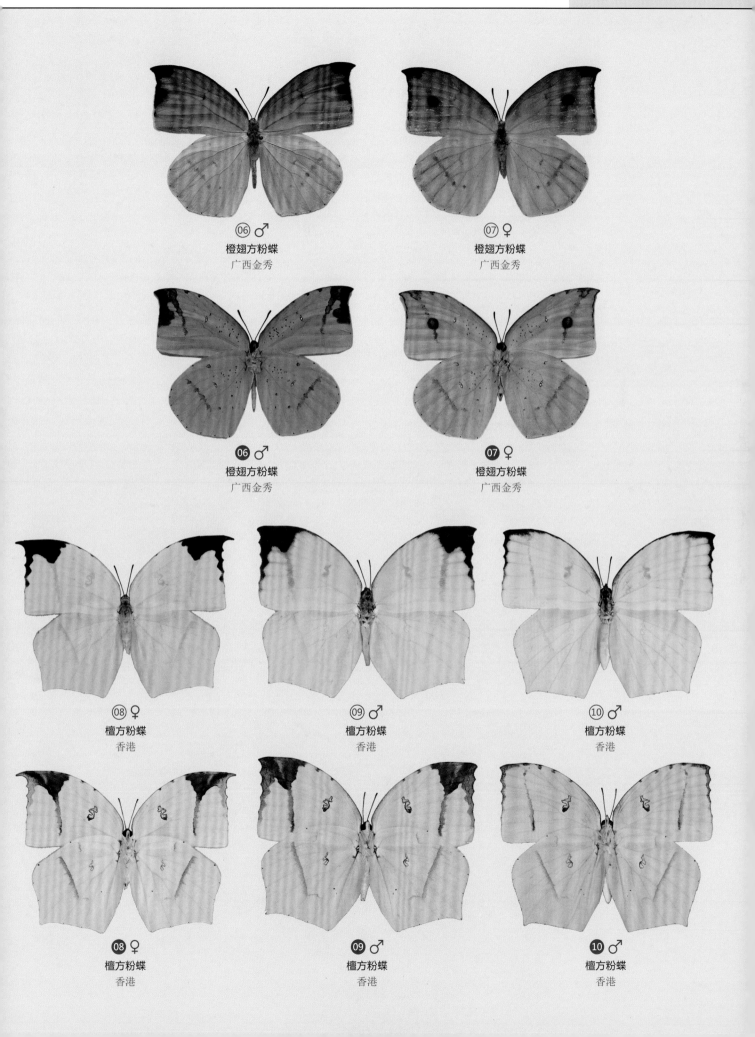

06 ♂
橙翅方粉蝶
广西金秀

07 ♀
橙翅方粉蝶
广西金秀

06 ♂
橙翅方粉蝶
广西金秀

07 ♀
橙翅方粉蝶
广西金秀

08 ♀
檀方粉蝶
香港

09 ♂
檀方粉蝶
香港

10 ♂
檀方粉蝶
香港

08 ♀
檀方粉蝶
香港

09 ♂
檀方粉蝶
香港

10 ♂
檀方粉蝶
香港

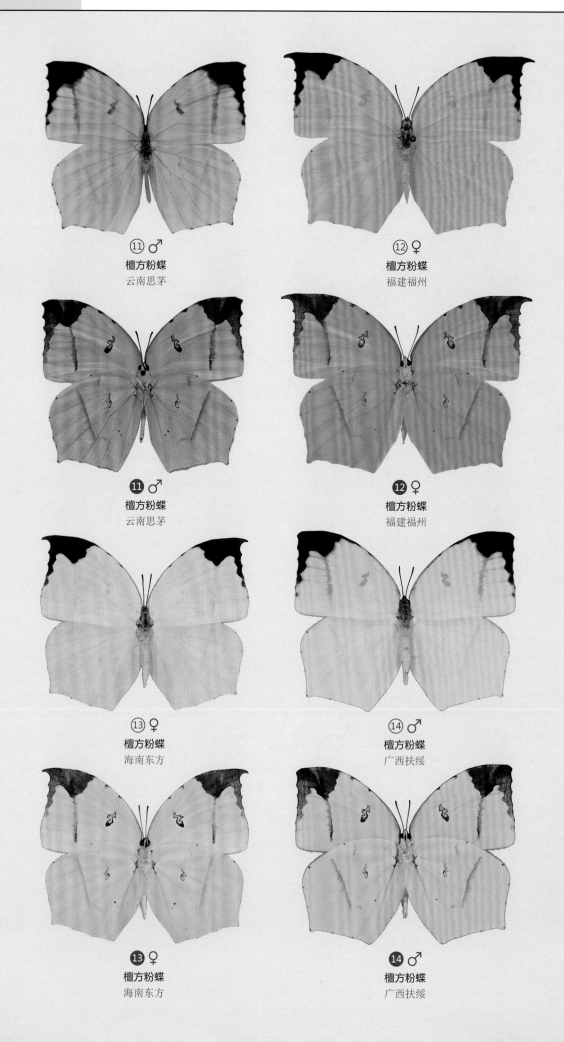

⑪ ♂
檀方粉蝶
云南思茅

⑫ ♀
檀方粉蝶
福建福州

⑪ ♂
檀方粉蝶
云南思茅

⑫ ♀
檀方粉蝶
福建福州

⑬ ♀
檀方粉蝶
海南东方

⑭ ♂
檀方粉蝶
广西扶绥

⑬ ♀
檀方粉蝶
海南东方

⑭ ♂
檀方粉蝶
广西扶绥

豆粉蝶属 / *Colias* Fabricius, 1807

　　中型粉蝶。该属成虫体翅颜色：雄蝶由浅绿色至橙黄色、暗红色；雌蝶由近白色至橙黄色到黑色。翅上前翅中室端常具有黑斑,后翅中室端具有白斑、黄斑、红斑；外缘有黑带；一些种后翅基部有长椭圆状性标。

　　成虫飞行迅速，有访花和聚集在潮湿的地表吸水的习性。大多数种类活动在高纬度草地，高海拔灌木、草甸、岩石地区。少数种类活动在平原，农田，荒地。幼虫取食豆科植物。

　　主要分布于北非、西亚、欧洲、北美洲、南美洲。此外分布在东北、新疆、青藏高原。少数常见种广布于中国大部分地区。国内目前已知34种，本图鉴收录29种。

东亚豆粉蝶 / *Colias poliographus* Motschulsky, 1860　　　　　　　01-14 / P1494

　　中型粉蝶。翅背面雄蝶黄绿色、雌蝶近白色；斑纹与豆粉蝶相近。

　　成虫多见于4-10月。喜访花；栖息在平原、山地、森林等多种环境。幼虫寄主为苜蓿、大豆、野豌豆等豆科植物。

　　分布于北京、浙江、四川、云南、台湾、香港等大部分地区。此外见于俄罗斯、日本等地。

橙黄豆粉蝶 / *Colias fieldii* Ménétriés, 1855　　　　　　　15-35 / P1496

　　中型粉蝶。翅橙黄色，背面前翅中室端有1个黑圆斑；后翅基部有淡黄色性标，前后翅外缘有黑色宽带，雌蝶外缘宽带内有橙黄色斑；腹面前翅前缘、外缘，后翅前缘、外缘、臀角线粉红色；前后翅中室端斑瞳点白色。

　　成虫多见于4-10月。喜访花，从平原到高海拔都有分布。幼虫以苜蓿、野豌豆等豆科植物为寄主。

　　分布于北京、陕西、四川、西藏、云南等大部分地区。此外见于印度、尼泊尔等地。

斑缘豆粉蝶 / *Colias erate* (Esper, 1805)　　　　　　　36-39 / P1497

　　中型粉蝶。翅黄绿色，背面前翅顶角及外缘部分有黑色带宽，内无或少有斑；后翅外缘黑带较宽。前翅中室端斑黑色，圆形；后翅中室端斑橘黄色；雌蝶色浅，后翅黑色区域明显。

　　成虫多见于7月。喜访花。幼虫以苜蓿、紫云英等豆科植物为寄主。

　　分布于西部地区，如新疆、西藏等地。此外见于东欧。

豆粉蝶 / *Colias hyale* (Linnaeus, 1758)　　　　　　　40-42

　　中型粉蝶。翅淡黄绿色，色泽较斑缘豆粉蝶淡，背面前翅中室端有1个黑圆斑；顶角大部及外缘黑色，内有淡黄绿色斑；后翅中室端斑圆形，略呈橙色，外缘淡黑色；前翅内缘基部及后翅臀缘外侧有黑色鳞片。腹面前翅顶角大部及外缘、后翅颜色深，前后翅亚外缘有1列黑斑。

　　成虫多见于6月。喜访花。幼虫以苜蓿、野豌豆等豆科植物为寄主。

　　分布于西部地区的新疆等地。此外见于蒙古、俄罗斯等。

① ♂
东亚豆粉蝶
北京

② ♀
东亚豆粉蝶
北京

③ ♀
东亚豆粉蝶
云南德钦

① ♂
东亚豆粉蝶
北京

② ♀
东亚豆粉蝶
北京

③ ♀
东亚豆粉蝶
云南德钦

④ ♂
东亚豆粉蝶
甘肃兰州

⑤ ♀
东亚豆粉蝶
甘肃永靖

⑥ ♀
东亚豆粉蝶
甘肃永靖

④ ♂
东亚豆粉蝶
甘肃兰州

⑤ ♀
东亚豆粉蝶
甘肃永靖

⑥ ♀
东亚豆粉蝶
甘肃永靖

⑦ ♂
东亚豆粉蝶
台湾台中

⑧ ♀
东亚豆粉蝶
台湾台中

⑨ ♀
东亚豆粉蝶
台湾台中

07 ♂
东亚豆粉蝶
台湾台中

08 ♀
东亚豆粉蝶
台湾台中

09 ♀
东亚豆粉蝶
台湾台中

10 ♂
东亚豆粉蝶
四川芦山

11 ♀
东亚豆粉蝶
甘肃榆中

12 ♀
东亚豆粉蝶
甘肃永登

10 ♂
东亚豆粉蝶
四川芦山

11 ♀
东亚豆粉蝶
甘肃榆中

12 ♀
东亚豆粉蝶
甘肃永登

13 ♂
东亚豆粉蝶
香港

14 ♀
东亚豆粉蝶
香港

15 ♂
橙黄豆粉蝶
云南腾冲

13 ♂
东亚豆粉蝶
香港

14 ♀
东亚豆粉蝶
香港

15 ♂
橙黄豆粉蝶
云南腾冲

⑯ ♀
橙黄豆粉蝶
西藏林芝

⑰ ♂
橙黄豆粉蝶
西藏察隅

⑱ ♀
橙黄豆粉蝶
广西扶绥

⑯ ♀
橙黄豆粉蝶
西藏林芝

⑰ ♂
橙黄豆粉蝶
西藏察隅

⑱ ♀
橙黄豆粉蝶
广西扶绥

⑲ ♂
橙黄豆粉蝶
四川九龙

⑳ ♀
橙黄豆粉蝶
四川九龙

㉑ ♀
橙黄豆粉蝶
四川九龙

⑲ ♂
橙黄豆粉蝶
四川九龙

⑳ ♀
橙黄豆粉蝶
四川九龙

㉑ ♀
橙黄豆粉蝶
四川九龙

㉒ ♂
橙黄豆粉蝶
贵州凯里

㉓ ♂
橙黄豆粉蝶
北京

㉔ ♀
橙黄豆粉蝶
北京

22 ♂
橙黄豆粉蝶
贵州凯里

23 ♂
橙黄豆粉蝶
北京

24 ♀
橙黄豆粉蝶
北京

25 ♂
橙黄豆粉蝶
西藏日喀则

26 ♂
橙黄豆粉蝶
西藏拉萨

27 ♂
橙黄豆粉蝶
甘肃永靖

25 ♂
橙黄豆粉蝶
西藏日喀则

26 ♂
橙黄豆粉蝶
西藏拉萨

27 ♂
橙黄豆粉蝶
甘肃永靖

28 ♂
橙黄豆粉蝶
甘肃兰州

29 ♂
橙黄豆粉蝶
甘肃兰州

31 ♂
橙黄豆粉蝶
甘肃兰州

28 ♂
橙黄豆粉蝶
甘肃兰州

30 ♀
橙黄豆粉蝶
甘肃兰州

32 ♀
橙黄豆粉蝶
甘肃兰州

③③ ♂
橙黄豆粉蝶
甘肃夏河

③③ ♂
橙黄豆粉蝶
甘肃夏河

③④ ♀
橙黄豆粉蝶
甘肃夏河

③④ ♀
橙黄豆粉蝶
甘肃夏河

③⑤ ♀
橙黄豆粉蝶
云南贡山

③⑤ ♀
橙黄豆粉蝶
云南贡山

③⑥ ♂
斑缘豆粉蝶
新疆博湖

③⑥ ♂
斑缘豆粉蝶
新疆博湖

③⑦ ♂
斑缘豆粉蝶
甘肃肃南

③⑦ ♂
斑缘豆粉蝶
甘肃肃南

③⑧ ♀
斑缘豆粉蝶
甘肃肃南

③⑧ ♀
斑缘豆粉蝶
甘肃肃南

③⑨ ♂
斑缘豆粉蝶
新疆布尔津

③⑨ ♂
斑缘豆粉蝶
新疆布尔津

④⓪ ♂
豆粉蝶
新疆布尔津

④⓪ ♂
豆粉蝶
新疆布尔津

④① ♀
豆粉蝶
新疆布尔津

④① ♀
豆粉蝶
新疆布尔津

④② ♂
豆粉蝶
新疆布尔津

④② ♂
豆粉蝶
新疆布尔津

黑缘豆粉蝶 / *Colias palaeno* (Linnaeus, 1761)　　　　　　01-03

　　中型粉蝶。翅淡黄绿色，背面前翅中室端有1个小黑斑，后翅中室端斑白色，前后翅顶角到外缘有黑色宽带，前翅前缘、外缘，后翅外缘有明显的粉红色缘毛；腹面色深，雌蝶尤为明显；雌蝶背面翅色近白色。

　　成虫多见于6-7月。喜访花，活动在草地环境。幼虫寄主植物为笃斯等。

　　分布于内蒙古、黑龙江等地。此外见于欧洲、朝鲜半岛等地。

小豆粉蝶 / *Colias cocandica* Erschoff, 1874　　　　　　04-06

　　中型粉蝶。翅黄绿色，背面前翅中室端斑黑色，外缘及亚外缘斑黑色，后翅基部附近大部分区域灰黑色，外缘有灰黑色斑；腹面后翅大部分深黄绿色，亚外缘斑模糊不明显。雌蝶色浅，斑纹基本同雄蝶。

　　成虫多见于7-8月。喜访花。

　　分布于新疆。此外见于阿富汗、塔吉克斯坦等地。

山豆粉蝶 / *Colias montium* Oberthür, 1886　　　　　07-11 / P1498

　　中型粉蝶。翅豆绿色，背面前翅中室端斑黑色，较大，外缘黑边宽阔，内有黄绿色斑7枚，中部第5枚常消失，后翅外角处有1大块黑斑，基部附近覆有黑色鳞片；缘毛红色；腹面后翅黄绿色，雌蝶色浅，后翅中室端有大白斑。

　　成虫多见于5月、8月。喜访花，活动在高山草甸环境。

　　分布于西藏、四川、甘肃、青海。

鬣豆粉蝶 / *Colias nebulosa* Oberthür, 1894　　　　　12-20

　　中型粉蝶。翅黄绿色，背面中室端斑黑色，亚外缘有黑色锯齿状斑带，外缘各翅室间有黑色斑，翅基部和翅脉覆黑色鳞片，前翅前缘暗红色，后翅靠基部大部分区域黑色，外缘黄绿色，雌蝶颜色近白色；腹面后翅绿色，前后翅前缘线暗红色。后翅中室端斑白色，大部分区域黑色。腹面后翅草绿色，前后翅前缘线红色。雌蝶灰白色。

　　成虫多见于7月。喜访花，常栖息在溪边湿地。活动在草灌木环境。

　　分布于四川、甘肃、青海、西藏。

女神豆粉蝶 / *Colias diva* Grum-Grshimailo, 1891　　　　　21-38

　　中型粉蝶。背面雄蝶前翅暗红色，中室端斑黑色，翅外缘带黑色，后翅性标粉黄色，长圆形，中室端斑色浅，雌蝶有多种颜色，豆绿色、橙黄色为主。

　　成虫多见于6-7月。喜访花。活动在高海拔草灌木环境。

　　分布于甘肃、青海。

红黑豆粉蝶 / *Colias arida* Alphéraky, 1889　　　　　39-41

　　中型粉蝶。背面雄蝶翅色橙黄色，中室端斑黑色，外缘黑带宽阔，后翅外缘黑带发达，基部黄色，雌蝶翅色从灰绿到橙红，有不同颜色过渡个体，翅面黑色脉纹清晰，后翅黑色区域发达，中室端斑橘黄，前后翅外缘有斑列。

　　成虫多见于6月、7月，成虫喜访花。

　　分布于我国甘肃、青海、新疆。

浅橙豆粉蝶 / *Colias staudingeri* Alphéraky, 1881　　　　　42-44

　　中型粉蝶。背面雄蝶橙黄色，平视看有金属闪光；前翅中室端斑黑色，较小，顶角比砂豆粉蝶圆润，翅外缘黄色带相对较窄，带内呈锯齿状，后翅前缘区域黄绿色，外角处有黑斑。雌蝶前后翅外缘有浅色斑带。

　　成虫多见于7月。喜访花。

　　分布于新疆。此外见于塔吉克斯坦、乌兹别克斯坦等地。

01 ♂
黑缘豆粉蝶
内蒙古原林

01 ♂
黑缘豆粉蝶
内蒙古原林

02 ♂
黑缘豆粉蝶
内蒙古伊图里河

02 ♂
黑缘豆粉蝶
内蒙古伊图里河

03 ♀
黑缘豆粉蝶
内蒙古伊图里河

03 ♀
黑缘豆粉蝶
内蒙古伊图里河

04 ♂
小豆粉蝶
新疆伊犁

04 ♂
小豆粉蝶
新疆伊犁

05 ♀
小豆粉蝶
新疆塔县

05 ♀
小豆粉蝶
新疆塔县

06 ♀
小豆粉蝶
新疆塔县

06 ♀
小豆粉蝶
新疆塔县

07 ♀
山豆粉蝶
西藏吉塘

07 ♀
山豆粉蝶
西藏吉塘

08 ♂
山豆粉蝶
西藏吉塘

08 ♂
山豆粉蝶
西藏吉塘

09 ♂
山豆粉蝶
甘肃夏河

09 ♂
山豆粉蝶
甘肃夏河

10 ♀
山豆粉蝶
甘肃夏河

10 ♀
山豆粉蝶
甘肃夏河

⑪♀
山豆粉蝶
四川巴塘

⑪♀
山豆粉蝶
四川巴塘

⑫♂
橙豆粉蝶
西藏察隅

⑫♂
橙豆粉蝶
西藏察隅

⑬♂
橙豆粉蝶
甘肃肃南

⑬♂
橙豆粉蝶
甘肃肃南

⑭♀
橙豆粉蝶
甘肃肃南

⑭♀
橙豆粉蝶
甘肃肃南

⑮♂
橙豆粉蝶
青海湟中

⑮♂
橙豆粉蝶
青海湟中

⑯♀
橙豆粉蝶
青海湟中

⑯♀
橙豆粉蝶
青海湟中

⑰♂
橙豆粉蝶
甘肃武威

⑰♂
橙豆粉蝶
甘肃武威

⑱♂
橙豆粉蝶
青海肃南

⑱♂
橙豆粉蝶
青海肃南

⑲♂
橙豆粉蝶
甘肃夏河

⑲♂
橙豆粉蝶
甘肃夏河

⑳♀
橙豆粉蝶
甘肃夏河

⑳♀
橙豆粉蝶
甘肃夏河

㉑♂
女神豆粉蝶
甘肃肃南

㉒♂
女神豆粉蝶
甘肃肃南

㉓♂
女神豆粉蝶
甘肃张掖

㉑♂
女神豆粉蝶
甘肃肃南

㉒♂
女神豆粉蝶
甘肃肃南

㉓♂
女神豆粉蝶
甘肃张掖

㉔♀
女神豆粉蝶
甘肃肃南

㉕♀
女神豆粉蝶
甘肃肃南

㉖♀
女神豆粉蝶
甘肃肃南

㉔♀
女神豆粉蝶
甘肃肃南

㉕♀
女神豆粉蝶
甘肃肃南

㉖♀
女神豆粉蝶
甘肃肃南

㉗♂
女神豆粉蝶
甘肃肃南

㉘♀
女神豆粉蝶
甘肃肃南

㉙♀
女神豆粉蝶
甘肃肃南

30 ♀
女神豆粉蝶
甘肃肃南

31 ♀
女神豆粉蝶
甘肃肃南

32 ♀
女神豆粉蝶
甘肃张掖

30 ♀
女神豆粉蝶
甘肃肃南

31 ♀
女神豆粉蝶
甘肃肃南

32 ♀
女神豆粉蝶
甘肃张掖

33 ♀
女神豆粉蝶
青海祁连

34 ♀
女神豆粉蝶
青海祁连

35 ♀
女神豆粉蝶
甘肃张掖

33 ♀
女神豆粉蝶
青海祁连

34 ♀
女神豆粉蝶
青海祁连

35 ♀
女神豆粉蝶
甘肃张掖

36 ♀
女神豆粉蝶
甘肃肃南

37 ♀
女神豆粉蝶
甘肃肃南

38 ♀
女神豆粉蝶
甘肃肃南

39 ♂
红黑豆粉蝶
青海都兰

39 ♂
红黑豆粉蝶
青海都兰

40 ♂
红黑豆粉蝶
青海门源

40 ♂
红黑豆粉蝶
青海门源

41 ♀
红黑豆粉蝶
青海都兰

41 ♀
红黑豆粉蝶
青海都兰

42 ♂
浅橙豆粉蝶
新疆塔什库尔干

42 ♂
浅橙豆粉蝶
新疆塔什库尔干

43 ♂
浅橙豆粉蝶
新疆乌鲁木齐

43 ♂
浅橙豆粉蝶
新疆乌鲁木齐

44 ♀
浅橙豆粉蝶
新疆乌鲁木齐

44 ♀
浅橙豆粉蝶
新疆乌鲁木齐

黎明豆粉蝶 / *Colias heos* (Herbst, 1792)

01-05 / P1498

中大型粉蝶。是豆粉蝶中体形较大者，背面雄蝶翅面曙红色，前翅中室端斑黑色，翅外缘有黑带，内侧锯齿状，翅脉黑色，后翅基部有明显椭圆形性标，中室端斑色淡，外缘有黑带。腹面黄绿色，前后翅中室端斑瞳点白色。雌蝶翅色有白绿色、橙黄色、橙红色、黑色。

成虫多见于6-7月。喜访花，喜停落在水溪旁湿地。活动于亚高山草甸环境。幼虫取食野豌豆、黄芪、车轴草等。

分布于北京、河北、内蒙古、黑龙江、辽宁等地。此外见于蒙古、俄罗斯等地。

韦斯豆粉蝶 / *Colias wiskotti* Staudinger, 1882

06-07

中型粉蝶。背面雄蝶灰绿色，前翅中室端斑黑色，外缘有大面积黑色宽带，接近中室端斑，后翅中室端斑淡黄色，外缘黑宽带接近中室斑。雌蝶颜色从豆绿色到橙红色。

成虫多见于7月。喜访花，活动在草灌木环境。

分布于新疆。此外见于乌兹别克斯坦、土耳其等。

兴安豆粉蝶 / *Colias tyche* (Böber, 1812)

08-11

中型粉蝶。翅灰绿色，背面前翅中室端有1个黑圆斑；前后翅外缘带黑色，有灰淡绿色斑，翅脉黑色；腹面前翅顶端、后翅黄绿色；前翅前缘、外缘；后翅前缘、外缘、内缘粉红色。前后翅中室端斑瞳点白色。雌蝶色浅，个体较雄蝶大，后翅黑色区域较前翅发达。

成虫多见于6-7月。喜访花，活动在高纬度草地环境。幼虫寄主植物为锦鸡儿、棘豆等。

分布于内蒙古、黑龙江等地。此外见于蒙古及西伯利亚地区等。

西番豆粉蝶 / *Colias sifanica* Grum-Grshimailo, 1891

12-15

中型粉蝶。翅黄绿色，背面前翅中室端斑黑色，亚外缘黑色锯齿状斑带，斑带外侧沿翅室有黑色长条斑，翅基大部分区域和沿翅脉被黑色鳞片覆盖，后翅基部及各翅室有黑色鳞片；腹面后翅色深，中室色浅，中室端斑白色。雌蝶翅色近白色。

成虫多见于7月。喜访花，常停落在岩石上，活动在草灌木环境。幼虫以豆科植物锦鸡儿为寄主。

分布于甘肃、青海。

玉色豆粉蝶 / *Colias berylla* Fawcett, 1904

16

中型粉蝶。翅黄绿色，背面前翅中室端斑黑色，翅外侧1/3区域黑色，内有黄绿斑，后翅中室端斑黄色，近圆形，大部分区域覆有黑色鳞片，亚缘黑斑带明显。腹面黄绿色，覆少量黑鳞片。

成虫多见于6-7月。喜访花，活动到海拔4700米一带。

分布于西藏。此外见于印度、尼泊尔等地。

01 ♂
黎明豆粉蝶
北京

02 ♀
黎明豆粉蝶
北京

03 ♀
黎明豆粉蝶
北京

01 ♂
黎明豆粉蝶
北京

02 ♀
黎明豆粉蝶
北京

03 ♀
黎明豆粉蝶
北京

04 ♀
黎明豆粉蝶
北京

05 ♀
黎明豆粉蝶
北京

06 ♂
韦斯豆粉蝶
新疆塔县

04 ♀
黎明豆粉蝶
北京

05 ♀
黎明豆粉蝶
北京

06 ♂
韦斯豆粉蝶
新疆塔县

⑦♀
韦斯豆粉蝶
新疆塔县

⑦♀
韦斯豆粉蝶
新疆塔县

⑧♂
兴安豆粉蝶
内蒙古乌奴耳

⑧♂
兴安豆粉蝶
内蒙古乌奴耳

⑨♂
兴安豆粉蝶
内蒙古锡林郭勒

⑨♂
兴安豆粉蝶
内蒙古锡林郭勒

⑩♀
兴安豆粉蝶
内蒙古锡林郭勒

⑩♀
兴安豆粉蝶
内蒙古锡林郭勒

⑪♀
兴安豆粉蝶
内蒙古西乌珠穆沁

⑪♀
兴安豆粉蝶
内蒙古西乌珠穆沁

⑫♀
西番豆粉蝶
青海祁连

⑫♀
西番豆粉蝶
青海祁连

⑬♂
西番豆粉蝶
甘肃夏河

⑬♂
西番豆粉蝶
甘肃夏河

⑭♀
西番豆粉蝶
甘肃夏河

⑭♀
西番豆粉蝶
甘肃夏河

⑮♂
西番豆粉蝶
青海祁连

⑮♂
西番豆粉蝶
青海祁连

⑯♂
玉色豆粉蝶
西藏江孜

⑯♂
玉色豆粉蝶
西藏江孜

阿豆粉蝶 / *Colias adelaidae* Verhulst, 1991　　　　　　　　　　01

中型粉蝶。个体比红黑豆要小，背面雄蝶翅面橙黄色，中室端斑黑色，外缘黑带发达，后翅中室端斑红色，翅基部黄色，外缘黑带宽阔。雌蝶颜色以黑色为主，分布有黄绿到橙红色斑。

成虫多见于7-8月。喜访花。活动在高山草甸。

分布于甘肃、西藏。

勇豆粉蝶 / *Colias thrasibulus* Fruhstorfer, 1908　　　　　　　02

中型粉蝶。翅色淡黄绿色，背面前翅基部黑色，中室端斑黑色，亚外缘黑色斑列清晰明显，外缘黑色色淡，后翅基部大部分区域覆有黑色鳞片，亚缘黑斑明显；腹面后翅基部大部分区域黄绿色，中室色浅，前后翅亚缘斑明显。

成虫多见于7月。喜访花。

分布于青海、西藏。此外见于印度。

北黎豆粉蝶 / *Colias viluiensis* Ménétriés, 1859　　　　　　03-04

中型粉蝶。背面雄蝶橙黄色，前翅中室端斑黑色，外缘有黑色宽带，外缘较圆润；后翅基部色浅，分布有黑鳞片，中室端斑色深，外缘带相对要窄；雌蝶外缘带内有浅黄色斑。

成虫多见于7-8月。喜访花。

分布于内蒙古。此外见于蒙古、俄罗斯。

镏金豆粉蝶 / *Colias chrysotheme* (Esper, 1781)　　　　　　05-08

中型粉蝶。背面翅色黄色，前翅中室端斑黑色，前翅顶角尖，外缘有黑色斑带，后翅中室端斑橙黄色，外缘有黑斑带，前后翅外缘黑斑被翅脉分割。雌蝶黄色到橙黄色，外缘黑斑带中有黄绿斑。

成虫多见于5月、8月。喜访花。幼虫寄主植物为小巢菜。

分布于内蒙古、黑龙江、新疆等地。此外见于蒙古、俄罗斯等地。

拉豆粉蝶 / *Colias lada* Grum-Grshimailo, 1891　　　　　　09-12

中型粉蝶。雄蝶翅色浅橙黄色，背面前翅中室端有1个深色小斑，前后翅外缘有淡黑色宽带；雌蝶黑带内有斑列，浅黄色。一般雌蝶有橙黄色和豆绿色。

成虫多见于7月。喜访花。

分布于甘肃、青海、四川。

金豆粉蝶 / *Colias ladakensis* C. & R. Felder, 1865　　　　　13-14

中型粉蝶。比玉色豆粉蝶体形稍小，翅色豆绿色，背面前翅中室端斑黑色，前后翅外缘黑色斑带内各翅室间豆绿色斑排列整齐，腹面后翅暗绿色，缘毛粉红色。

成虫多见于7月。喜访花，常落于岩石上。

分布于西藏。此外见于尼泊尔、巴基斯坦、印度、不丹。

斯托豆粉蝶 / *Colias stoliczkana* Moore, 1878　　　　　　　15

中型粉蝶。豆粉蝶中较小个体，背面雄蝶橙黄色，前翅中室端斑黑色，黑色外缘带较宽，后翅基部颜色和翅色差异不明显，外缘黑带发达。

成虫多见于7月。喜访花。活动在高海拔荒野。

分布于西藏。此外见于不丹、尼泊尔等地。

万达豆粉蝶 / *Colias wanda* Grum-Grshimailo, 1893　　　　　　　　　　16-19

中型粉蝶。背面雄蝶橙黄色，前翅中室端斑黑色，翅外缘黑色宽带发达，后翅基部黄色斑较红黑豆粉蝶发达，翅外缘较圆钝。雌蝶以黑色为主，上有灰绿斑或橙色斑，前翅中域分布斑列，前后翅外缘有斑列。万达豆雌蝶和红黑豆差别较大。

成虫多见于7-8月。喜访花。

分布于新疆、青海、西藏、甘肃。此外见于不丹。

曙红豆粉蝶 / *Colias eogene* C. & R. Felder, 1865　　　　　　　　　　20 / P1499

中型粉蝶。背面雄蝶翅面橙红色，前翅中室端斑黑色，外缘有黑宽带，后翅中室端红斑发达，外缘黑带宽阔。雌蝶色浅，外缘宽带内有红色斑，后翅黑色区域比雄蝶发达。

成虫多见于7月。喜访花。幼虫取食黄芪类植物。

分布于新疆、西藏。此外见于塔吉克斯坦、吉尔吉斯、巴基斯坦、阿富汗等地。

格鲁豆粉蝶 / *Colias grumi* Alphéraky, 1897　　　　　　　　　　21-22

中型粉蝶。翅灰色，背面前翅中室端斑黑色，后翅中室端色浅，前后翅外缘有黑色宽带，内有灰色斑，雄蝶后翅基部色淡，雌蝶前翅色浅；腹面后翅灰黑色。

成虫多见于7月。喜访花，常停落在岩石上，活动在高海拔荒石滩。幼虫寄主植物为黄芪等。

分布于青海、新疆、甘肃。

新疆豆粉蝶 / *Colias tamerlana* Staudinger, 1897　　　　　　　　　　23-26

中型粉蝶。翅色近黑色，背面前翅中室端斑黑色，前后翅亚外缘各翅室间有灰色斑，后翅翅基上部灰色，中室端斑灰白色，臀缘灰色；腹面前翅色浅，后翅灰绿色，中室斑朱红色，内有白点，亚外缘有深色斑。

成虫多见于7月。喜访花。活动于针叶林间草地。

分布于新疆。此外见于蒙古。

尼娜豆粉蝶 / *Colias nina* Fawcett, 1904　　　　　　　　　　27-29

中型粉蝶。翅色橙黄色，背面前翅中室端斑黑色，外缘黑色斑带内橙色斑沿翅室排列清晰，后翅基部大部分区域覆有黄黑色鳞片，外侧橙黄色带状斑明显，中室端斑长型，头部尖锐。前后翅缘毛粉红色。

成虫多见于5-6月。喜访花，常在有锦鸡儿的豆科植物附近活动。

分布于西藏。

砂豆粉蝶 / *Colias thisoa* Ménétriés, 1832　　　　　　　　　　30-32 / P1500

中型粉蝶。背面雄蝶橙黄色，中室端斑黑色，翅外缘有黑色宽带，后翅中室端斑红色，外缘有黑带，黑带内测常有淡色斑；雌蝶色深，前后翅黑带更为宽阔，黑带内有黄色斑。

成虫多见于6-7月。喜访花。幼虫以黄芪属植物为寄主。

分布于新疆。此外见于乌兹别克斯坦、吉尔吉斯、塔吉克斯坦等地。

① ♂	① ♂	② ♂	② ♂
阿豆粉蝶	阿豆粉蝶	勇豆粉蝶	勇豆粉蝶
甘肃夏河	甘肃夏河	青海玉树	青海玉树

③ ♂	③ ♂	④ ♀	④ ♀
北黎豆粉蝶	北黎豆粉蝶	北黎豆粉蝶	北黎豆粉蝶
内蒙古阿龙山	内蒙古阿龙山	内蒙古根河	内蒙古根河

⑤ ♂	⑤ ♂	⑥ ♀	⑥ ♀
镏金豆粉蝶	镏金豆粉蝶	镏金豆粉蝶	镏金豆粉蝶
内蒙古锡林郭勒	内蒙古锡林郭勒	内蒙古锡林郭勒	内蒙古锡林郭勒

⑦ ♂	⑦ ♂	⑧ ♀	⑧ ♀
镏金豆粉蝶	镏金豆粉蝶	镏金豆粉蝶	镏金豆粉蝶
内蒙古西乌珠穆沁	内蒙古西乌珠穆沁	内蒙古西乌珠穆沁	内蒙古西乌珠穆沁

⑨ ♂	⑨ ♂	⑩ ♂	⑩ ♂
拉豆粉蝶	拉豆粉蝶	拉豆粉蝶	拉豆粉蝶
青海玉树	青海玉树	四川理塘	四川理塘

⑪♀
拉豆粉蝶
青海玉树

⑪♀
拉豆粉蝶
青海玉树

⑫♀
拉豆粉蝶
青海玉树

⑫♀
拉豆粉蝶
青海玉树

⑬♂
金豆粉蝶
西藏札达

⑬♂
金豆粉蝶
西藏札达

⑭♂
金豆粉蝶
西藏普兰

⑭♂
金豆粉蝶
西藏普兰

⑮♂
斯托豆粉蝶
西藏定日

⑮♂
斯托豆粉蝶
西藏定日

⑯♀
万达豆粉蝶
青海祁连

⑯♀
万达豆粉蝶
青海祁连

⑰♂
万达豆粉蝶
青海祁连

⑰♂
万达豆粉蝶
青海祁连

⑱♀
万达豆粉蝶
甘肃肃南

⑱♀
万达豆粉蝶
甘肃肃南

⑲♀
万达豆粉蝶
青海祁连

⑲♀
万达豆粉蝶
青海祁连

⑳♂
曙红豆粉蝶
新疆塔县

⑳♂
曙红豆粉蝶
新疆塔县

㉑♂
格鲁豆粉蝶
青海格尔木

㉑♂
格鲁豆粉蝶
青海格尔木

㉒♀
格鲁豆粉蝶
青海格尔木

㉒♀
格鲁豆粉蝶
青海格尔木

23 ♂
新疆豆粉蝶
新疆塔什库尔干

23 ♂
新疆豆粉蝶
新疆塔什库尔干

24 ♂
新疆豆粉蝶
新疆塔什库尔干

24 ♂
新疆豆粉蝶
新疆塔什库尔干

25 ♀
新疆豆粉蝶
新疆塔什库尔干

25 ♀
新疆豆粉蝶
新疆塔什库尔干

26 ♀
新疆豆粉蝶
新疆塔什库尔干

26 ♀
新疆豆粉蝶
新疆塔什库尔干

27 ♂
尼娜豆粉蝶
西藏江孜

27 ♂
尼娜豆粉蝶
西藏江孜

28 ♂
尼娜豆粉蝶
西藏当雄

28 ♂
尼娜豆粉蝶
西藏当雄

29 ♀
尼娜豆粉蝶
西藏日喀则

29 ♀
尼娜豆粉蝶
西藏日喀则

30 ♂
砂豆粉蝶
新疆乌鲁木齐

30 ♂
砂豆粉蝶
新疆乌鲁木齐

31 ♂
砂豆粉蝶
新疆伊犁

31 ♂
砂豆粉蝶
新疆伊犁

32 ♀
砂豆粉蝶
新疆伊犁

32 ♀
砂豆粉蝶
新疆伊犁

黄粉蝶属 / *Eurema* Hübner, [1819]

　　小型至中小型粉蝶。大部分种类的翅背面黄色为主，前翅前缘至外缘区及后翅外缘区带深褐色纹；翅腹面亦呈黄色，带红褐色至黑褐色的斑点或细纹。除少数种类外，雄蝶翅均带性标，其位置及大小因不同物种而异。本属的种间形态接近，加上有不同程度的季节变异，准确的鉴定往往需要依靠检查雄蝶的交尾器结构。雄雌异型不显著，但雌蝶通常颜色较淡。

　　成虫大多在低处活动，飞行缓慢，喜访花。生境因种类而异，适应力强的种类会在各种环境出现，包括市区荒地和公园；部分种类则仅生活在天然林。幼虫以豆科、鼠李科、大戟科和藤黄科等植物为寄主。

　　广泛分布于全世界的热带和亚热带地区，少部分种类分布至古北区南缘。主要分布在南方。国内目前已知8种，本图鉴收录8种。

无标黄粉蝶 / *Eurema brigitta* (Stoll, [1780])　　　　01-07 / P1501

　　小型粉蝶。体形较小，身体腹面黄色，背面深褐色。后翅后缘圆弧形。翅背面黄色，前翅前缘至外缘区及后翅外缘区有黑褐色纹，黑褐色纹的内缘呈圆弧形但略带小锯齿。翅腹面黄色，前翅中室末端有1-2个斑点，后翅黑褐色斑点较多，共在后半部相连成数条纹。雄蝶并无性标；雌蝶颜色较淡，翅两面散布较多黑褐色鳞片，尤以基部最为明显。旱季个体的后翅外缘区黑褐色纹多呈断裂。

　　1年多代，成虫几乎全年出现。幼虫寄主为豆科植物含羞草决明。

　　分布于广东、广西、四川、贵州、云南、海南、福建、湖南、江西、台湾、香港等地。此外见于东洋区、非洲区和澳洲区的热带和亚热带地区。

尖角黄粉蝶 / *Eurema laeta* (Boisduval, 1836)　　　　08-11 / P1501

　　小型粉蝶。体形较小，外形与无标黄粉蝶相似，但前翅外缘几乎平直，顶角呈方形，后翅后缘中段略带角度。前翅外缘区黑褐色纹并不延续至后缘，腹面翅室端仅有1个斑。后翅腹面的黑褐色线纹更明显。雄蝶前后翅在相叠的区域各具一桃红色性标；雌蝶颜色较淡，翅两面散布较多黑褐色鳞片，尤以基部最为明显。旱季个体的顶角更尖锐，翅腹的斑纹呈褐红色。

　　1年多代，成虫几乎全年出现。幼虫寄主为豆植物含羞草决明。

　　分布于山东、浙江、上海、江西、福建、广东、广西、湖北、四川、贵州、云南、陕西、海南、台湾、香港等地。此外见于亚洲大陆的热带和亚热带地区，北至朝鲜半岛南部和日本本州岛，南至澳大利亚北部、新几内亚岛至爪哇岛。

宽边黄粉蝶 / *Eurema hecabe* (Linnaeus, 1758)　　　　12-17 / P1502

　　中小型粉蝶。身体腹面黄色，背面深褐色。后翅后缘中段略带角度。翅背面黄色，前翅顶区至外缘区至后翅外缘区有黑褐色纹，并在前翅外缘区向外形成"M"形凹陷。前翅缘毛黄褐掺杂。翅腹面黄色，散布较多黑褐色鳞片，前翅顶区带一黑褐色斑，中室内有2个斑点，前后翅中室末端各有1条中空的黑褐色纹。雄蝶前翅腹面中室下缘翅脉上有白色长形性标；雌蝶颜色较淡。旱季个体的前翅背面的黑褐色纹内缘呈圆弧形的趋势，翅腹的斑纹更发达并呈褐红色。

　　1年多代，成虫在南方几乎全年可见，数量十分丰富。幼虫寄主为豆科决明属、合欢属植物和田菁等，以及大戟科黑面神属植物。

　　分布于江苏、上海、福建、浙江、海南、云南、广西、江西、西藏、四川、贵州、湖南、湖北、广东、香港、安徽、台湾、北京、河北、河南、陕西、山西、甘肃、山东。此外见于亚洲、非洲和澳洲的热带和亚热带地区。

　　备注：华北地区的分布记录很可能涉及北黄粉蝶的误认。

北黄粉蝶 / *Eurema mandarina* (de l'Orza, 1869)

　　中小型粉蝶。本种近年才从宽边黄粉蝶中提升为独立种，两者外形极为相似，但本种前翅缘毛为纯黄色，旱季个体背面的黑褐色斑纹退减幅度远比宽边黄粉蝶大，常有外缘区斑纹几乎完全减退，仅余顶区斑纹的个体。

　　1年多代，成虫几乎全年出现。本种幼虫的寄主偏好与宽边黄粉蝶呈一定分化。本种幼虫寄主为豆科胡枝子属植物，以及鼠李科植物雀梅藤和小叶鼠李等。

　　分布于台湾、福建、广西、海南、香港。此外见于日本及朝鲜半岛。

　　备注：本种与宽边黄粉蝶相比，分布似乎偏温带，多在海拔较高的地方出现，然而过去调查一直将两者混淆，本种的分布格局仍需进一步调查厘清（推断自华北至华南广泛分布）。

檗黄粉蝶 / *Eurema blanda* (Boisduval, 1836)

　　中小型粉蝶。体形较其他黄粉蝶属种类稍大，外形与安迪黄粉蝶相似。本种前翅腹面中室内有3个斑点，后翅外缘呈圆弧形。雄雌及季节型的差异都近似宽边黄粉蝶。

　　1年多代，成虫在南方几乎全年可见，数量丰富。卵聚产，幼虫群居，常集中在小范围内化蛹。本种幼虫以超过10种豆科植物为寄主，包括合欢、铁刀木、黄槐决明和猴耳环等。

　　分布于福建、湖南、广东、广西、云南、西藏、海南、台湾、香港等地。此外见于东洋区和澳洲区的北部。

安迪黄粉蝶 / *Eurema andersoni* (Moore, 1886)

　　小型粉蝶。体形较小，与檗黄粉蝶相似。本种腹面缺乏散布的黑褐色鳞片，前翅腹面中室内仅有1个斑点，后翅外缘呈圆弧形，腹面黑褐斑纹常连成波浪纹。除雄蝶翅呈鲜黄色外，雄雌及季节型的差异都近似宽边黄粉蝶。

　　1年多代，成虫几乎全年可见。幼虫以鼠李科翼核果属植物为寄主。

　　分布于云南、广西、海南、台湾等地。此外见于东洋区。

安里黄粉蝶 / *Eurema alitha* (C. & R. Felder, 1862)

　　本种前翅腹面中室内通常有2个斑点，后翅后缘中段略带角度。外形与宽边黄粉蝶和北黄粉蝶相似，主要区别为本种腹面缺乏散布的黑褐色鳞片，雄蝶前翅前缘的黑褐色条纹特别发达。雄雌及季节型的差异都近似宽边黄粉蝶。

　　1年多代，全年可见。喜访花，雄蝶亦会聚集在湿地吸水。幼虫寄主为豆科植物乳豆。

　　分布于台湾。此外东南亚岛屿广布。

么妹黄粉蝶 / *Eurema ada* (Distant & Pryer, 1887)

　　小型粉蝶。体形为同属中最小，整体翅形较圆。翅背面淡黄色，略带绿色调。本种腹面缺乏散布的黑褐色鳞片，前翅腹面中室内通常有2个斑点，后翅外缘呈圆弧形。

　　1年多代，成虫全年可见。幼虫寄主植物不详。

　　分布于云南、海南。此外见于缅甸、泰国、柬埔寨、老挝、越南、马来西亚、印度尼西亚。

环粉蝶属 / *Gandaca* Moore, [1906]

中小型粉蝶。体背黑色被白毛，腹部黄色。头大，触角短粗，端部稍膨大。翅浑圆，颜色极单调。性二型不明显。

成虫栖息于森林中，喜在林间溪流边缓慢而跳跃地飞行。两性访花，雄蝶在潮湿地面或溪边吸水，但不聚集，喜停歇于叶背。幼虫寄主为鼠李科植物。

主要分布于东洋区。国内目前已知1种，本图鉴收录1种。

环粉蝶 / *Gandaca harina* (Horsfield, [1892])　　　　　　37-38

中小型粉蝶。背面呈纯净的柠檬黄色，前翅顶角及外缘具窄黑边；腹面淡黄色无斑纹。雌蝶斑纹与雄蝶相同，但底色较淡，呈黄白色。

1年2代。幼虫寄主为鼠李科翼核果等植物。

分布于云南、广西、海南等地。此外见于南亚次大陆至马来群岛及菲律宾群岛广大区域。

01 ♂
无标黄粉蝶
海南三亚

01 ♂
无标黄粉蝶
海南三亚

02 ♀
无标黄粉蝶
海南三亚

02 ♀
无标黄粉蝶
海南三亚

03 ♂
无标黄粉蝶
台湾南投

03 ♂
无标黄粉蝶
台湾南投

04 ♀
无标黄粉蝶
台湾屏东

04 ♀
无标黄粉蝶
台湾屏东

05 ♂
无标黄粉蝶
广西扶绥

05 ♂
无标黄粉蝶
广西扶绥

06 ♀
无标黄粉蝶
广西隆安

06 ♀
无标黄粉蝶
广西隆安

07 ♂
无标黄粉蝶
海南乐东

07 ♂
无标黄粉蝶
海南乐东

08 ♂
尖角黄粉蝶
海南东方

08 ♂
尖角黄粉蝶
海南东方

09 ♂
尖角黄粉蝶
台湾嘉义

09 ♂
尖角黄粉蝶
台湾嘉义

10 ♀
尖角黄粉蝶
台湾嘉义

10 ♀
尖角黄粉蝶
台湾嘉义

11 ♂
尖角黄粉蝶
云南腾冲

11 ♂
尖角黄粉蝶
云南腾冲

12 ♂
宽边黄粉蝶
香港

12 ♂
宽边黄粉蝶
香港

⑬ ♀
宽边黄粉蝶
香港

❶ ♀
宽边黄粉蝶
香港

⑭ ♀
宽边黄粉蝶
香港

⑭ ♀
宽边黄粉蝶
香港

⑮ ♂
宽边黄粉蝶
台湾屏东

❶ ♂
宽边黄粉蝶
台湾屏东

⑯ ♀
宽边黄粉蝶
台湾台北

⑯ ♀
宽边黄粉蝶
台湾台北

⑰ ♂
宽边黄粉蝶
海南五指山

❶ ♂
宽边黄粉蝶
海南五指山

⑱ ♂
北黄粉蝶
香港

⑱ ♂
北黄粉蝶
香港

⑲ ♂
北黄粉蝶
台湾南投

❶ ♂
北黄粉蝶
台湾南投

⑳ ♀
北黄粉蝶
台湾高雄

⑳ ♀
北黄粉蝶
台湾高雄

㉑ ♂
檗黄粉蝶
香港

❶ ♂
檗黄粉蝶
香港

㉒ ♀
檗黄粉蝶
香港

㉒ ♀
檗黄粉蝶
香港

㉓ ♂
檗黄粉蝶
台湾台南

㉓ ♂
檗黄粉蝶
台湾台南

㉔ ♀
檗黄粉蝶
台湾台北

㉔ ♀
檗黄粉蝶
台湾台北

㉕ ♀
檗黄粉蝶
台湾台北

㉕ ♀
檗黄粉蝶
台湾台北

㉖ ♂
檗黄粉蝶
云南勐腊

㉖ ♂
檗黄粉蝶
云南勐腊

㉗ ♂
檗黄粉蝶
云南勐腊

㉗ ♂
檗黄粉蝶
云南勐腊

㉘ ♂
安迪黄粉蝶
台湾台南

㉘ ♂
安迪黄粉蝶
台湾台南

㉙ ♀
安迪黄粉蝶
台湾嘉义

㉙ ♀
安迪黄粉蝶
台湾嘉义

㉚ ♂
安迪黄粉蝶
海南乐东

㉚ ♂
安迪黄粉蝶
海南乐东

㉛ ♀
安迪黄粉蝶
海南白沙

㉛ ♀
安迪黄粉蝶
海南白沙

㉜ ♂
安迪黄粉蝶
广西龙州

㉜ ♂
安迪黄粉蝶
广西龙州

㉝ ♀
安迪黄粉蝶
广西龙州

㉝ ♀
安迪黄粉蝶
广西龙州

㉞ ♂
安里黄粉蝶
台湾南投

㉞ ♂
安里黄粉蝶
台湾南投

35 ♀
安里黄粉蝶
台湾台东

35 ♀
安里黄粉蝶
台湾台东

36 ♂
么妹黄粉蝶
海南乐东

36 ♂
么妹黄粉蝶
海南乐东

37 ♂
圢粉蝶
云南勐腊

37 ♂
圢粉蝶
云南勐腊

38 ♂
圢粉蝶
云南盈江

38 ♂
圢粉蝶
云南盈江

钩粉蝶属 / *Gonepteryx* Leach, 1815

　　中型粉蝶。前翅顶角明显向外突出，呈钩状，后翅下半部有1个尖突，部分种类有多个尖突出，呈锯齿状。雄蝶背面为淡黄色或黄色，部分种类翅面带鲜明的橘红色，雌蝶为白色、淡黄白色或淡绿色。前后翅中室端有红色小斑点。

　　成虫栖息于温带和亚热带森林，喜欢在森林边缘的开阔地活动，有访花习性，也常见其群聚在湿地上吸水。幼虫以鼠李科植物为寄主，故本属又称鼠李粉蝶属。

　　主要分布于古北区。国内目前已知6种，本图鉴收录6种。

尖钩粉蝶 / *Gonepteryx mahaguru* (Gistel, 1857)　　　　　01

　　中型粉蝶。雄蝶前翅背面淡黄色，前缘和外缘有红褐色脉端纹，后翅为淡绿色，前后翅的橙红色中室端圆斑较小，后翅下缘呈锯齿状，腹面为黄白色，后翅中上部的膨大脉纹相对较细。雌蝶斑纹与雄蝶相似，但翅背面底色为淡绿色。

　　成虫多见于7-8月。

　　分布于西藏。此外见于印度、尼泊尔、缅甸等地。

淡色钩粉蝶 / *Gonepteryx aspasia* Ménétriès, 1859　　　　02-05 / P1507

　　中型粉蝶。与尖钩粉蝶较相似，但本种后翅外缘锯齿状非常不明显，另外分布也远比尖钩粉蝶广泛。

　　成虫多见于5-9月。幼虫寄主植物为鼠李。

　　分布于北京、河北、山西、黑龙江、吉林、辽宁、江苏、福建、四川、云南、西藏、陕西、甘肃、青海等地。此外见于日本、俄罗斯等地。

台湾钩粉蝶 / *Gonepteryx taiwana* Paravicini, 1913　　　　06-07 / P1508

　　中型粉蝶。雄蝶翅背面为淡乳黄色，前翅基部颜色显得更暗，前后翅中室端均有1个橙红色斑，后翅底部边缘为明显的锯齿状，翅腹面为略带绿色的白色，前翅后侧为白色，后翅有1条膨大明显的淡色脉纹。雌蝶斑纹与雄蝶类似，但翅背面底色为略带绿色的白色。

　　成虫多见于4-7月。幼虫寄主植物为小叶鼠李、中原氏鼠李等。

　　分布于台湾。

大钩粉蝶 / *Gonepteryx maxima* Butler, 1885　　　　08-10

　　中型粉蝶。由钩粉蝶的亚种提升而来，体形相对较大，雄蝶翅面底色为浓黄色，前翅较暗，后翅有明显的淡绿色调，前翅边缘的褐色小点连成1条细线，后翅边缘的褐色小点，只部分相连，前后翅中室端各有1个橙红色斑，腹面底色为淡绿色，后翅中上部有1条明显膨大的脉纹。雌蝶斑纹与雄蝶类似，但背面底色为淡绿白色。

　　1年多代，成虫多见于6-10月。幼虫寄主植物为乌苏鼠李。

　　分布于北京、辽宁、黑龙江、江苏、湖北、湖南、四川、贵州、云南、陕西等地。此外见于日本、俄罗斯及朝鲜半岛等地。

钩粉蝶 / *Goneptery x rhamni* (Linnaeus, 1758)　　　　　　　　　11-12 / P1508

中型粉蝶。与大钩粉蝶较相似，但体形相对较小，翅面颜色不如大钩粉蝶深，在分布上两者也不重叠。
成虫多见于7-8月。
分布于四川、西藏和新疆。此外见于欧亚大陆及非洲北部。

圆翅钩粉蝶 / *Goneperyx amintha* Blanchard, 1871　　　　　　　　13-18 / P1509

中大型粉蝶。前翅顶角的钩状突出在本属种类中最不明显，体形也相对较大，后翅较圆阔。雄蝶翅背面为均匀的橙黄色，其中产于西藏东南部和云南西北部的类群前翅为橙红色，前后翅的中室端斑为橙红色，且明显大于属内近似种，后翅中下部外缘有红色脉端点。翅腹面淡黄色，后翅中上部的膨大脉纹粗壮，非常显著，中下部也有数条较为细小的膨大脉纹。雌蝶与雄蝶相似，但背面及腹面底色为淡黄白色或淡绿白色。

1年多代，成虫多见于3-10月。幼虫寄主植物为鼠李、黄槐等。
分布于浙江、福建、河南、四川、甘肃、云南、西藏、陕西等地。此外见于俄罗斯及朝鲜半岛等地。

01 ♂
尖钩粉蝶
西藏吉隆

02 ♂
淡色钩粉蝶
陕西长安

03 ♀
淡色钩粉蝶
甘肃榆中

01 ♂
尖钩粉蝶
西藏吉隆

02 ♂
淡色钩粉蝶
陕西长安

03 ♀
淡色钩粉蝶
甘肃榆中

04 ♂
淡色钩粉蝶
陕西宁陕

05 ♂
淡色钩粉蝶
西藏察隅

06 ♂
台湾钩粉蝶
台湾新竹

04 ♂
淡色钩粉蝶
陕西宁陕

05 ♂
淡色钩粉蝶
西藏察隅

06 ♂
台湾钩粉蝶
台湾新竹

⑦ ♂
台湾钩粉蝶
台湾南投

⑧ ♀
大钩粉蝶
湖北秭归

⑨ ♂
大钩粉蝶
湖北秭归

⑦ ♂
台湾钩粉蝶
台湾南投

⑧ ♀
大钩粉蝶
湖北秭归

⑨ ♂
大钩粉蝶
湖北秭归

⑩ ♂
大钩粉蝶
贵州沿河

⑪ ♀
钩粉蝶
新疆阜康

⑫ ♂
钩粉蝶
新疆阜康

⑩ ♂
大钩粉蝶
贵州沿河

⑪ ♀
钩粉蝶
新疆阜康

⑫ ♂
钩粉蝶
新疆阜康

⑬ ♂
圆翅钩粉蝶
福建福州

⑭ ♂
圆翅钩粉蝶
台湾新竹

⑮ ♀
圆翅钩粉蝶
台湾台北

⑬ ♂
圆翅钩粉蝶
福建福州

⑭ ♂
圆翅钩粉蝶
台湾新竹

⑮ ♀
圆翅钩粉蝶
台湾台北

⑯ ♂
圆翅钩粉蝶
西藏墨脱

⑰ ♀
圆翅钩粉蝶
福建福州

⑱ ♂
圆翅钩粉蝶
广东乳源

⑯ ♂
圆翅钩粉蝶
西藏墨脱

⑰ ♀
圆翅钩粉蝶
福建福州

⑱ ♂
圆翅钩粉蝶
广东乳源

橙粉蝶属 / *Ixias* Hübner, 1819

　　中型粉蝶。体背黑色密被白毛。头大，触角细长，端部膨大。翅形浑圆，颜色鲜艳，以黄、橙色为主。部分种类具性二型。

　　成虫栖息于林缘，喜在开阔地和溪边飞行，跳跃机敏。两性访花，雄蝶常在潮湿地面或溪边少量聚集吸水。幼虫取食山柑科植物。

　　主要分布于东洋区。国内目前已知1种，本图鉴收录1种。

橙粉蝶 / *Ixias pyrene* (Linnaeus, 1764)　　　　　　　　　　　　　　　01-12 / P1510

　　中型粉蝶。具雌多型。雄蝶背面鲜黄色，前翅前缘及外缘具宽黑边，端半部橙色有黑脉；后翅外缘具宽黑边。腹面黄色，前翅端半部或具浅棕色细纹；后翅外中区近顶角处可现嵌银白色的浅棕色斑。雌蝶（基本型）：似雄蝶但色较淡，前翅背面橙斑窄且无黑脉。雌蝶（白化型）：翅背面乳黄色具宽黑边，前翅背面无橙斑。雌蝶（黑化型）：翅背面除基部与前翅端乳黄色外，其余部分黑褐色。各型雌蝶腹面色泽斑纹与雄蝶相似。

　　1年多代，成虫全年可见但夏季较多。幼虫以山柑科野香橼花、广州槌果藤等植物为寄主。

　　分布于南方各省。此外见于南亚次大陆至马来群岛及菲律宾群岛广大区域。

01 ♂
橙粉蝶
台湾南投

02 ♀
橙粉蝶
台湾南投

03 ♂
橙粉蝶
云南西双版纳

01 ♂
橙粉蝶
台湾南投

02 ♀
橙粉蝶
台湾南投

03 ♂
橙粉蝶
云南西双版纳

04 ♂
橙粉蝶
福建福州

05 ♂
橙粉蝶
福建福州

06 ♀
橙粉蝶
福建福州

04 ♂
橙粉蝶
福建福州

05 ♂
橙粉蝶
福建福州

06 ♀
橙粉蝶
福建福州

07 ♂
橙粉蝶
海南三亚

08 ♀
橙粉蝶
海南乐东

09 ♂
橙粉蝶
香港

07 ♂
橙粉蝶
海南三亚

08 ♀
橙粉蝶
海南乐东

09 ♂
橙粉蝶
香港

10 ♀
橙粉蝶
香港

11 ♂
橙粉蝶
香港

12 ♀
橙粉蝶
香港

10 ♀
橙粉蝶
香港

11 ♂
橙粉蝶
香港

12 ♀
橙粉蝶
香港

斑粉蝶属 / *Delias* Hübner, 1819

中大型粉蝶。该属触角约为前翅长的一半，锤节突然膨大。下唇须短，第3节细长，长于第2节或等长。前翅前缘几乎平直，呈极轻微的弧形，顶角阔圆，外缘斜，臀角钝圆，内缘直，中室占翅面的一半。

幼虫多以桑寄生科和檀香科植物为食，以蛹或幼虫越冬。

主要分布在东洋区和澳洲。国内目前已知12种，本图鉴收录11种。

报喜斑粉蝶 / *Delias pasithoe* (Linnaeus, 1767)　　　　01-08 / P1511

中大型粉蝶。翅黑色，前、后翅各有白色、近圆形或三角形小横脉斑1个。前翅中部有3个淡蓝灰色长斑；近外缘有7-8个大小不等的灰白色戟形斑，排成弧形，尖端向内。后翅背面基部有灰白色长毛；后缘中域有亮黄色斑；近外缘有5个灰白色戟形斑。翅腹面黑色，前翅有明显的灰白色中域斑带；后翅近基部有1条深红色弧形带；后翅腹面的黄斑均为鲜黄色。雌蝶翅背面黑褐色，前、后翅中域的斑带呈暗灰白色；近外缘的戟形斑大而黯淡；后翅内缘斑区为灰白色。

1年多代。成虫全年可见，多在早晨或上午羽化，多在中午交尾，天气晴朗时活动频繁。成虫产卵块于叶面，每卵块有卵60余粒至百余粒，平均80余粒，按一定距离排列成行。幼虫群集性很强，幼虫寄主植物主要有檀香、母生等。老熟幼虫分散或成串地在檀香枝叶上或爬到树周围杂草上化蛹。

分布于福建、广东、广西、海南、云南、台湾、香港等地。此外见于印度、不丹、泰国、越南、缅甸、菲律宾、马来西亚、印度尼西亚一带。

优越斑粉蝶 / *Delias hyparete* (Linnaeus, 1758)　　　　09-12 / P1512

中大型粉蝶。雄蝶前翅背面白色，顶角区域色暗，亚顶角处有1条向外斜的黑色带，从前翅前缘一直到臀角附近。后翅白色，外缘有黑色带，或仅有几个脉端斑，或完全消失。前翅腹面翅脉黑色，亚顶角区域暗，有5-6个明显的白斑或黄斑，中室内有3条或隐或现的纵纹。后翅腹面基半部黄色，亚外缘有6-7个红色斑列，红斑带外有黑色外缘边。雌蝶翅背面暗黑色，前翅翅脉变粗，后翅基半部米黄色或白色，外缘密布黑色磷粉。前翅腹面中室内的纵纹十分明显。腹面的黄色区域大，几乎与外缘红色斑列相连。

成虫全年可见，但主要多见于每年的12月到第二年的3月间。成虫成群出现，喜欢活动在温暖、海拔低的山谷，但在海拔1000米左右的地方也可见到，喜欢访花。幼虫从卵孵化后群居，有集体活动的习性，取食和休息行动时间上一致。幼虫的寄主植物为桑寄生科的苞花寄生、五蕊寄生和檀香科的寄生藤。

分布于广东、广西、海南、云南、台湾、香港等地。此外见于印度、孟加拉国、不丹、泰国、越南、老挝、柬埔寨、缅甸、菲律宾、印度尼西亚一带。

红腋斑粉蝶 / *Delias acalis* (Godart, 1819)　　　　13-16

中大型粉蝶。雄蝶前翅背面黑色，斑纹灰黑色，近外缘有7个戟形斑，臀角附近有1个蓝灰色长斑，从基部一直延伸靠近外缘斑。后翅背面基部有1个大红斑，中域条纹十分发达。后翅腹面翅基部的红斑深红色，中域斑为8个，黄白色，中室端斑较翅背面的大。雌蝶翅面黑褐色，前翅背面斑纹为白色，后翅背面中域斑为黄色，内缘斑和靠近前缘的2个斑为黄白色。后翅腹面斑纹比背面清晰，但中域斑为黄白色。

成虫多见于3-11月。幼虫以桑寄生科桑寄生属植物的叶子为寄主。

分布于广东、广西、海南、云南、西藏、香港等地。此外见于印度、不丹、泰国、越南、缅甸、尼泊尔、马来西亚一带。

01 ♂
报喜斑粉蝶
广西隆安

02 ♂
报喜斑粉蝶
海南白沙

01 ♂
报喜斑粉蝶
广西隆安

02 ♂
报喜斑粉蝶
海南白沙

03 ♂
报喜斑粉蝶
云南勐腊

04 ♀
报喜斑粉蝶
台湾南投

03 ♂
报喜斑粉蝶
云南勐腊

04 ♀
报喜斑粉蝶
台湾南投

05 ♂
报喜斑粉蝶
香港

06 ♀
报喜斑粉蝶
香港

05 ♂
报喜斑粉蝶
香港

06 ♀
报喜斑粉蝶
香港

07 ♂
报喜斑粉蝶
福建福州

08 ♀
报喜斑粉蝶
福建漳州

07 ♂
报喜斑粉蝶
福建福州

08 ♀
报喜斑粉蝶
福建漳州

09 ♂
优越斑粉蝶
云南勐腊

10 ♀
优越斑粉蝶
广东广州

09 ♂
优越斑粉蝶
云南勐腊

10 ♀
优越斑粉蝶
广东广州

11 ♂
优越斑粉蝶
香港

12 ♀
优越斑粉蝶
香港

11 ♂
优越斑粉蝶
香港

12 ♀
优越斑粉蝶
香港

⑬ ♂
红腋斑粉蝶
香港

⑭ ♀
红腋斑粉蝶
香港

⑬ ♂
红腋斑粉蝶
香港

⑭ ♀
红腋斑粉蝶
香港

⑮ ♂
红腋斑粉蝶
云南勐腊

⑯ ♀
红腋斑粉蝶
福建南靖

⑮ ♂
红腋斑粉蝶
云南勐腊

⑯ ♀
红腋斑粉蝶
福建南靖

侧条斑粉蝶 / *Delias lativitta* Leech, 1893

中大型粉蝶。雄蝶翅表面黑色或褐色，前翅中室内有显著的纵向白条斑，翅室上的中域斑和亚外缘斑也为白色，较明显。后翅中室内条斑显著，中域和亚外缘斑比前翅宽，内缘为橙黄色或淡黄色。腹面斑纹比背面宽，亚外缘斑黄色，其余的为白色，中室内有纯白色的条斑。后翅亚外缘斑黄色，中室内条斑端半部黄色，基半部白色。

在台湾，成虫多见于4-10月，主要发生期以夏季为主。雄蝶仅见于高海拔山区的路旁或果园访花，溪涧旁的湿地上吸水及山顶开阔地追逐飞翔。雌蝶除觅食而低飞于草花丛间，经常观察到于高空滑翔。幼虫由卵孵出后即集聚在一起，集体性进行摄食活动及冬季越冬避寒行为，待第二年春季气温回升时再爬到寄主叶片上摄食，然后化蛹于寄主枝条或被寄生的母枝上。幼虫的寄主植物为桑寄生科台湾槲寄生、椆栎柿寄生。

分布于浙江、江西、云南、西藏、陕西、台湾等地。此外见于巴基斯坦、不丹、缅甸等地。

隐条斑粉蝶 / *Delias subnubila* Leech, 1893

中大型粉蝶。雄蝶翅背面黑色，前翅中室内和其他翅室的基半部呈污白色，亚外缘斑7个，基部尖锐，端部放射状，并沿翅室的中褶向外缘延长为1条白线，几乎到达翅缘。后翅亚外缘斑5个，蓝灰色，有4个清晰的白色中域斑，中室内条斑端半部显著，白色，基半部不明显，污白色，臀角斑橙黄色。前翅腹面暗褐色，中室内条纹明显，亚外缘斑7个，前3个斑黄色，中域斑同背面。后翅腹面亚外缘斑黄色，中域斑黄色带白边。雌蝶翅背面褐色，前翅的斑纹不明显。后翅中室内条斑白色，边缘十分清晰，无黄色臀角斑。

成虫多见于5-7月。

分布于四川、云南、西藏。

艳妇斑粉蝶 / *Delias belladonna* (Fabricius, 1793)

中大型粉蝶。雄蝶翅背面黑褐色至黑色，前翅亚外缘斑7个，斑的基部尖，端部放射状，较模糊；中域斑和中室斑都不明显，仅仅是散布一些白色磷粉。后翅前缘基部有1个橙黄色斑，卵圆形；中域斑较大，白色；中室端部斑小而模糊。前翅腹面前半部的亚外缘斑为黄色，其余的为白色，中室内有1个清晰的条斑，与端部的方形斑分离。后翅腹面斑纹比背面大而明显，中室内的条斑方形，黄色。雌蝶翅背面灰黑色，斑纹很不明显，后翅前缘基部斑比雄蝶大，但端部为淡黄色至白色，靠前缘的中域斑白色，比雄蝶大而明显。

成虫多见于4-11月。喜访花，多以醉鱼草属和七叶树属植物的花蜜为食。幼虫的寄主植物为桑寄生科长花桑寄生、灰叶桑寄生等。

分布于浙江、福建、江西、湖北、湖南、广东、香港、广西、四川、云南、西藏、陕西等地。此外见于斯里兰卡、印度、不丹、尼泊尔、缅甸、越南、泰国、老挝、印度尼西亚、马来西亚等地。

01 ♂
侧条斑粉蝶
云南贡山

01 ♂
侧条斑粉蝶
云南贡山

02 ♂
侧条斑粉蝶
陕西留坝

02 ♂
侧条斑粉蝶
陕西留坝

03 ♂
侧条斑粉蝶
台湾桃园

03 ♂
侧条斑粉蝶
台湾桃园

04 ♀
侧条斑粉蝶
台湾桃园

04 ♀
侧条斑粉蝶
台湾桃园

05 ♂
侧条斑粉蝶
西藏察隅

05 ♂
侧条斑粉蝶
西藏察隅

06 ♂
侧条斑粉蝶
西藏墨脱

06 ♂
侧条斑粉蝶
西藏墨脱

07 ♂
隐条斑粉蝶
云南东川

07 ♂
隐条斑粉蝶
云南东川

08 ♀
隐条斑粉蝶
云南东川

08 ♀
隐条斑粉蝶
云南东川

09 ♂
艳妇斑粉蝶
福建福州

09 ♂
艳妇斑粉蝶
福建福州

10 ♂
艳妇斑粉蝶
西藏墨脱

10 ♂
艳妇斑粉蝶
西藏墨脱

11 ♂
艳妇斑粉蝶
西藏察隅

11 ♂
艳妇斑粉蝶
西藏察隅

12 ♂
艳妇斑粉蝶
云南盈江

12 ♂
艳妇斑粉蝶
云南盈江

⑬ ♂
艳妇斑粉蝶
香港

⑬ ♂
艳妇斑粉蝶
香港

⑭ ♂
艳妇斑粉蝶
云南勐腊

⑭ ♂
艳妇斑粉蝶
云南勐腊

⑮ ♂
艳妇斑粉蝶
云南腾冲

⑮ ♂
艳妇斑粉蝶
云南腾冲

⑯ ♀
艳妇斑粉蝶
云南腾冲

⑯ ♀
艳妇斑粉蝶
云南腾冲

洒青斑粉蝶 / *Delias sanaca* (Moore, 1858)　　　　　　　　　　　　　　01-03

中大型粉蝶。雄蝶翅背面斑纹白色，较细，前翅亚外缘斑三角形，中域斑较明显。后翅中室端半部有1个白色条斑，亚外缘斑白色，散布蓝灰色磷粉。腹面斑纹比背面明显，后翅腹面的中域斑和亚外缘斑较小，臀角黄色斑或与内缘斑分开或连接。雌蝶前翅背面有明显的灰白色条纹，较小。后翅中室内有1个清晰的白色条斑，中域斑明显，比前翅的长。腹面与雄蝶相似，只是斑纹较大。

成虫多见于5-8月。

分布于云南、西藏、陕西等地。此外见于不丹、尼泊尔、泰国、马来西亚等地。

倍林斑粉蝶 / *Delias berinda* (Moore, 1872)　　　　　　　　　　　　　04-07 / P1514

中大型粉蝶。雄蝶翅背面红褐色至黑色，前翅斑纹灰白色，模糊，亚外缘斑7个，线状，臀角处的亚外缘斑2个，中域斑不明显。后翅中域斑纹比前翅的稍宽，亚外缘斑卵形或圆形。腹面黑褐色，前翅前半部的亚外缘斑为黄色，其余的白色。中室内有白色条斑，有时不明显。后翅腹面斑纹大部分为黄色。雌蝶翅背面灰褐色，前翅斑纹与雄蝶相似，只是较为明显。后翅亚外缘斑和中域斑白色，略带黄色磷粉，中室斑大而明显，纯白色，臀角斑橙黄色或白色稍带黄色磷粉。后翅腹面斑纹大而明显。

成虫多见于4-10月，主要发生期以夏季为主。成虫常见于路旁的花丛间吸蜜或山顶开阔地疾飞而过，雄蝶偶尔在地上吸水。幼虫由卵孵化后亦有群集取食等行为，随着虫龄的增长逐渐分散成多个小群体摄食及越冬避寒，冬季3或4龄幼虫在寄主基部附近或母株树缝内小群体越冬，直到翌年春季气温回升时再爬到寄主叶片摄食。老熟幼虫在寄主叶片、枝条或被寄生的枝干上化蛹。幼虫的寄主植物为桑寄生科的忍冬桑寄生。

分布于福建、江西、湖北、广西、四川、贵州、云南、西藏、陕西等地。此外见于印度、不丹、越南、老挝、泰国等地。

内黄斑粉蝶 / *Delias partrua* Leech, 1890　　　　　　　　　　　　　08-10 / P1515

中大型粉蝶。雄蝶翅背面灰黑色或黑褐色，前翅亚外缘斑6个，前面2个与中域斑相连，中域斑窄而且不明显。后翅前缘基部无明显的黄色斑，只散布着少量的黄色磷粉，中室内有较模糊的条斑。前翅腹面亚外缘斑8个，中室内条斑连续，较窄，白色。后翅腹面亚外缘斑黄色，卵形，中域斑黄色有白边，中室内条纹较宽，端半部黄色，基半部白色，内缘黄色。

成虫多见于5-7月。

分布于湖北、四川、云南、甘肃。此外见于缅甸、泰国。

奥古斑粉蝶 / *Delias agostina* (Hewitson, 1852)　　　　　　　　　　　11-14 / P1515

中大型粉蝶。雄蝶翅背面白色，前翅顶角区域较黑，近顶角处有1条明显的斜带，与翅缘之间有5个白色小斑。后翅没有斑纹，有时仅在翅脉末端有模糊的黑色。前翅腹面斑纹与背面相似，只是颜色较深，翅脉变粗、变黑。后翅腹面灰白色至深黄色，有1条黑色外缘带，其上有4-5个灰白色斑点。雌蝶前翅背面黑褐色，中室和前缘灰黑色，翅脉比雄蝶的粗、黑，亚外缘有1条明显的黑色带，带的外缘有6个黄白色斑。后翅背面黄褐色，有外缘黑带，黑带上有5-6个黄白色的亚外缘斑点。前翅腹面同雄蝶，后翅腹面外缘带长，带上的斑点明显，呈月牙状。

成虫多见于4-11月。幼虫的寄主植物为桑寄生科的长花桑寄生等。

分布于海南、四川、云南等地。此外见于印度、尼泊尔、不丹、越南、缅甸、泰国、马来西亚等地。

红肩斑粉蝶 / *Delias descombesi* (Boisduval, 1836)　　　　　　　　　15-16 / P1516

中大型粉蝶。雄蝶翅背面白色，前缘有窄的黑边，前翅顶角区域黑色，腹面黑色，顶角区域及亚外缘有白斑。后翅腹面橙黄色，亚外缘有6个三角形黑斑，肩角处有1个长卵形大红斑。雌蝶前翅背面黑褐色，中室端斑白色，亚外缘有7个小白斑；后翅有黑色外缘带，内侧边缘锯齿状，腹面同雄蝶。

成虫多见于1-2月。

分布于云南。此外见于印度、尼泊尔、泰国、缅甸、老挝、越南、马来西亚等地。

01 ♂
洒青斑粉蝶
西藏墨脱

01 ♂
洒青斑粉蝶
西藏墨脱

02 ♂
洒青斑粉蝶
云南贡山

02 ♂
洒青斑粉蝶
云南贡山

03 ♂
洒青斑粉蝶
四川都江堰

03 ♂
洒青斑粉蝶
四川都江堰

04 ♀
倍林斑粉蝶
台湾花莲

04 ♀
倍林斑粉蝶
台湾花莲

⑤ ♂
倍林斑粉蝶
台湾南投

⑤ ♂
倍林斑粉蝶
台湾南投

⑥ ♂
倍林斑粉蝶
福建武夷山

⑥ ♂
倍林斑粉蝶
福建武夷山

⑦ ♀
倍林斑粉蝶
四川都江堰

⑦ ♀
倍林斑粉蝶
四川都江堰

⑧ ♂
内黄斑粉蝶
云南贡山

⑧ ♂
内黄斑粉蝶
云南贡山

⑨ ♂
内黄斑粉蝶
云南维西

⑨ ♂
内黄斑粉蝶
云南维西

⑩ ♂
内黄斑粉蝶
四川江油

⑩ ♂
内黄斑粉蝶
四川江油

⑪ ♂
奥古斑粉蝶
海南环中

⑪ ♂
奥古斑粉蝶
海南环中

⑫ ♀
奥古斑粉蝶
海南环中

⑫ ♀
奥古斑粉蝶
海南环中

⑬ ♂
奥古斑粉蝶
云南勐腊

⑬ ♂
奥古斑粉蝶
云南勐腊

⑭ ♂
奥古斑粉蝶
云南勐腊

⑭ ♂
奥古斑粉蝶
云南勐腊

⑮ ♂
红肩斑粉蝶
云南勐腊

⑮ ♂
红肩斑粉蝶
云南勐腊

⑯ ♀
红肩斑粉蝶
云南勐腊

⑯ ♀
红肩斑粉蝶
云南勐腊

尖粉蝶属 / *Appias* Hübner, 1819

　　中小型粉蝶。体背黑色密被鳞毛。头大，触角细长，端部膨大。前翅三角形，顶角尖锐，外缘平直；多数种类颜色素雅，少数为鲜艳的橙红色。具性二型，少数雌多型。

　　成虫栖息于林地边缘，飞行迅速。两性均访花，雄蝶常在潮湿地面或溪边大量聚集吸水。幼虫取食山柑科、大戟科植物。

　　主要分布于东洋区、印澳区和非洲热带区。国内目前已知9种，本图鉴收录9种。

利比尖粉蝶 / *Appias libythea* (Fabricius, 1775)　　　　01-07 / P1517

　　中小型粉蝶。雄蝶背面白色，前翅前缘灰色，顶区至臀角具黑色翅脉构成的三角区，后翅脉端黑色。腹面前翅中室灰色，顶区至臀角淡黄色，后翅淡黄色具灰色翅脉。雌蝶背面白色，前翅中室、顶区至臀角褐色；后翅具褐色脉和宽外缘；腹面前翅顶区至臀角及后翅整体灰黄色，具深灰色脉。旱季型背面斑纹退化。

　　1年多代。幼虫寄主为山柑科青皮刺、鱼木等植物。

　　分布于华南与西南热带地区。此外见于南亚次大陆至菲律宾群岛等地。

宝玲尖粉蝶 / *Appias paulina* (Cramer, [1777])　　　　08-09 / P1517

　　中小型粉蝶。整体白色，前翅前缘灰色、外缘黑色，亚顶区具短黑线，下方连有黑斑；后翅脉端黑色。腹面前翅前缘灰色，黑斑如背面。雌蝶似白翅尖粉蝶，但腹面后翅灰黄色。

　　1年多代，成虫全年可见。幼虫寄主为大戟科核果木属等植物。

　　分布于台湾。此外见于中南半岛至巴布亚新几内亚的广大区域。

白翅尖粉蝶 / *Appias albina* (Boisduval, 1836)　　　　10-17 / P1518

　　中小型粉蝶。背面整体白色，前翅前缘、顶角及外缘具窄细的灰黑边。腹面前翅前缘、顶角及外缘微黄，后翅微黄。雌蝶背面白色，前翅前缘、顶角及外缘黑色，亚顶区具多枚黑斑，有时扩大并愈合；后翅外缘脉端黑色或为锯齿状宽黑边。腹面多透见背面斑纹，部分个体前翅前缘、顶区及后翅整体黄色。

　　1年多代。幼虫寄主为山柑科戟叶槌果藤、鱼木等植物。

　　分布于华南、西南、华中、华东等地。此外见于东洋区、印澳区的大陆及岛屿。

雷震尖粉蝶 / *Appias indra* (Moore, 1857)　　　　18-23 / P1519

　　中型粉蝶。背面白色，前翅前缘灰色、顶区黑色、中部内侧突出，顶角附近嵌2枚白斑，前后翅室端或有黑点。腹面前翅前缘、顶区和后翅整体浅褐色杂纹，中室具小黑点。雌蝶前后翅具很宽的黑边，腹面杂纹色深具光泽，余同雄蝶。

　　1年2代。幼虫寄主不详。

　　分布于海南、台湾、云南南部。此外见于南亚次大陆至马来群岛及菲律宾群岛广大区域。

① ♂
利比尖粉蝶
海南五指山

② ♂
利比尖粉蝶
台湾台南

③ ♂
利比尖粉蝶
台湾高雄

④ ♀
利比尖粉蝶
台湾台南

① ♂
利比尖粉蝶
海南五指山

② ♂
利比尖粉蝶
台湾台南

③ ♂
利比尖粉蝶
台湾高雄

④ ♀
利比尖粉蝶
台湾台南

⑤ ♀
利比尖粉蝶
云南西双版纳

⑥ ♀
利比尖粉蝶
海南海口

⑦ ♀
利比尖粉蝶
台湾台南

⑤ ♀
利比尖粉蝶
云南西双版纳

⑥ ♀
利比尖粉蝶
海南海口

⑦ ♀
利比尖粉蝶
台湾台南

08 ♂
宝玲尖粉蝶
台湾基隆

09 ♀
宝玲尖粉蝶
台湾台东

10 ♂
白翅尖粉蝶
海南乐东

08 ♂
宝玲尖粉蝶
台湾基隆

09 ♀
宝玲尖粉蝶
台湾台东

10 ♂
白翅尖粉蝶
海南乐东

11 ♂
白翅尖粉蝶
云南勐腊

12 ♂
白翅尖粉蝶
台湾彰化

13 ♀
白翅尖粉蝶
台湾彰化

11 ♂
白翅尖粉蝶
云南勐腊

12 ♂
白翅尖粉蝶
台湾彰化

13 ♀
白翅尖粉蝶
台湾彰化

⑭ ♀
白翅尖粉蝶
海南乐东

⑮ ♀
白翅尖粉蝶
台湾彰化

⑯ ♀
白翅尖粉蝶
台湾台东

⑭ ♀
白翅尖粉蝶
海南乐东

⑮ ♀
白翅尖粉蝶
台湾彰化

⑯ ♀
白翅尖粉蝶
台湾台东

⑰ ♀
白翅尖粉蝶
海南乐东

⑱ ♂
雷震尖粉蝶
海南乐东

⑲ ♀
雷震尖粉蝶
海南乐东

⑰ ♀
白翅尖粉蝶
海南乐东

⑱ ♂
雷震尖粉蝶
海南乐东

⑲ ♀
雷震尖粉蝶
海南乐东

20 ♂
雷震尖粉蝶
台湾屏东

21 ♂
雷震尖粉蝶
台湾屏东

❷⓪ ♂
雷震尖粉蝶
台湾屏东

❷① ♂
雷震尖粉蝶
台湾屏东

㉒ ♀
雷震尖粉蝶
云南河口

㉓ ♂
雷震尖粉蝶
台湾屏东

㉒ ♀
雷震尖粉蝶
云南河口

㉓ ♂
雷震尖粉蝶
台湾屏东

兰姬尖粉蝶 / *Appias lalage* (Doubleday, 1842)　　　　　　　　　01-04

中型粉蝶。似雷震尖粉蝶，但前翅顶角明显尖出，室端具黑点，顶角白斑仅1枚，另1枚白斑位于亚外缘中部，后翅外缘脉端黑色；腹面杂纹色淡。雌蝶前后翅具很宽的黑边，前翅基部经室端至外缘黑边连通1条转折的粗黑纹；腹面前翅顶角与后翅整体黄色，杂纹退化，余同雄蝶。

1年2代。幼虫寄主不详。

分布于海南、西藏、福建以及云南南部。此外见于印度北部和中南半岛北部。

兰西尖粉蝶 / *Appias lalassis* Grose-Smith, 1887　　　　　　　　　05

中型粉蝶。顶角明显尖出，背面白色，前翅室端与外中部各具1枚孤立的灰斑，顶角及邻近外缘有褐色窄边；腹面前翅顶角灰褐色，室端与外中部黑色，后翅整体浅褐色杂纹，中室具小黑点。

1年2代。幼虫寄主不详。

分布于云南南部。此外见于印度北部、中南半岛至马来半岛。

帕帝尖粉蝶 / *Appias pandione* Geyer, 1832　　　　　　　06-07 / P1519

中型粉蝶。似兰姬尖粉蝶，但前翅顶角不明显尖出，室端黑点与翅基间在中室常有黑色相连，后翅外缘脉端黑色较连续，常形成黑边；腹面杂纹色深。雌蝶前后翅黑边稍窄；腹面杂纹色深，略染黄色且具光泽，余同雄蝶。

1年2代。幼虫寄主不详。

分布于海南及云南南部、广西南部。此外见于中南半岛至马来群岛及菲律宾群岛。

灵奇尖粉蝶 / *Appias lyncida* (Cramer, [1777])　　　　　　　08-12 / P1520

中型粉蝶。背面白色，前翅前缘及顶角灰色，外缘锯齿状黑边，后翅亚外缘灰色，外缘锯齿状黑边；腹面前翅前缘及外缘棕褐色，顶角具黄斑，后翅黄色，外缘棕褐色。雌蝶背面褐色，各室不同程度白色至污白色，腹面似背面，但前翅顶角与后翅染黄。

1年多代，成虫多见于夏季。幼虫寄主为山柑科戟叶槌果藤、鱼木等植物。

分布于西南、华南及台湾的热带区域。此外见于南亚次大陆至马来群岛及菲律宾群岛广大区域。

红翅尖粉蝶 / *Appias galba* (Wallace, 1867)　　　　　　　13-16 / P1520

中型粉蝶。背面橙红色，前翅前缘及顶角褐色，亚外缘至外缘具褐黑色脉，后翅脉端褐黑色；腹面淡橙色，亚外缘内侧具模糊的灰色带。雌蝶背面褐黑色翅脉加重，前翅室端褐黑色，外中区具波折褐黑色带，后翅外缘褐黑色。

1年多代，成虫多见于夏秋季。幼虫寄主为山柑科戟叶槌果藤、鱼木等植物。

分布于云南南部及海南。此外见于印度北部及中南半岛北部。

01 ♀
兰姬尖粉蝶
西藏墨脱

02 ♂
兰姬尖粉蝶
西藏墨脱

03 ♀
兰姬尖粉蝶
福建泰宁

01 ♀
兰姬尖粉蝶
西藏墨脱

02 ♂
兰姬尖粉蝶
西藏墨脱

03 ♀
兰姬尖粉蝶
福建泰宁

04 ♂
兰姬尖粉蝶
云南西双版纳

05 ♂
兰西尖粉蝶
云南怒江

06 ♂
帕帝尖粉蝶
海南陵水

04 ♂
兰姬尖粉蝶
云南西双版纳

05 ♂
兰西尖粉蝶
云南怒江

06 ♂
帕帝尖粉蝶
海南陵水

07 ♀
帕帝尖粉蝶
海南陵水

08 ♂
灵奇尖粉蝶
台湾桃园

09 ♂
灵奇尖粉蝶
海南五指山

07 ♀
帕帝尖粉蝶
海南陵水

08 ♂
灵奇尖粉蝶
台湾桃园

09 ♂
灵奇尖粉蝶
海南五指山

10 ♀
灵奇尖粉蝶
台湾台东

11 ♀
灵奇尖粉蝶
云南西双版纳

12 ♀
灵奇尖粉蝶
海南乐东

10 ♀
灵奇尖粉蝶
台湾台东

11 ♀
灵奇尖粉蝶
云南西双版纳

12 ♀
灵奇尖粉蝶
海南乐东

⑬ ♂
红翅尖粉蝶
云南西双版纳

⑬ ♂
红翅尖粉蝶
云南西双版纳

⑭ ♀
红翅尖粉蝶
云南西双版纳

⑭ ♀
红翅尖粉蝶
云南西双版纳

⑮ ♂
红翅尖粉蝶
海南乐东

⑮ ♂
红翅尖粉蝶
海南乐东

⑯ ♀
红翅尖粉蝶
海南乐东

⑯ ♀
红翅尖粉蝶
海南乐东

锯粉蝶属 / *Prioneris* Wallace, 1867

中大型粉蝶。体背黑色密被白毛。头大，触角细长，端部膨大。前翅三角形，雄蝶前缘密生锯齿，顶角尖，后翅圆。背面颜色简单，但腹面鲜艳多样。部分种类具性二型。

成虫栖息于森林边缘，喜在开阔地和溪边快速飞行。两性访花，雄蝶常在潮湿地面或溪边吸水，但少见聚集。幼虫取食山柑科植物。

主要分布于东洋区。国内目前已知2种，本图鉴收录2种。

锯粉蝶 / *Prioneris thestylis* (Doubleday, 1842)　　　　　　01-08 / P1521

中大型粉蝶。翅背面白色部分具黑脉，前翅顶区至外缘黑色加粗。腹面前翅黑色部分具深蓝色光泽，顶区具黄斑；后翅蓝黑色，镶嵌若干鲜黄色斑。雌蝶斑纹似雄蝶但黑色更发达。

1年多代，成虫在夏季多见。幼虫寄主为山柑科野香橼花、鱼木等植物。

分布于南方各省区。此外见于南亚次大陆至马来半岛区域。

红肩锯粉蝶 / *Prioneris philonome* (Boisduval, 1836)　　　　　　09-11

中大型粉蝶。翅背面白色部分具黑脉，前翅顶区至外缘黑色加粗。腹面前翅白色具黑脉，后翅肩角红色，其余部分镉黄色、亚外缘白色，脉黑色。雌蝶斑纹似雄蝶，但翅形较圆阔，黑纹更粗。

1年2代，成虫在夏季多见。幼虫寄主为山柑科鱼木等植物。

分布于云南、广西、海南等地。此外见于南亚次大陆和中南半岛。

01 ♂
锯粉蝶
香港

01 ♂
锯粉蝶
香港

02 ♂
锯粉蝶
云南西双版纳

02 ♂
锯粉蝶
云南西双版纳

03 ♂
锯粉蝶
台湾屏东

03 ♂
锯粉蝶
台湾屏东

04 ♀
锯粉蝶
台湾桃园

04 ♀
锯粉蝶
台湾桃园

05 ♂
锯粉蝶
海南昌江

05 ♂
锯粉蝶
海南昌江

06 ♀
锯粉蝶
海南乐东

06 ♀
锯粉蝶
海南乐东

07 ♀
锯粉蝶
广东龙门

07 ♀
锯粉蝶
广东龙门

⑧ ♀
锯粉蝶
云南腾冲

⑧ ♀
锯粉蝶
云南腾冲

⑨ ♂
红肩锯粉蝶
海南乐东

⑨ ♂
红肩锯粉蝶
海南乐东

⑩ ♂
红肩锯粉蝶
广西隆安

⑩ ♂
红肩锯粉蝶
广西隆安

⑪ ♀
红肩锯粉蝶
海南白沙

⑪ ♀
红肩锯粉蝶
海南白沙

绢粉蝶属 / *Aporia* Hübner, 1819

　　小型、中型或大型粉蝶。成虫触角约为前翅长度的一半，锤状部明显。前翅中室长，超过翅长之半。翅色以白色为主，个别为黄色、灰色至灰褐色。翅背面缀黑色或白色点状、箭状、带状及棒状斑纹，翅脉黑色或灰褐色。腹面斑纹与背面相似，但后翅底色多有不同。

　　成虫栖息于山地阔叶林等场所，有访花和湿地吸水习性。幼虫以蔷薇科及小檗科等植物为寄主植物。

　　主要分布于古北区、东洋区。国内目前已知31种，本图鉴收录30种。

绢粉蝶 / *Aporia crataegi* (Linnaeus, 1758)　　　　　　01-05 / P1522

　　中型粉蝶。雄蝶翅色白色，翅脉黑褐色。前翅背面外缘末端有烟灰色三角形斑纹。后翅翅脉较细，翅基黑色。雌蝶翅色整体偏赭黄色，翅脉褐色，前翅背面顶角泛黄色，中室及后缘呈半透明状。腹面斑纹与背面相似，但翅脉更清晰。雄蝶后翅多散布有灰黑色鳞片，雌蝶后翅呈黄灰色。基部无黄色斑。

　　1年1代，成虫多见于5-6月。幼虫以蔷薇科植物为寄主。

　　分布于北京、浙江、湖北、四川、甘肃等地。此外见于俄罗斯、日本及朝鲜半岛等地。

小檗绢粉蝶 / *Aporia hippia* (Bremer, 1861)　　　　　　06-10 / P1522

　　中型粉蝶。雄蝶翅色发黄，翅脉黑色。前翅背面外缘末端黑色三角形斑纹较宽大明显，中室端显黑纹。后翅背面翅脉较淡黑褐色，中室较长较窄。雌蝶翅色偏淡黄色，中室及后缘鳞片呈较弱半透明状。腹面斑纹与背面相似，但前翅顶角和后翅黄色，翅脉两侧的黑边更明显，基部有橘黄色斑。

　　1年1代，成虫多见于6-7月。幼虫以小檗科植物为寄主。

　　分布于山西、内蒙古、江苏、河南、甘肃等地。此外见于日本、俄罗斯及朝鲜半岛等地。

暗色绢粉蝶 / *Aporia bieti* (Oberthür, 1884)　　　　　　11-17 / P1522

　　中型粉蝶。翅色泛黄，外形与小檗绢粉蝶相似。前翅背面顶角及外缘黑褐色，外缘翅脉末端斑纹明显，黑色加宽变暗，有暗色鳞片形成的阴影，中室端斑黑色。后翅背面翅脉较淡黑褐色，中室稍微狭窄，翅基黑色。腹面斑纹与背面相似，但翅脉更清晰，前翅中室下方的翅脉通常加粗形成阴影，顶角及后翅黄色。

　　1年1代，成虫多见于6-7月。

　　分布于四川、云南、甘肃、西藏等地。

马丁绢粉蝶 / *Aporia martineti* (Oberthür, 1884)　　　　　　18-25 / P1523

　　中型粉蝶。与暗色绢粉蝶相似。雄蝶翅色白色，雌蝶通常有淡黄色调，有时散生暗色鳞片。前、后翅背面脉纹黑色，在内侧末端更细，中室端斑黑色较宽，翅脉两侧的黑边在雄蝶中退化，在雌蝶中明显加宽。腹面斑纹与背面相似，但后翅底色为不均匀分布的鲜黄色，翅脉间有淡白色线纹，两侧有浓重的黑边线，基部有橘黄色斑。

　　1年1代，成虫多见于6-7月。

　　分布于四川、云南、西藏、甘肃、青海等地。

01 ♂
绢粉蝶
甘肃榆中

02 ♀
绢粉蝶
甘肃榆中

03 ♀
绢粉蝶
甘肃兰州

01 ♂
绢粉蝶
甘肃榆中

02 ♀
绢粉蝶
甘肃榆中

03 ♀
绢粉蝶
甘肃兰州

04 ♂
绢粉蝶
新疆布尔津

05 ♀
绢粉蝶
新疆布尔津

06 ♀
小蘗绢粉蝶
北京

04 ♂
绢粉蝶
新疆布尔津

05 ♀
绢粉蝶
新疆布尔津

06 ♀
小蘗绢粉蝶
北京

07 ♂
小檗绢粉蝶
甘肃肃南

08 ♀
小檗绢粉蝶
甘肃肃南

09 ♀
小檗绢粉蝶
甘肃榆中

07 ♂
小檗绢粉蝶
甘肃肃南

08 ♀
小檗绢粉蝶
甘肃肃南

09 ♀
小檗绢粉蝶
甘肃榆中

10 ♀
小檗绢粉蝶
甘肃夏河

11 ♂
暗色绢粉蝶
四川九龙

12 ♂
暗色绢粉蝶
四川九龙

10 ♀
小檗绢粉蝶
甘肃夏河

11 ♂
暗色绢粉蝶
四川九龙

12 ♂
暗色绢粉蝶
四川九龙

⑬ ♂
暗色绢粉蝶
四川康定

⑭ ♀
暗色绢粉蝶
四川康定

⑮ ♀
暗色绢粉蝶
甘肃武都

⑬ ♂
暗色绢粉蝶
四川康定

⑭ ♀
暗色绢粉蝶
四川康定

⑮ ♀
暗色绢粉蝶
甘肃武都

⑯ ♂
暗色绢粉蝶
甘肃宕昌

⑰ ♂
暗色绢粉蝶
甘肃武都

⑱ ♀
马丁绢粉蝶
西藏察隅

⑲ ♀
马丁绢粉蝶
西藏察隅

⑯ ♂
暗色绢粉蝶
甘肃宕昌

⑰ ♂
暗色绢粉蝶
甘肃武都

⑱ ♀
马丁绢粉蝶
西藏察隅

⑲ ♀
马丁绢粉蝶
西藏察隅

⑳ ♂
马丁绢粉蝶
甘肃定西

㉑ ♀
马丁绢粉蝶
甘肃榆中

㉒ ♂
马丁绢粉蝶
青海都兰

⑳ ♂
马丁绢粉蝶
甘肃定西

㉑ ♀
马丁绢粉蝶
甘肃榆中

㉒ ♂
马丁绢粉蝶
青海都兰

㉓ ♀
马丁绢粉蝶
宁夏六盘山

㉔ ♂
马丁绢粉蝶
四川康定

㉕ ♀
马丁绢粉蝶
云南丽江

㉓ ♀
马丁绢粉蝶
宁夏六盘山

㉔ ♂
马丁绢粉蝶
四川康定

㉕ ♀
马丁绢粉蝶
云南丽江

酪色绢粉蝶 / *Aporia potanini* Alphéraky, 1892

01-09 / P1524

　　中型粉蝶。翅色黑褐色或灰白色，翅脉黑色。有的产地雄蝶前、后翅背面密布灰黑色鳞片，整体颜色较暗，但在中室及后缘附近黑色鳞片较少。前翅背面中室内有细线纹，后缘翅脉间多有1条细线纹。后翅背面翅脉间及中室内有黑色细线纹。腹面斑纹与背面相似，但前、后翅翅脉间细线纹明显，基部有黄色斑。雌蝶通常比雄蝶色淡，呈灰白色或白色。

　　1年1代，成虫多见于6-7月。幼虫以小檗科植物为寄主。

　　分布于北京、内蒙古、四川、陕西、甘肃等地。

普通绢粉蝶 / *Aporia genestieri* (Oberthür, 1902)

10-19 / P1524

　　中型粉蝶。翅色白色，翅脉黑色。斑纹与小蘗绢粉蝶相似，但翅形较长，体形稍大，后翅的中室较宽。前翅背面顶角灰黑色，翅脉两侧的黑边向外缘处逐渐加宽，形成黑色的外缘边。腹面斑纹与背面相似，但后翅翅脉较清晰，基部有黄色斑。

　　1年1代，成虫多见于5-6月。幼虫以胡颓子科植物为寄主。

　　分布于湖北、河南、四川、云南、台湾等地。

中亚绢粉蝶 / *Aporia leucodice* (Eversmann, 1843)

20-21 / P1524

　　小型粉蝶。翅色白色，翅脉黑色。前翅背面外缘边黑色，亚外缘有锯齿形黑色横带，在横带至外缘间的翅面两侧加黑，中室端有黑色横斑。后翅背面脉纹较淡，仅外缘翅脉显黑色。腹面斑纹与背面相似，但前翅顶角呈淡黄色，后翅底色为不均匀淡黄色，中间有短箭状纹连成的弧形黑带，翅脉两侧的黑边加宽。

　　1年1代，成虫多见于6-7月。幼虫以小檗科植物为寄主。

　　分布于新疆。此外见于哈萨克斯坦、塔吉克斯坦、巴基斯坦、阿富汗、印度等地。

秦岭绢粉蝶 / *Aporia tsinglingica* (Verity, 1911)

22-25 / P1525

　　中型粉蝶。雄蝶翅色白色，前翅背面亚外缘隐约显黑色横带。后翅背面翅脉间有细小的箭状纹。雌蝶翅色黄色或淡黄色，与雄蝶相比，前翅背面亚外缘横带较明显。腹面斑纹与背面相似，但前、后翅翅脉间的斑纹明显。雄蝶后翅翅脉两侧显黄色。基部有黄色斑。后翅腹面中室端黑斑宽是本种的识别特征。

　　1年1代，成虫多见于6-7月。幼虫以小檗科植物为寄主。

　　分布于河南、四川、陕西、甘肃、青海等地。

四姑娘绢粉蝶 / *Aporia signiana* Sugiyama, 1994

26

　　中型粉蝶。外形与秦岭绢粉蝶相似，但翅形较圆，个体较小，翅背面斑纹发达，颜色较深。前翅背面亚外缘黑色横带明显。后翅背面翅脉间有箭状纹。腹面斑纹与背面相似，但前翅斑纹清晰，后翅淡白色散布黑色鳞片，中室端斑及翅脉间的箭状斑纹明显。

　　1年1代，成虫多见于6-7月。

　　分布于四川。

箭纹绢粉蝶 / *Aporia procris* Leech, 1890

27-30

　　小型粉蝶。外形与秦岭绢粉蝶相似，但斑纹较深，翅脉黑色。雄蝶前、后翅窄长，翅色呈淡黄色。前翅背面外缘边黑色，亚外缘有不规则的黑色横带，并在中段明显错位，随后部分呈阴影状，中室端有黑色横斑。雌蝶翅形稍圆，颜色发白，亚外缘横带色淡，中段明显错位，随后部分很淡或消失。后翅背面翅脉间隐约显细小箭状纹。腹面斑纹与背面相似，但后翅为黄色或淡黄色，翅脉间的箭状纹明显。

　　1年1代，成虫多见于6-7月。

　　分布于河南、云南、陕西、甘肃、青海等地。

01 ♂
酪色绢粉蝶
陕西宝鸡

02 ♀
酪色绢粉蝶
陕西宝鸡

01 ♂
酪色绢粉蝶
陕西宝鸡

02 ♀
酪色绢粉蝶
陕西宝鸡

03 ♂
酪色绢粉蝶
甘肃榆中

04 ♀
酪色绢粉蝶
甘肃榆中

05 ♂
酪色绢粉蝶
陕西汉中

03 ♂
酪色绢粉蝶
甘肃榆中

04 ♀
酪色绢粉蝶
甘肃榆中

05 ♂
酪色绢粉蝶
陕西汉中

06 ♂
酪色绢粉蝶
陕西长安

07 ♀
酪色绢粉蝶
陕西长安

06 ♂
酪色绢粉蝶
陕西长安

07 ♀
酪色绢粉蝶
陕西长安

08 ♂
酪色绢粉蝶
北京

09 ♀
酪色绢粉蝶
北京

08 ♂
酪色绢粉蝶
北京

09 ♀
酪色绢粉蝶
北京

⑩ ♂
普通绢粉蝶
云南丽江

⑩ ♂
普通绢粉蝶
云南丽江

⑪ ♂
普通绢粉蝶
云南贡山

⑪ ♂
普通绢粉蝶
云南贡山

⑫ ♂
普通绢粉蝶
台湾花莲

⑫ ♂
普通绢粉蝶
台湾花莲

⑬ ♀
普通绢粉蝶
台湾花莲

⑬ ♀
普通绢粉蝶
台湾花莲

⑭ ♂
普通绢粉蝶
甘肃康县

⑭ ♂
普通绢粉蝶
甘肃康县

⑮ ♀
普通绢粉蝶
甘肃康县

⑮ ♀
普通绢粉蝶
甘肃康县

⑯ ♂
普通绢粉蝶
四川江油

⑯ ♂
普通绢粉蝶
四川江油

⑰ ♀
普通绢粉蝶
四川江油

⑰ ♀
普通绢粉蝶
四川江油

⑱ ♂
普通绢粉蝶
甘肃兰州

⑲ ♂
普通绢粉蝶
陕西镇安

⑳ ♂
中亚绢粉蝶
新疆阜康

⑱ ♂
普通绢粉蝶
甘肃兰州

⑲ ♂
普通绢粉蝶
陕西镇安

⑳ ♂
中亚绢粉蝶
新疆阜康

㉑ ♀
中亚绢粉蝶
新疆阜康

㉒ ♀
秦岭绢粉蝶
陕西凤县

㉓ ♀
秦岭绢粉蝶
陕西宁陕

㉑ ♀
中亚绢粉蝶
新疆阜康

㉒ ♀
秦岭绢粉蝶
陕西凤县

㉓ ♀
秦岭绢粉蝶
陕西宁陕

㉔ ♂
秦岭绢粉蝶
甘肃榆中

㉕ ♂
秦岭绢粉蝶
甘肃榆中

㉖ ♂
四姑娘绢粉蝶
四川九寨沟

㉔ ♂
秦岭绢粉蝶
甘肃榆中

㉕ ♂
秦岭绢粉蝶
甘肃榆中

㉖ ♂
四姑娘绢粉蝶
四川九寨沟

㉗ ♂
箭纹绢粉蝶
甘肃定西

㉘ ♂
箭纹绢粉蝶
云南丽江

㉙ ♂
箭纹绢粉蝶
云南维西

㉚ ♂
箭纹绢粉蝶
云南德钦

㉗ ♂
箭纹绢粉蝶
甘肃定西

㉘ ♂
箭纹绢粉蝶
云南丽江

㉙ ♂
箭纹绢粉蝶
云南维西

㉚ ♂
箭纹绢粉蝶
云南德钦

上田绢粉蝶 / *Aporia uedai* Koiwaya, 1989　　　　　　　　01

　　小型粉蝶。翅白色，翅脉黑褐色。外形与箭纹绢粉蝶相似，斑纹基本相同，但前翅顶角较圆，特别是后翅第6、7翅脉在基部十分靠近，经常同出一点。前翅背面顶角及外缘呈黑色边纹，亚外缘翅脉间有箭状纹连成短横带，中室端有黑色横斑。后翅背面翅脉向外缘处加宽。腹面斑纹与背面相似，但前翅亚外缘有箭状纹连接的黑色横带。后翅翅脉间的箭状纹明显。

　　1年1代，成虫多见于6-7月。

　　分布于云南。

哈默绢粉蝶 / *Aporia lhamo* (Oberthür, 1893)　　　　　　　02-04

　　小型粉蝶。外形与箭纹绢粉蝶相似。前、后翅窄长，脉纹黑色加粗。雄蝶前翅背面呈黑褐色，密布灰黑色鳞片，翅色显得很暗，亚外缘隐约显黑色横带。后翅背面呈黄色或黑褐色，翅面间显细小的箭状纹。雌蝶前、后翅翅面颜色比雄蝶稍浅，后翅翅面黄色，与前翅翅面相比，黑纹较醒目。腹面斑纹与背面相似，但后翅翅色为深黄色，前、后翅翅脉间的箭状纹明显。

　　1年1代，成虫多见于6-7月。

　　分布于云南。

锯纹绢粉蝶 / *Aporia goutellei* (Oberthür, 1886)　　　　　　05-08

　　中型粉蝶。翅色白色，绢粉蝶属所有的典型斑纹在本种中都能见到。前翅背面散布有暗色鳞片，在中室端及前、后翅的外缘区比较密集，前翅外缘常形成黑色宽带，亚外缘翅脉间的箭状纹较明显。中室端黑纹宽并向内扩散为阴影。后翅背面外缘翅脉黑色加宽，亚外缘翅脉间显黑色箭状纹。腹面斑纹与背面相似，但前翅顶角及后翅显黄色，基部有黄色斑。后翅箭状纹长，末端接近翅的外缘。

　　1年1代，成虫多见于6-7月。

　　分布于四川、河南、陕西、甘肃、云南等地。

贝娜绢粉蝶 / *Aporia bernardi* Koiwaya, 1989　　　　　　09-13

　　中型粉蝶。翅白色。外形、斑纹与锯纹绢粉蝶相似，但体形较小，黑纹更密集。前翅背面顶角和外缘黑褐色，亚外缘翅脉间的箭状纹较短，连成黑色横带。中室端黑纹很宽，中室内常有2条黑色细纹。后翅背面外缘黑色，亚外缘翅脉间显黑色箭状纹。腹面斑纹与背面相似，但后翅翅色为黄色，基部有黄色斑。后翅箭状纹稍短，离外缘较远，不会到达外缘。

　　1年1代，成虫多见于5-6月。

　　分布于四川、云南等地。

龟井绢粉蝶 / *Aporia kamei* Koiwaya, 1989　　　　　　14-17

　　中型粉蝶。翅白色。前翅背面亚外缘有1列短黑色箭状纹，相互连接形成弧形横带，向外缘的翅脉逐渐加宽，翅脉间散布较多黑色鳞片，特别是顶角区更明显，中室端斑较窄。后翅背面翅脉黑色，向外缘逐渐加宽，翅脉间有不明显的箭状纹。腹面斑纹与背面相似，但后翅翅色发黄，斑纹发达，翅脉明显，箭状纹末端接近外缘，基部显黄色斑。

　　1年1代，成虫多见于6月。

　　分布于四川、云南等地。

① ♂
上田绢粉蝶
云南德钦

② ♂
哈默绢粉蝶
云南维西

③ ♂
哈默绢粉蝶
云南维西

④ ♂
哈默绢粉蝶
云南丽江

① ♂
上田绢粉蝶
云南德钦

② ♂
哈默绢粉蝶
云南维西

③ ♂
哈默绢粉蝶
云南维西

④ ♂
哈默绢粉蝶
云南丽江

⑤ ♂
锯纹绢粉蝶
云南泸水

⑥ ♂
锯纹绢粉蝶
云南贡山

⑦ ♂
锯纹绢粉蝶
云南丽江

⑤ ♂
锯纹绢粉蝶
云南泸水

⑥ ♂
锯纹绢粉蝶
云南贡山

⑦ ♂
锯纹绢粉蝶
云南丽江

08 ♂
锯纹绢粉蝶
四川康定

09 ♂
贝娜绢粉蝶
四川康定

10 ♂
贝娜绢粉蝶
云南丽江

08 ♂
锯纹绢粉蝶
四川康定

09 ♂
贝娜绢粉蝶
四川康定

10 ♂
贝娜绢粉蝶
云南丽江

11 ♂
贝娜绢粉蝶
云南丽江

12 ♀
贝娜绢粉蝶
云南德钦

13 ♂
贝娜绢粉蝶
云南维西

11 ♂
贝娜绢粉蝶
云南丽江

12 ♀
贝娜绢粉蝶
云南德钦

13 ♂
贝娜绢粉蝶
云南维西

⑭ ♂
龟井绢粉蝶
云南维西

⑭ ♂
龟井绢粉蝶
云南维西

⑮ ♂
龟井绢粉蝶
四川九龙

⑮ ♂
龟井绢粉蝶
四川九龙

⑯ ♂
龟井绢粉蝶
云南丽江

⑯ ♂
龟井绢粉蝶
云南丽江

⑰ ♀
龟井绢粉蝶
云南丽江

⑰ ♀
龟井绢粉蝶
云南丽江

奥倍绢粉蝶 / *Aporia oberthuri* (Leech, 1890)　　01-04

中大型粉蝶。翅色白色。前翅背面翅脉两侧具黑边，向外缘逐渐加宽，翅脉间缀黑色箭状纹，外缘背面部分经常大面积变暗。中室外围有长形白斑，中室端黑纹宽向内扩散为阴影，中室内和下方各有1条白色纵斑。后翅翅面翅脉黑褐色，翅脉两侧黑边较前翅窄，翅脉间有箭状纹。腹面斑纹与背面相似，但后翅翅色发黄，基部显黄色斑。前、后翅翅脉间的箭状纹明显，末端几乎接近外缘。

　　1年1代，成虫多见于6月。

　　分布于湖北、湖南、四川、陕西、甘肃等地。

巨翅绢粉蝶 / *Aporia gigantea* Koiwaya, 1993　　05-08

大型粉蝶。翅色白色。顶角较尖，前翅较长。前、后翅翅面的黑纹发达，翅脉黑边更宽。前翅背面翅脉越接近外缘越阔，亚外缘有发达黑色横带。中室外有长形白斑围绕，内有棒状斑和黑色细线，后缘有长条白斑。后翅背面翅脉黑色不如前翅发达，亚外缘横带仅前段明显，中室外有白斑围绕。腹面斑纹与背面相似，基部有浓黄色斑。

　　1年1代，成虫多见于6-7月。幼虫以小檗科植物为寄主。

　　分布于四川、贵州、云南、台湾等地。

黄翅绢粉蝶 / *Aporia lemoulti* Bernardi, 1944　　09

中大型粉蝶。前翅背面白色，顶角及外缘黑色，亚外缘有黑色横带，中室端黑纹较阔，中室与后缘白色区宽而明显。后翅背面黄色，翅脉黑褐色，仅在顶角附近有黑色带纹，外缘翅脉间饰扁形黑斑，中室内、外长形黄斑融合，与翅基及后缘区黄色相连。腹面斑纹与背面相似，但后翅深黄色。

　　1年1代，成虫多见于6月。

　　分布于四川。

大翅绢粉蝶 / *Aporia largeteaui* (Oberthür, 1881)　　10-18 / P1525

大型粉蝶。雄蝶翅色白色，前翅背面翅脉较粗，亚外缘有暗色横带，两侧边缘模糊，在中部和后部常中断。中室端黑纹窄，中室内隐约有黑色细线。后翅背面翅脉颜色较淡，外缘有较小的三角形斑。腹面斑纹与背面相似，但前翅外缘为黑色细边，后缘有黑色长斑，后翅翅色为淡黄色，亚外缘横带较翅面明显。雌蝶翅色为乳黄色，前、后翅斑纹及横带比雄蝶明显。

　　1年1代，成虫多见于5-7月。幼虫以小檗科植物为寄主。

　　分布于浙江、福建、湖北、广东、四川等地。

蒙蓓绢粉蝶 / *Aporia monbeigi* (Oberthür, 1917)　　19-21

中型粉蝶。翅背面大部黑褐色。前翅顶角较圆，外缘隐约有小白斑，中室外有4个长形白斑排成1列，中室有灰白色长条斑，后缘有相近长条斑。后翅外缘饰有5个扁形白斑，中室外有4个白斑围绕，内有长形棒状白斑，后缘区部分白色。腹面斑纹与背面相似，但前翅顶角及外缘显褐色箭状纹；后翅土黄色，外缘内侧箭状纹明显，末端达翅的外缘，基部有黄色斑。

　　1年1代。活动于山地。

　　分布于四川、云南等地。

金子绢粉蝶 / *Aporia kanekoi* Koiwaya, 1989　　22-26

大中型粉蝶。翅色白色。前翅背面外缘有1列大小不等椭圆形白斑，中室外有5个长形白斑，中室端黑斑宽，中室白斑较阔，后缘有长形白斑。后翅背面外缘饰有椭圆形白斑，亚外缘箭状纹较短，中室内有长形白斑，翅基及后缘区大部白色。腹面斑纹与背面相似，但后翅淡黄色或乳白色，亚外缘有箭状纹连接形成横带，末端不达外缘，基部有黄色斑。

　　1年1代。成虫多见于7月。

　　分布于四川。

01 ♂
奥倍绢粉蝶
陕西宁陕

01 ♂
奥倍绢粉蝶
陕西宁陕

02 ♂
奥倍绢粉蝶
陕西岚皋

02 ♂
奥倍绢粉蝶
陕西岚皋

03 ♂
奥倍绢粉蝶
重庆巫溪

03 ♂
奥倍绢粉蝶
重庆巫溪

04 ♀
奥倍绢粉蝶
重庆巫溪

04 ♀
奥倍绢粉蝶
重庆巫溪

05 ♂
巨翅绢粉蝶
台湾高雄

05 ♂
巨翅绢粉蝶
台湾高雄

06 ♀
巨翅绢粉蝶
台湾屏东

06 ♀
巨翅绢粉蝶
台湾屏东

07 ♂
巨翅绢粉蝶
四川峨眉山

07 ♂
巨翅绢粉蝶
四川峨眉山

08 ♀
巨翅绢粉蝶
云南东川

08 ♀
巨翅绢粉蝶
云南东川

⑨ ♂
黄翅绢粉蝶
四川米易

⑨ ♂
黄翅绢粉蝶
四川米易

⑩ ♂
大翅绢粉蝶
云南东川

⑩ ♂
大翅绢粉蝶
云南东川

⑪ ♂
大翅绢粉蝶
广东乳源

⑪ ♂
大翅绢粉蝶
广东乳源

⑫ ♂
大翅绢粉蝶
甘肃康县

⑫ ♂
大翅绢粉蝶
甘肃康县

⑬ ♂
大翅绢粉蝶
四川江油

⑬ ♂
大翅绢粉蝶
四川江油

⑭ ♂
大翅绢粉蝶
陕西凤县

⑭ ♂
大翅绢粉蝶
陕西凤县

⑮ ♀
大翅绢粉蝶
陕西宁陕

⑮ ♀
大翅绢粉蝶
陕西宁陕

⑯ ♀
大翅绢粉蝶
甘肃康县

⑯ ♀
大翅绢粉蝶
甘肃康县

⑰ ♂
大翅绢粉蝶
重庆巫溪

⑰ ♂
大翅绢粉蝶
重庆巫溪

⑱ ♀
大翅绢粉蝶
重庆巫溪

⑱ ♀
大翅绢粉蝶
重庆巫溪

⑲ ♂
蒙蓓绢粉蝶
云南德钦

⑳ ♂
蒙蓓绢粉蝶
云南丽江

㉑ ♂
蒙蓓绢粉蝶
云南维西

⑲ ♂
蒙蓓绢粉蝶
云南德钦

⑳ ♂
蒙蓓绢粉蝶
云南丽江

㉑ ♂
蒙蓓绢粉蝶
云南维西

㉒ ♂
金子绢粉蝶
四川峨眉山

㉓ ♀
金子绢粉蝶
四川宝兴

㉒ ♂
金子绢粉蝶
四川峨眉山

㉓ ♀
金子绢粉蝶
四川宝兴

㉔ ♂
金子绢粉蝶
四川雅安

㉔ ♂
金子绢粉蝶
四川雅安

㉕ ♂
金子绢粉蝶
四川芦山

㉕ ♂
金子绢粉蝶
四川芦山

㉖ ♀
金子绢粉蝶
四川泸定

㉖ ♀
金子绢粉蝶
四川泸定

黑边绢粉蝶 / *Aporia acraea* (Oberthür, 1886)　　01-03

　　大型粉蝶。翅色白色。前翅背面外缘有模糊的白色斑点，中室外有长形白斑，端部有很宽的黑斑，中室白斑较阔，后缘有长形白斑直抵翅基。后翅背面外缘翅脉间有扁形白斑，亚外缘斑纹融合，形成很宽的弧形黑边，中室内、外白斑融合，与后缘白斑相连成白色区。腹面斑纹与背面相似，但前翅顶角和后翅土黄色，后翅箭状纹长而明显，末端达外缘，基部显黄色斑。

　　1年1代，成虫多见于6-7月。幼虫以小檗科植物为寄主。

　　分布于四川、云南等地。

猬形绢粉蝶 / *Aporia hastata* (Oberthür, 1892)　　04

　　大中型粉蝶。翅色白色。与黑边绢粉蝶相似，但前翅顶角较尖，后翅背面的黑纹退化。前翅背面外缘有成列白斑，中室外有白斑围绕，中室端斑很宽，内有短棒状白斑，后缘有长形白斑直抵翅基。后翅翅面外缘饰有白斑，亚外缘有箭状纹连接成横带，中室内有长形白斑，外方有白斑围绕，构成荷瓣形。腹面斑纹与背面相似，但前翅顶角和后翅淡黄色，翅脉两侧的黑边加宽，亚外缘箭状纹明显，末端到达翅的外缘。

　　1年1代，成虫多见于6-7月。

　　分布于云南。

卧龙绢粉蝶 / *Aporia wolongensis* Yoshion, 1995　　05

　　大型粉蝶。翅色白色。与黑边绢粉蝶相似，但体形稍小。前翅背面外缘有模糊的白色斑点，中室外有4个长形白斑，端部有很宽的黑斑，中室白斑较阔，后缘有长形白斑直抵翅基。后翅背面外缘翅脉间有3个扁形白斑，形成弧形黑边，亚外缘至翅基为白色区。腹面斑纹与背面相似，但前翅顶角和后翅淡黄色，后翅箭状纹长而明显，末端达外缘。

　　1年1代，成虫多见于6月。

　　分布于四川、云南。

西村绢粉蝶 / *Aporia nishimurai* Koiwaya, 1989　　06

　　大型粉蝶。翅色白色。外形与黑边绢粉蝶相似，但黑纹不发达。前翅背面顶角及外缘黑色，外缘饰灰白色斑纹，中室端黑斑较宽。后翅背面大部白色，顶角翅脉黑边扩散形成黑斑，翅脉黑色向外缘逐渐加宽，亚外缘翅脉间显箭状纹。腹面斑纹与背面相似，但前翅顶角和后翅淡黄色，后翅箭状纹长而明显，末端达外缘，基部显黄色斑。

　　1年1代，成虫多见于6-7月。

　　分布于湖北、四川、云南等地。

大邑绢粉蝶 / *Aporia tayiensis* Yoshino, 1995　　07-08

　　大型粉蝶。翅色白色。斑纹与黑边绢粉蝶相似，但体形较大。前翅背面顶角与外缘有很宽的黑边，外缘有模糊的白色斑纹。中室外有长形白斑围绕，端部黑斑较宽，中室白斑短而阔，后缘有长形白斑。后翅背面外缘有明显的白斑，亚外缘箭状纹可见，翅脉间鳞片扩散形成褐色横带。中室长形白斑和外围白斑融合，与后缘白斑连接形成白色区，但中室端黑斑宽而明显。腹面斑纹与背面相似，但后翅白色或淡黄色，箭状纹明显，末端达外缘。

　　1年1代。成虫多见于6-7月。

　　分布于四川、甘肃等地。

利箭绢粉蝶 / *Aporia harrietae* (de Nicéville, [1893])　　09-15 / P1526

　　中大型粉蝶。翅色大部黑色。前翅背面外缘有1列白色小斑，中室外方有1列椭圆形白斑，端部黑斑宽，中室有白色棒状大斑，后缘有长形白斑直抵翅基。后翅背面外缘饰白斑，中室外有白斑围绕，内有长形白斑，粉室翅脉两侧饰有黑边，翅基及后缘区大部白色。腹面斑纹与背面相似，但后翅黄色，亚外缘箭状纹明显，箭纹较长，末端达翅的外缘，基部有黄色斑。

　　1年1代，成虫多见于6-7月。

　　分布于云南、西藏等地。此外见于不丹。

① ♂
黑边绢粉蝶
云南香格里拉

① ♂
黑边绢粉蝶
云南香格里拉

② ♂
黑边绢粉蝶
云南维西

② ♂
黑边绢粉蝶
云南维西

③ ♂
黑边绢粉蝶
四川康定

③ ♂
黑边绢粉蝶
四川康定

④ ♂
猬形绢粉蝶
云南云龙

④ ♂
猬形绢粉蝶
云南云龙

⑤ ♂
卧龙绢粉蝶
云南香格里拉

⑤ ♂
卧龙绢粉蝶
云南香格里拉

⑥ ♂
西村绢粉蝶
四川峨眉山

⑥ ♂
西村绢粉蝶
四川峨眉山

⑦ ♂
大邑绢粉蝶
四川芦山

⑦ ♂
大邑绢粉蝶
四川芦山

⑧ ♀
大邑绢粉蝶
四川芦山

⑧ ♀
大邑绢粉蝶
四川芦山

09 ♂
利箭绢粉蝶
西藏墨脱

09 ♂
利箭绢粉蝶
西藏墨脱

10 ♂
利箭绢粉蝶
云南维西

10 ♂
利箭绢粉蝶
云南维西

11 ♂
利箭绢粉蝶
云南腾冲

11 ♂
利箭绢粉蝶
云南腾冲

12 ♂
利箭绢粉蝶
云南腾冲

12 ♂
利箭绢粉蝶
云南腾冲

⑬ ♂
利箭绢粉蝶
云南丽江

⑬ ♂
利箭绢粉蝶
云南丽江

⑭ ♀
利箭绢粉蝶
云南丽江

⑭ ♀
利箭绢粉蝶
云南丽江

⑮ ♀
利箭绢粉蝶
云南贡山

⑮ ♀
利箭绢粉蝶
云南贡山

三黄绢粉蝶 / *Aporia larraldei* (Oberthür, 1876)　　　　　　　　　01-04

　　中型粉蝶。翅色白色。前翅背面外缘有1列椭圆形白斑，中室外有4个长形白斑，中室端黑斑宽，中室白斑短而阔，后缘有较阔长形白斑直抵翅基。后翅背面外缘饰有白斑，亚外缘有黑色横带，中室内有长形白斑，外有白斑围绕，翅脉及后缘区部分白色。腹面斑纹与背面相似，但前翅顶角和后翅黄色或乳白色；后翅亚外缘由箭状纹连接形成横带，箭状纹不锋利，末端不达外缘，基部有黄色斑。

　　1年1代，成虫多见于7-8月。

　　分布于四川、云南等地。

完善绢粉蝶 / *Aporia agathon* (Gray, 1831)　　　　　　　　　　05-12 / P1527

　　大中型粉蝶。色彩、斑纹变异较大，翅背面黑纹极发达。雄蝶前翅背面散布黑色鳞片，使整个翅面以黑色为主，缀有灰白色斑纹，亚外缘有白色斑列，中室外围有长形白斑，中室内和下方各有白色纵带。后翅背面亚外缘饰有1列白斑，中室有长形白斑。腹面斑纹与背面相似，但后翅翅色淡黄或深黄色，基部有黄色斑。雌蝶翅色比雄蝶稍浅。

　　1年1代，成虫多见于5-6月。幼虫以小檗科植物为寄主。

　　分布于四川、云南、西藏、台湾等地。此外见于尼泊尔、印度、缅甸、越南等地。

丫纹绢粉蝶 / *Aporia delavayi* (Oberthür, 1890)　　　　　　　　13-17 / P1528

　　中型粉蝶。翅色白色，斑纹十分淡化。前翅背面顶角显黑褐色或白色，中室端斑很淡。后翅背面亚外缘翅脉间隐约显灰褐色线纹。腹面斑纹与背面相似，但前翅顶角及后翅翅色为淡黄色，后翅中室内有1条"Y"形纹，各翅脉间的"Y"形纹末端到达后翅外缘，基部有黄色斑。

　　1年1代，成虫多见于6-7月。

　　分布于四川、陕西、甘肃、云南、西藏等地。

01 ♂
三黄绢粉蝶
云南贡山

01 ♂
三黄绢粉蝶
云南贡山

02 ♂
三黄绢粉蝶
云南昆明

02 ♂
三黄绢粉蝶
云南昆明

03 ♂
三黄绢粉蝶
云南东川

03 ♂
三黄绢粉蝶
云南东川

04 ♀
三黄绢粉蝶
贵州威宁

04 ♀
三黄绢粉蝶
贵州威宁

⑤ ♂
完善绢粉蝶
西藏墨脱

⑤ ♂
完善绢粉蝶
西藏墨脱

⑥ ♂
完善绢粉蝶
云南东川

⑥ ♂
完善绢粉蝶
云南东川

⑦ ♂
完善绢粉蝶
云南贡山

⑦ ♂
完善绢粉蝶
云南贡山

⑧ ♂
完善绢粉蝶
云南盈江

⑧ ♂
完善绢粉蝶
云南盈江

⑨ ♂

完善绢粉蝶
云南腾冲

⑨ ♂

完善绢粉蝶
云南腾冲

⑩ ♀

完善绢粉蝶
云南腾冲

⑩ ♀

完善绢粉蝶
云南腾冲

⑪ ♂

完善绢粉蝶
台湾新北

⑪ ♂

完善绢粉蝶
台湾新北

⑫ ♀

完善绢粉蝶
台湾台北

⑫ ♀

完善绢粉蝶
台湾台北

⑬ ♂
丫纹绢粉蝶
西藏察隅

⑭ ♂
丫纹绢粉蝶
四川九寨沟

⑮ ♂
丫纹绢粉蝶
四川芦山

⑬ ♂
丫纹绢粉蝶
西藏察隅

⑭ ♂
丫纹绢粉蝶
四川九寨沟

⑮ ♂
丫纹绢粉蝶
四川芦山

⑯ ♂
丫纹绢粉蝶
四川雅安

⑰ ♂
丫纹绢粉蝶
云南贡山

⑯ ♂
丫纹绢粉蝶
四川雅安

⑰ ♂
丫纹绢粉蝶
云南贡山

园粉蝶属 / *Cepora* Billberg, 1820

中型粉蝶。体背黑色密被白色毛。头大，触角细长，端部膨大。翅形圆，多数种类颜色素雅，少数具鲜黄色。部分种类具性二型。

成虫栖息于林地边缘，飞行缓慢，但稍跳跃。两性访花，雄蝶常在潮湿地面或溪边聚集吸水。幼虫取食山柑科植物。

主要分布于东洋区和印澳区。国内目前已知3种，本图鉴收录3种。

黑脉园粉蝶 / *Cepora nerissa* (Fabricius, 1775)　　　　　　　　01-04 / P1529

中型粉蝶。背面白色具黑脉，前翅前缘灰色，外中区具2枚黑斑；后翅脉端黑色扩展，外中区具模糊的灰色斑。腹面斑纹似背面，但翅脉赭黄色，后翅肩角黄色。雌蝶似雄蝶，但底色污白至灰黄，背面斑纹呈褐色且更粗。旱季型背面斑纹退化，腹面斑纹呈灰色。

1年多代。幼虫寄主植物为山柑科野香橼花、广州槌果藤等。

分布于华南、东南与西南各省。此外见于南亚次大陆至马来群岛及菲律宾群岛广大区域。

青园粉蝶 / *Cepora nadina* (Lucas, 1852)　　　　　　　　05-09 / P1530

中型粉蝶。背面白色，前翅前缘灰色，顶区及外缘黑色；后翅外缘灰色，脉端黑色。腹面前翅前缘、顶区灰黄色，中室下缘、外缘及邻近翅脉灰色；后翅为不均匀的灰黄色。雌蝶背面灰褐色，中域具白斑；腹面前翅顶区及后翅整体灰黄色，脉灰色。旱季型背面斑纹退化，腹面褐灰色。

1年多代。幼虫以山柑科尖叶槌果藤、台湾山柑等植物为寄主。

分布于云南、广西、海南、台湾等地。此外见于南亚次大陆至马来群岛和菲律宾群岛广大区域。

黄裙园粉蝶 / *Cepora iudith* (Fabricius, 1787)　　　　　　　　10-11

中型粉蝶。背面前翅白色具少量黑脉，前缘灰色，顶角及外缘黑色；后翅前半白色、后半鲜黄色，外缘黑色。腹面前翅前缘、顶区及邻近翅脉黑褐色，顶区具黄斑；后翅鲜黄色具少量黑脉，外缘宽褐色边内镶嵌黄斑。雌蝶背面前翅顶角及外缘具宽褐色边，后翅黄色暗淡，褐边宽。

1年多代。幼虫以山柑科山柑属植物为寄主。

分布于台湾。此外见于中南半岛至菲律宾群岛和马来群岛等地。

01 ♂
黑脉园粉蝶
福建福州

02 ♀
黑脉园粉蝶
台湾台东

03 ♂
黑脉园粉蝶
台湾台东

01 ♂
黑脉园粉蝶
福建福州

02 ♀
黑脉园粉蝶
台湾台东

03 ♂
黑脉园粉蝶
台湾台东

04 ♀
黑脉园粉蝶
台湾屏东

05 ♀
青园粉蝶
云南盈江

06 ♀
青园粉蝶
台湾台南

04 ♀
黑脉园粉蝶
台湾屏东

05 ♀
青园粉蝶
云南盈江

06 ♀
青园粉蝶
台湾台南

07 ♂
青园粉蝶
海南乐东

08 ♂
青园粉蝶
台湾苗栗

09 ♀
青园粉蝶
台湾苗栗

07 ♂
青园粉蝶
海南乐东

08 ♂
青园粉蝶
台湾苗栗

09 ♀
青园粉蝶
台湾苗栗

10 ♂
黄裙园粉蝶
台湾台东

11 ♀
黄裙园粉蝶
台湾台东

10 ♂
黄裙园粉蝶
台湾台东

11 ♀
黄裙园粉蝶
台湾台东

粉蝶属 / *Pieris* Schrank, 1801

中型粉蝶。翅背面白色，有时稍带黄色。前翅翅顶与外缘黑色，亚端常有1-2枚黑斑。雌蝶颜色比雄蝶深，黑斑比雄蝶发达。下唇须第3节细长，前伸。后翅各翅脉独立，中室长超过后翅长度的一半。

幼虫寄主为十字花科植物。

本属种类为最常见的蝴蝶，广泛分布于世界各地。由于分类观点的不同，本属所包含的种数差异较大，从20多种到50多种不等。国内目前已知20种，本图鉴收录19种。

欧洲粉蝶 / *Pieris brassicae* (Linnaeus, 1758)　　　　01-04 / P1531

中大型粉蝶。雄蝶翅背面乳白色，基部有黄色和黑色鳞片。前翅前缘黑色，顶端部的黑斑沿外缘延伸超过翅宽的一半，亚端有2枚模糊的黑斑，通常有1枚消失。后翅前缘端部有1枚三角形黑斑。腹面前翅顶角淡黄褐色，2枚黑斑很明显；后翅黄色，密布黄褐色的细小鳞片。雌蝶翅淡黄白色，基部的黑色细鳞片更浓密；前翅亚端的2枚黑斑大而显著，后缘有1枚黑色纵条纹。夏型个体通常较大，后翅腹面黄色较浅，黑色细鳞片较稀少。

1年多代，成虫多见于4-9月，但西藏墨脱3月就能见到。幼虫以十字花科植物为寄主。

分布于吉林、四川、云南、西藏、甘肃、新疆等地。此外见于印度、尼泊尔及中亚、欧洲等地。

斑缘粉蝶 / *Pieris deota* (de Niceville, 1884)　　　　05

中型粉蝶。雄蝶翅背面白色到淡黄白色。前翅顶角黑色，与外缘脉端的三角形黑斑连为一体，形成完整的黑色外带，该带的内缘多少呈锯齿状。后翅外缘脉端的黑斑半圆形。腹面前翅顶角淡黄褐色，外缘脉端的黑斑模糊，亚端有3枚黑斑。后翅淡黄色，密布黄褐色的细小鳞片。雌蝶翅背面淡黄白色，基部散生黑色细鳞片；前翅顶角及外缘的黑斑扩大，亚端有2个椭圆形黑斑，后缘有1枚黑色条纹。

成虫多见于6-7月。生活在海拔3000-4300米的山区。

分布于西藏、新疆。此外见于喜马拉雅山脉西北部地区。

菜粉蝶 / *Pieris rapae* (Linnaeus, 1758)　　　　06-08 / P1532

中型粉蝶。雄蝶前翅背面粉白色，近基部散布黑色鳞片；顶角区有1枚三角形的大黑斑；外缘白色；亚端有2枚黑斑，其中下方1枚常退化或消失。后翅略呈卵圆形，白色，基部散布黑色鳞，顶角附近饰有1枚黑斑。前翅腹面大部白色，顶角区密被淡黄色鳞片；亚端的黑斑色较翅背面为深。后翅腹面布满淡黄色鳞片，其间疏布灰黑色鳞，在中室下半部最为密集醒目。雌蝶体形较雄蝶略大，翅面淡灰黄白色，斑纹排列同雄蝶，但色深浓，特别是臀角附近的黑斑显著发达，并在其下方另有1条黑褐色带状纹，沿着后缘伸向翅基。翅腹面斑纹也与雄蝶相同，但黄鳞色更深浓，极易与雄蝶区别。

1年多代，成虫多见于2-9月。以蛹越冬，越冬蛹羽化日期，由北向南逐渐提早，趋势十分明显。菜粉蝶越冬成虫始羽时间一般在2月中下旬。成虫好访花，飞行缓慢。雄蝶有领域行为。幼虫以芸苔属、木樨草属、甘蓝等十字花科、白花菜科、金莲花科植物为寄主。

备注：本种有明显的季节和个体变异，学者根据地域将本种划分为2个亚种，西方亚种（指名亚种）分布在欧亚大陆西部及北非；东方亚种ssp. *crucivora*则分布在中国（全国各省区）、日本及朝鲜半岛、俄罗斯东部。

东方菜粉蝶 / *Pieris canidia* (Sparrman, 1768)

09-13 / P1533

中型粉蝶。雄蝶翅背面白色；前翅的前缘脉黑色，顶角有三角形黑斑，并与外缘的黑斑相连而延伸到近臀角处，黑斑的内缘呈锯齿状；亚端有2个黑斑，后翅前缘中部有1个黑斑，这3个黑斑均较菜粉蝶大而圆；后翅外缘各脉端均有三角形的黑斑。翅腹面白色或乳白色，除前翅2枚黑斑尚存外，其余斑均模糊。雌蝶斑纹较明显，腹面基部的黑鳞区较雄蝶宽。

1年多代。在江西以蛹越冬；越冬代成虫一般在4月上旬开始羽化。幼虫喜欢在萝卜、白菜、芥菜、野生的独心菜等植物上取食为害。第一、二代幼虫主要在正在开花结荚的白菜、芥菜和萝卜留种地上取食叶片和荚。在山区常和黑脉粉蝶混杂发生为害，但发生数量明显小于黑脉粉蝶。第三、四代幼虫主要在田旁和沟边的独心菜和自生苗小白菜上为害。以后各代主要在萝卜、芥菜和白菜上为害。

分布于国内各地。此外见于土耳其、印度、越南、老挝、缅甸、柬埔寨、泰国、马来半岛、朝鲜半岛等地。

克莱粉蝶 / *Pieris krueperi* Staudinger, 1860

14 / P1534

中小型粉蝶。前翅背面白色，后半部泛灰黄色；外缘从顶角到中部有黑斑；亚缘斑2枚，明显，靠前缘的一枚三角形，另一枚圆形。后翅淡黄白色，基半部散布较浓的黑色鳞片；前缘斑和外缘斑黑色。腹面斑纹与背面相似，但更明显，特别是雌蝶后翅基部的黑色更浓密，形成明显的大黑斑。

1年多代，成虫多见于4-9月。生活在海拔2500米左右的高山地区。

分布于新疆。此外见于俄罗斯、保加利亚、南斯拉夫、希腊、伊朗、阿富汗、巴基斯坦、叙利亚及印度西北部、中亚。

暗脉粉蝶 / *Pieris napi* (Linnaeus, 1758)

15-16 / P1534

中小型粉蝶。雄蝶前翅背面乳白色，前缘黑褐色；顶角黑斑窄而被脉纹分割；亚端的黑斑不发达或消失。后翅前缘外方有1个三角形的黑斑。前翅腹面的顶角淡黄色，臀角附近有明显的黑斑，其余同背面。后翅腹面淡黄色，基部处有1个橙色斑点，脉纹暗褐色明显，通常比菜纹粉蝶粗。雌蝶翅背面基部淡黑褐色，黑色斑及后缘末端的条纹扩大，脉纹明显，其余同雄蝶。夏型雌蝶顶角斑缩小，后翅翅面的暗色脉纹加粗。

成虫多见于4-9月。常与菜粉蝶混合发生。

分布于河北、辽宁、吉林、黑龙江、湖北、河南、西藏、青海、新疆。此外见于日本、巴基斯坦及印度北部、小亚细亚、朝鲜半岛、高加索地区、欧洲、北美洲和非洲。

东北粉蝶 / *Pieris orientis* Oberthür, 1880

17-18

中型粉蝶。雄蝶翅背面白色。前翅前缘黑色；顶角的黑斑多被白纹分割形成斑列；亚外缘有1个明显的大黑斑及1个模糊的黑斑，后者通常消失。后翅前缘外方有1个黑色小斑。前翅腹面白色，亚端的第2个黑斑更明显。后翅腹面具黄色磷粉，基部处有1个黄色小斑点，脉纹不呈黑色，极少数微显褐色。雌蝶翅背面基部淡黑褐色，中室下缘的脉纹显著较粗黑，黑色斑及后缘末端的条纹扩大，后翅外缘脉端有黑色斑列，其余同雄蝶。

成虫多见于4-8月。

分布于辽宁、黑龙江、吉林。此外见于俄罗斯及朝鲜半岛。

斯坦粉蝶 / *Pieris steinigeri* Eitschberger, 1983

19

中小型粉蝶。雄蝶前翅背面乳白色；前缘黑褐色；顶角斑较暗纹粉蝶宽，但较黑纹粉蝶窄。后翅前缘外方有1个模糊的三角形黑斑。前翅腹面的顶角淡黄色，其余同背面。后翅腹面淡黄色，基角处有1个橙色斑点，脉纹暗褐色明显，通常比暗脉粉蝶细。雌蝶翅基部淡黑褐色，黑色斑及后缘末端的条纹扩大，背面的脉纹明显，其余同雄蝶。

成虫多见于3-7月。

分布于四川和云南。

备注：本种作为独立种发表，但似乎是黑纹粉蝶与暗脉粉蝶之间的一个过渡型，大小介于两者之间，背面斑纹整体似暗脉粉蝶，但顶角斑更似黑纹粉蝶。

01 ♂
欧洲粉蝶
西藏林芝

02 ♀
欧洲粉蝶
西藏墨脱

03 ♂
欧洲粉蝶
甘肃榆中

01 ♂
欧洲粉蝶
西藏林芝

02 ♀
欧洲粉蝶
西藏墨脱

03 ♂
欧洲粉蝶
甘肃榆中

04 ♀
欧洲粉蝶
甘肃榆中

05 ♀
斑缘粉蝶
新疆叶城

06 ♂
菜粉蝶
台湾高雄

04 ♀
欧洲粉蝶
甘肃榆中

05 ♀
斑缘粉蝶
新疆叶城

06 ♂
菜粉蝶
台湾高雄

07 ♀
菜粉蝶
台湾台东

08 ♀
菜粉蝶
上海

09 ♂
东方菜粉蝶
北京昌平

10 ♀
东方菜粉蝶
台湾高雄

07 ♀
菜粉蝶
台湾台东

08 ♀
菜粉蝶
上海

09 ♂
东方菜粉蝶
北京昌平

10 ♀
东方菜粉蝶
台湾高雄

11 ♂
东方菜粉蝶
台湾台北

12 ♂
东方菜粉蝶
甘肃兰州

13 ♀
东方菜粉蝶
甘肃兰州

11 ♂
东方菜粉蝶
台湾台北

12 ♂
东方菜粉蝶
甘肃兰州

13 ♀
东方菜粉蝶
甘肃兰州

⑭ ♂
克莱粉蝶
新疆喀什

⑮ ♂
暗脉粉蝶
新疆新源

⑯ ♀
暗脉粉蝶
新疆新源

⑭ ♂
克莱粉蝶
新疆喀什

⑮ ♂
暗脉粉蝶
新疆新源

⑯ ♀
暗脉粉蝶
新疆新源

⑰ ♂
东北粉蝶
黑龙江哈尔滨

⑱ ♀
东北粉蝶
黑龙江伊春

⑲ ♂
斯坦粉蝶
四川峨眉山

⑰ ♂
东北粉蝶
黑龙江哈尔滨

⑱ ♀
东北粉蝶
黑龙江伊春

⑲ ♂
斯坦粉蝶
四川峨眉山

黑边粉蝶 / *Pieris melaina* Röber, 1907　　01-02

　　中型粉蝶。雄蝶翅背面乳白色，脉纹黑色。前翅前缘黑色；顶角黑色较宽，与亚外缘中部的大黑斑连为一体；臀角附近有1个模糊的黑斑。后翅前缘外方有1个黑色豆芽状斑。前翅腹面的顶角淡黄色，臀角附近的黑斑及脉纹更明显。后翅腹面具黄色磷粉，基角处有1个橙色斑点，脉纹黑色明显。雌蝶翅背面基部淡黑褐色，黑色斑及后缘末端的条纹扩大，形成宽阔的黑边；后翅外缘有宽阔而松散的黑色斑列或横带，其余同雄蝶。

　　成虫多见于6-7月。

　　分布于四川和西藏。此外见于尼泊尔和印度。

黑纹粉蝶 / *Pieris melete* Ménétriès, 1857　　03-11 / P1535

　　中型粉蝶。雄蝶翅背面白色，脉纹黑色。前翅前缘及顶角黑色，外缘M脉各支的末端有黑斑点；亚外缘有1个明显的大黑斑及1个模糊的黑斑。后翅前缘外方有1个黑色牛角状斑，有些个体后缘脉端的黑色加粗。前翅腹面的顶角淡黄色，亚外缘下方的黑斑更明显。后翅腹面具黄色磷粉，基角处有1个橙色斑点，脉纹褐色明显。雌蝶翅基部淡黑褐色，黑色斑及后缘末端的条纹扩大，脉纹明显比雄蝶粗，后翅外缘有黑色斑列或横带，其余同雄蝶。本种有春、夏两型：春型较小，翅形稍细长，黑色部分较深；夏型较大，体色较春型淡而明显。

　　1年多代，成虫多见于2-9月。以幼虫取食十字花科植物的叶片和荚果。以蛹越夏和越冬。由于越夏代成虫的羽化期和产卵期长，导致了世代重叠。

　　分布于河北、上海、浙江、安徽、福建、江西、河南、湖北、湖南、广西、四川、贵州、云南、西藏、陕西、甘肃等地。此外见于日本及朝鲜半岛、西伯利亚地区。

大展粉蝶 / *Pieris extensa* Poujade, 1888　　12-14 / P1535

　　中大型粉蝶。雄蝶翅背面白色，脉纹黑色，中室下缘的脉纹显著较粗黑。前翅顶角黑色，亚外缘中部有1个明显的大黑斑，其下方有1个模糊的黑斑。后翅前缘外方有1个黑色牛角状斑。前翅腹面的顶角淡黄色，臀角附近的黑斑更明显。后翅腹面具黄色磷粉，基角处有1个橙色斑点，脉纹黑色明显。雌蝶翅背面基部淡黑褐色，黑色斑及后缘末端的条纹扩大，后翅外缘有黑色斑列或横带，其余同雄蝶。

　　成虫多见于4-9月。

　　分布于湖北、四川、云南、西藏、甘肃、陕西。此外见于不丹。

王氏粉蝶 / *Pieris wangi* Huang, 1998　　15-16

　　中型粉蝶。雄蝶翅背面淡白色，前翅基部散布黑色鳞片；翅脉黑色，向翅顶和外缘加宽；中室下缘明显粗黑；中室端部的黑斑发达，亚端的黑斑与中室端斑相连而形成1条完整的弧形横带；外缘有阔的黑边。后翅基部散布黑色鳞片；黑色的翅脉向外缘加宽；亚端有1条月牙形的黑带；外缘有狭窄的黑边。前翅腹面淡白色，顶角区泛黄色；黑色脉纹宽而明显；亚端斑位于翅后半部。后翅腹面底色黄，肩区橙黄色；黑色脉纹及中室内的脉状条纹宽而明显；亚端的黑色鳞片形成模糊的横带；外缘有狭窄的黑色边。雌蝶前后翅的亚端带均较雄蝶发达，基半部的白色区域明显缩小，且散布有较多的黑色鳞片。后翅背面的脉纹明显加粗，几乎等宽地伸达翅外缘。

　　成虫多见于8-9月。

　　分布于西藏墨脱。

偌思粉蝶 / *Pieris rothschildi* Verity, 1911　　17-20

　　中型粉蝶。雄蝶翅背面淡白色，翅脉黑色，向翅顶和外缘加宽；中室端部的松散黑斑发达；亚端的黑斑伸达近后缘，并与中室端斑相连而形成1条完整的弧形横带；外缘有狭窄的黑边。后翅基部散布黑色鳞片；黑色的翅脉向外缘加宽；亚端有松散的亚顶斑，中部有2枚模糊的小黑斑；外缘有狭窄的黑边。翅腹面前翅淡白色，顶角区泛黄色，散布有明显的黑色鳞片；黑色脉纹宽而明显。后翅底色黄，黑色脉纹及中室内的脉状条纹宽而明显；外缘有狭窄的黑色边。

　　成虫多见于7-8月。

　　分布于四川、甘肃和陕西。

01 ♂
黑边粉蝶
西藏亚东

02 ♀
黑边粉蝶
西藏亚东

03 ♀
黑纹粉蝶
浙江临安

01 ♂
黑边粉蝶
西藏亚东

02 ♀
黑边粉蝶
西藏亚东

03 ♀
黑纹粉蝶
浙江临安

04 ♀
黑纹粉蝶
贵州贵阳

05 ♂
黑纹粉蝶
贵州贵阳

06 ♀
黑纹粉蝶
四川天全

04 ♀
黑纹粉蝶
贵州贵阳

05 ♂
黑纹粉蝶
贵州贵阳

06 ♀
黑纹粉蝶
四川天全

07 ♀
黑纹粉蝶
云南香格里拉

08 ♂
黑纹粉蝶
四川九龙

09 ♀
黑纹粉蝶
四川九龙

07 ♀
黑纹粉蝶
云南香格里拉

08 ♂
黑纹粉蝶
四川九龙

09 ♀
黑纹粉蝶
四川九龙

10 ♂
黑纹粉蝶
江苏句容

11 ♂
黑纹粉蝶
四川天全

10 ♂
黑纹粉蝶
江苏句容

11 ♂
黑纹粉蝶
四川天全

⑫♂
大展粉蝶
四川泸定

⑫♂
大展粉蝶
四川泸定

⑬♀
大展粉蝶
四川峨眉山

⑬♀
大展粉蝶
四川峨眉山

⑭♂
大展粉蝶
粉酉宁陕

⑭♂
大展粉蝶
陕西宁陕

15 ♂
王氏粉蝶
西藏墨脱

16 ♀
王氏粉蝶
西藏墨脱

17 ♂
偌思粉蝶
甘肃临潭

15 ♂
王氏粉蝶
西藏墨脱

16 ♀
王氏粉蝶
西藏墨脱

17 ♂
偌思粉蝶
甘肃临潭

18 ♀
偌思粉蝶
甘肃临潭

19 ♂
偌思粉蝶
陕西太白

20 ♀
偌思粉蝶
陕西太白

18 ♀
偌思粉蝶
甘肃临潭

19 ♂
偌思粉蝶
陕西太白

20 ♀
偌思粉蝶
陕西太白

春丕粉蝶 / *Pieris chumbiensis* (de Nicéville, 1897)　　01-02

中型粉蝶。雄蝶翅背面淡白色，前翅基部散布黑色鳞片；中室端部的黑斑发达，月牙形；亚端有1枚明显的圆形大斑及1枚模糊的小斑；顶角斑较窄；外缘有窄的黑边。后翅基部散布黑色鳞片；中室端脉黑色，细；翅脉末端有黑色小斑点；亚端有1列模糊的黑斑。翅腹面前翅淡白色，顶角区泛黄色；端部的黑色脉纹宽而明显；亚端近臀角处另有1枚模糊的黑斑。后翅底色黄，肩区橙黄色；黑色脉纹及中室内的脉状条纹宽而明显；亚端的黑色鳞片形成模糊的横带。雌蝶前后翅的亚端斑形成横带，其余同雄蝶。

成虫多见于6-7月。

分布于西藏。此外见于印度北部。

库茨粉蝶 / *Pieris kozlovi* Alpheraky, 1897　　03-04

中型粉蝶。本种外形与杜贝粉蝶很相似，但体形较小，后翅腹面基部的下半部几乎没有浅色条纹。而杜贝粉蝶体形较大，后翅腹面基部的下半部有明显的浅色条纹。

成虫多见于6-8月。

分布于西藏和青海。

杜贝粉蝶 / *Pieris dubernardi* Oberthür, 1884　　05-08

中型粉蝶。雄蝶翅背面淡白色，前翅基部散布黑色鳞片；翅脉黑色，向翅顶和外缘加宽；中室端部的松散黑斑发达；亚端斑大而明显；外缘有狭窄的黑边。后翅背面基部散布黑色鳞片；黑色的翅脉向外缘加宽；亚端有1列松散的黑斑，前缘1枚大而显著；外缘有狭窄的黑边。翅腹面淡白色，顶角区泛黄色；黑色脉纹宽而明显；亚端斑位于翅后半部。后翅腹面底色黄，肩区橙黄色；黑色脉纹及中室内的脉状条纹宽而明显；亚端的黑色鳞片形成明显的疏散横带；外缘有狭窄的黑色边。雌蝶触角腹面的银灰色环比雄蝶更明显。前翅背面亚端的黑斑伸达后缘，并与中室端斑相连而形成1条完整的弧形横带。后翅背面的脉纹明显加粗，亚端带明显。

成虫多见于6-8月。

分布于四川、云南、西藏、甘肃。

斯托粉蝶 / *Pieris stotzneri* (Draeseke, 1924)　　09-12 / P1536

中小型粉蝶。本种与近似种相似的主要区别为前翅端部的黑色鳞片向内扩展到中室末端，部分地区的种群甚至前翅几乎为黑，后翅腹面中室内的黑条纹端部分叉。

成虫多见于5月。

分布于四川和云南。为中国特有种。

大卫粉蝶 / *Pieris davidis* Oberthür, 1876　　13-16

中小型粉蝶。雄蝶翅背面白色略带黄色，翅脉黑色；中室端纹不明显加粗；亚端有1条松散的宽黑带；前缘和外缘有狭窄的黑边。后翅基部散布黑色鳞片；有松散的亚顶斑；外缘有很窄的黑边。翅腹面前翅淡黄白色，顶角区泛黄色；黑色脉纹较前翅粗；没有黑色斑带。后翅底色淡黄，黑色脉纹较前翅粗；中室内有1条脉状宽条纹；各边缘有狭窄的黑色边。雌蝶前、后翅翅面黄色较浓，黑色脉纹明显加粗，前翅亚端的黑带伸达A脉。腹面同雄蝶，但后翅的黄色更浓。

成虫多见于6-7月。

分布于四川、云南、西藏、陕西、甘肃。

维纳粉蝶 / *Pieris venata* Leech, 1891　　17-20

中小型粉蝶。本种翅背面斑纹与大卫粉蝶相同，但后翅腹面橙黄色，脉纹很粗。

成虫多见于5-9月。

分布于四川、甘肃和西藏。

01 ♂
春丕粉蝶
西藏日喀则

02 ♀
春丕粉蝶
西藏日喀则

03 ♂
库茨粉蝶
青海都兰

01 ♂
春丕粉蝶
西藏日喀则

02 ♀
春丕粉蝶
西藏日喀则

03 ♂
库茨粉蝶
青海都兰

04 ♀
库茨粉蝶
青海天峻

05 ♂
杜贝粉蝶
四川九龙

06 ♂
杜贝粉蝶
四川康定

04 ♀
库茨粉蝶
青海天峻

05 ♂
杜贝粉蝶
四川九龙

06 ♂
杜贝粉蝶
四川康定

⑦ ♂
杜贝粉蝶
云南德钦

⑧ ♀
杜贝粉蝶
西藏芒康

⑨ ♂
斯托粉蝶
四川九龙

⑦ ♂
杜贝粉蝶
云南德钦

⑧ ♀
杜贝粉蝶
西藏芒康

⑨ ♂
斯托粉蝶
四川九龙

⑩ ♀
斯托粉蝶
云南德钦

⑪ ♂
斯托粉蝶
云南德钦

⑫ ♂
斯托粉蝶
云南泸水

⑩ ♀
斯托粉蝶
云南德钦

⑪ ♂
斯托粉蝶
云南德钦

⑫ ♂
斯托粉蝶
云南泸水

⑬ ♂
大卫粉蝶
四川康定

⑭ ♂
大卫粉蝶
四川康定

⑮ ♂
大卫粉蝶
四川九龙

⑯ ♂
大卫粉蝶
陕西宁陕

⑬ ♂
大卫粉蝶
四川康定

⑭ ♂
大卫粉蝶
四川康定

⑮ ♂
大卫粉蝶
四川九龙

⑯ ♂
大卫粉蝶
陕西宁陕

⑰ ♂
维纳粉蝶
四川康定

⑱ ♂
维纳粉蝶
四川雅江

⑲ ♀
维纳粉蝶
四川康定

⑳ ♀
维纳粉蝶
甘肃夏河

⑰ ♂
维纳粉蝶
四川康定

⑱ ♂
维纳粉蝶
四川雅江

⑲ ♀
维纳粉蝶
四川康定

⑳ ♀
维纳粉蝶
甘肃夏河

云粉蝶属 / *Pontia* Fabricius, 1807

　　中小型粉蝶。触角约为前翅长的一半，锤角突然膨大。前翅有9或10条脉；背面中室端部有1个大的灰褐色到黑色斑，斑上的中室端脉白色，顶角区域灰褐色到黑色，外缘有1列或大或小的白斑，亚外缘在近臀角处通常有1个方形斑。腹面斑纹与背面相似，颜色为黄绿色。雄蝶后翅背面白色。雌蝶后翅背面有褐色到黑色的亚外缘斑；外缘有斑，并与亚外缘斑相连。腹面黄色到褐色，中域和外缘各有1列白斑，中室内也有白斑。

　　分布在古北区、新北区和非洲热带区。国内目前已知有3种，本图鉴收录3种。

绿云粉蝶 / *Pontia chloridice* (Hübner, [1813])　　　　　　01-02 / P1536

　　中小型粉蝶。雄蝶前翅背面白色，中室端部有肾形黑斑，其上有1条白线；顶角突出，外缘有1排逐渐变小的黑条斑；亚顶角有1条不规则形状的横带。腹面与背面斑纹相同，颜色为绿色。后翅背面白色，基部被黑色磷粉；腹面黄褐色，前缘经外缘到内缘有9-10个平头楔形的长白斑，中室内有1个长椭圆形斑，中域有1条不规则白带。雌蝶前翅背面外缘带较宽而明显，亚外缘带完整，中室端斑较大，方形；腹面斑纹黄绿色，有2个黑褐色斑。后翅背面外缘有5-6个黑斑；中部有黑色的亚外缘带，并逐渐减淡。

　　成虫多见于4-9月。幼虫以欧白芥属、大蒜芥属、播娘蒿属等植物为寄主，以蛹越冬。

　　分布于北京、内蒙古、吉林、黑龙江、西藏、新疆、甘肃、青海等地。此外见于阿富汗、巴基斯坦、伊朗、土耳其、蒙古、俄罗斯及印度北部、朝鲜半岛。

云粉蝶 / *Pontia edusa* (Fabricius, 1777)　　　　　　03-07 / P1537

　　中小型粉蝶。雄蝶前翅背面白色，有1个大的黑色中室端斑，顶角到近臀角处有宽的黑色外缘带，其上有3-4个小白斑，顶角处的白斑有1条白线连到翅缘。腹面中室基半部覆黄绿色磷粉，其余斑纹都与背面相似，颜色为黄绿色。后翅背面前缘中部有1个黑斑。后翅腹面黄绿色，从前缘经外缘到内缘有9-10个近圆形的短白斑，中域有1条白带，中室内有1个圆形的白斑。雌蝶前翅背面基部和前缘的基部到中室端斑处都密布黑褐色磷粉。后翅背面亚外缘有1条褐色带，并逐渐变浅，部分脉端也有褐色斑。本种的春型和秋型差别较大，春型个体小，后翅腹面为深褐色；夏型的个体较大，后翅腹面黄绿色。

　　成虫多见于4-10月。幼虫以木樨草属、旗杆芥属、大蒜芥属，欧白芥属、庭芥属植物为寄主。

　　分布于北京、河北、内蒙古、山西、辽宁、吉林、黑龙江、上海、江苏、山东、河南、广西、四川、云南、西藏、陕西、宁夏、甘肃、新疆等地。此外见于印度西北部、西伯利亚、欧洲、北非到埃塞俄比亚等地。

箭纹云粉蝶 / *Pontia callidice* (Hübner, [1800])　　　　　　08-09 / P1538

　　小型粉蝶。雄蝶翅背面白色，中室端部有明显的长方形斑，外中域有1条不连续的黑带，外缘有5个三角形向外发散的黑斑。后翅背面翅基部中后部密布黑色磷粉；亚外缘中部有2个斑；中室端斑颜色较浅，其他翅室的亚外缘可透视翅腹面的箭状斑；腹面黄白色，翅脉上有黄褐色粗条，亚外缘有箭状斑。雌蝶前翅翅面白色，中室端斑大而黑，呈长方形，外中域黑带十分明显，并与外缘带连在一起，有5个亚外缘白斑。后翅背面比雄蝶黑色的部分多，中室的基部及其后方大部都被黑色磷粉；亚外缘有箭状斑；中室端斑较大，黑色，中央有1条白线。

　　成虫多见于5-8月。幼虫以十字花科糖芥属、大蒜芥属及木樨草科木樨草属植物为寄主。

　　分布于西藏、青海、新疆。此外见于欧洲的高山到哈萨克斯坦及印度西北部。

01 ♂
绿云粉蝶
甘肃兰州

01 ♂
绿云粉蝶
甘肃兰州

02 ♀
绿云粉蝶
甘肃兰州

02 ♀
绿云粉蝶
甘肃兰州

03 ♀
云粉蝶
北京

03 ♀
云粉蝶
北京

04 ♀
云粉蝶
北京

04 ♀
云粉蝶
北京

05 ♂
云粉蝶
新疆乌鲁木齐

05 ♂
云粉蝶
新疆乌鲁木齐

06 ♀
云粉蝶
新疆乌鲁木齐

06 ♀
云粉蝶
新疆乌鲁木齐

07 ♀
云粉蝶
甘肃永登

07 ♀
云粉蝶
甘肃永登

08 ♀
箭纹云粉蝶
新疆乌鲁木齐

08 ♀
箭纹云粉蝶
新疆乌鲁木齐

09 ♂
箭纹云粉蝶
新疆乌鲁木齐

09 ♂
箭纹云粉蝶
新疆乌鲁木齐

飞龙粉蝶属 / *Talbotia* Bernardi, 1958

中小型粉蝶。体背黑色被白毛。头大，触角细长，端部膨大。似菜粉蝶。

成虫栖息于森林边缘，喜在开阔地和溪边飞行。两性访花，雄蝶常在潮湿地面或溪边聚集吸水。幼虫取食钟萼木科植物。

主要分布于东洋区，可达古北区南缘。国内目前已知1种，本图鉴收录1种。

飞龙粉蝶 / *Talbotia naganum* (Moore, 1884)　　　　　　　　　　01-07 / P1539

中小型粉蝶。背面白色，前翅顶角及相邻外缘为不规则黑色，室端具小黑斑，中域具2枚黑斑。腹面白色，前翅前缘、顶角及相邻外缘乳黄色，黑斑如背面；后翅腹面乳黄色。雌蝶前翅中室下方至外发出2条褐色带，后翅背面基部散布灰鳞，外缘各脉端具褐色大斑。

1年多代，成虫多见于4-11月。幼虫寄主植物为钟萼木科的钟萼木。

分布于西南、华中、华南、华东、台湾等地。此外见于老挝、越南及印度北部等地。

妹粉蝶属 / *Mesapia* Gray, 1856

小型粉蝶。外观与绢粉蝶较类似，但体形明显较小，翅形较圆。

本属生活在高原地区，常在阳光充足时活动，飞行较缓慢，常贴地飞行，有时可见其访花。

分布于古北区。本属为单型属。国内目前已知1种。本图鉴收录1种。

妹粉蝶 / *Mesapia peloria* (Hewitson, 1853)　　　　　　　　　　08-13 / P1540

小型粉蝶。翅形圆，雄蝶翅背面底色为白色，与黑色的翅脉及翅基的暗色斑对比强烈，前翅亚外缘呈半透明状，后翅腹面多少带有橘黄色，两翅中室端常有大而明显的黑斑。雌蝶斑纹相似，但翅背面底色带褐黄色，特别是前翅部分。

成虫多见于7-8月。

分布于新疆、甘肃、青海、四川、西藏等地。

侏粉蝶属 / *Baltia* Moore, 1878

　　小型粉蝶。头部与胸部多毛。下唇须第3节细，比第2节短。触角细，约为前翅长之半，锤状部大而明显；触角干上有黑白相间的细环。跗节没有爪垫和爪间突。前翅R脉4支。后翅卵圆形。

　　分布在古北区。国内目前已知2种，本图鉴收录1种。

芭侏粉蝶 / *Baltia butleri* (Moore, 1882)　　　　　　　　　　　　14-18 / P1540

　　小型粉蝶。雄蝶底色白色，翅基部散布有浓密的黑色鳞片。前翅中室端斑明显；外带为1个亚三角形的短斑；外缘有1列三角形的黑斑。后翅背面底色均匀，中室端斑2枚。雌蝶与雄蝶相似，但翅背面散布有更多的黑色鳞片，黑色斑纹更明显，特别是前翅的外带，通常连续而明显。后翅腹面底色淡黄，翅脉白色，两侧有宽的黑边。

　　成虫多见于6-8月。

　　分布于西藏、青海、新疆。此外见于印度北部。

纤粉蝶属 / *Leptosia* Hübner, 1818

　　小型粉蝶。体背黑色被短毛，头小，触角细，端部膨大。翅窄，颜色单调。无性二型。

　　成虫栖息于林缘、草地，飞行极其缓慢，常贴地活动。两性访花，雄蝶也在潮湿地面或溪边吸水。幼虫取食山柑科植物。

　　主要分布于东洋区。国内目前已知1种，本图鉴收录1种。

纤粉蝶 / *Leptosia nina* (Fabricius, 1793)　　　　　　　　　　　　19-21 / P1541

　　小型粉蝶。背面白色，前翅顶角具黑斑，外中区具大黑斑；腹面与背面相似，前翅前缘、顶角及后翅整体散布赭灰色不规则细纹。雌蝶与雄蝶相似，但背面斑纹呈褐色。

　　1年多代。幼虫以山柑科戟叶槌果藤等植物为寄主。

　　分布于云南、广西、广东、海南、台湾、香港等地。此外见于南亚次大陆至马来群岛和菲律宾群岛。

① ♂
飞龙粉蝶
海南五指山

① ♂
飞龙粉蝶
海南五指山

② ♂
飞龙粉蝶
台湾新北

② ♂
飞龙粉蝶
台湾新北

③ ♀
飞龙粉蝶
台湾台北

③ ♀
飞龙粉蝶
台湾台北

④ ♂
飞龙粉蝶
福建福州

④ ♂
飞龙粉蝶
福建福州

05 ♀
飞龙粉蝶
福建福州

05 ♀
飞龙粉蝶
福建福州

06 ♂
飞龙粉蝶
福建武夷山

06 ♂
飞龙粉蝶
福建武夷山

07 ♀
飞龙粉蝶
福建武夷山

07 ♀
飞龙粉蝶
福建武夷山

⑧ ♂
妹粉蝶
西藏工布江达

⑨ ♂
妹粉蝶
青海乌兰

⑩ ♀
妹粉蝶
青海乌兰

⑧ ♂
妹粉蝶
西藏工布江达

⑨ ♂
妹粉蝶
青海乌兰

⑩ ♀
妹粉蝶
青海乌兰

⑪ ♂
妹粉蝶
西藏察隅

⑫ ♂
妹粉蝶
甘肃夏河

⑬ ♀
妹粉蝶
甘肃夏河

⑭ ♂
芭侏粉蝶
西藏江孜

⑪ ♂
妹粉蝶
西藏察隅

⑫ ♂
妹粉蝶
甘肃夏河

⑬ ♀
妹粉蝶
甘肃夏河

⑭ ♂
芭侏粉蝶
西藏江孜

⑮ ♂
芭侏粉蝶
青海天峻

⑯ ♀
芭侏粉蝶
青海天峻

⑰ ♂
芭侏粉蝶
西藏察隅

⑱ ♀
芭侏粉蝶
西藏察隅

15 ♂
芭侏粉蝶
青海天峻

16 ♀
芭侏粉蝶
青海天峻

17 ♂
芭侏粉蝶
西藏察隅

18 ♀
芭侏粉蝶
西藏察隅

⑲ ♂
纤粉蝶
海南五指山

⑳ ♀
纤粉蝶
台湾新北

㉑ ♂
纤粉蝶
台湾新北

19 ♂
纤粉蝶
海南五指山

20 ♀
纤粉蝶
台湾新北

21 ♂
纤粉蝶
台湾新北

鹤顶粉蝶属 / *Hebomoia* Hübner, 1819

　　大型粉蝶。体背黑色密被白毛。头大、头后密生棕色短毛，触角粗长，端部膨大。前翅三角形、顶角尖，后翅圆。翅背面颜色单调，腹面具密波纹。具性二型。

　　成虫栖息与森林边缘，喜在开阔地和溪边飞行，迅速而跳跃。两性访花，雄蝶常在潮湿地面或溪边少数聚集吸水。幼虫取食山柑科植物。

　　主要分布于东洋区。国内目前已知1种，本图鉴收录1种。

鹤顶粉蝶 / *Hebomoia glaucippe* (Linnaeus, 1758)　　　　　　　　01-05 / P1542

　　大型粉蝶。翅背面白色，前翅前缘灰色，端部橙红色具黑边及黑脉，橙红斑各室具黑色箭纹；后翅外缘具黑色三角形斑。腹面前翅白色，前缘灰色，端部淡黄色密布棕褐色细波纹，后翅黄白色密布棕褐色细波纹，自基部到外缘贯穿褐色粗线。雌蝶似雄蝶，但前翅橙红斑中的黑色箭纹与后翅脉端及亚外缘的黑斑更发达。

　　1年多代，成虫多见于夏季。幼虫以山柑科野香橼花、鱼木等植物为寄主。

　　分布于南方各省区。此外见于南亚次大陆至马来群岛及菲律宾群岛广大区域。

青粉蝶属 / *Pareronia* Bingham, 1907

　　中大型粉蝶。体背黑色密被白毛。头大，触角细长，端部膨大。翅形浑圆，模拟斑蝶。具性二型。

　　成虫栖息于森林边缘，喜在开阔地和溪边飞行，动作迅速而跳跃。两性访花，雄蝶常在潮湿地面或溪边吸水。幼虫取食山柑科植物。

　　主要分布于东洋区和印澳区。国内目前已知2种，本图鉴收录2种。

青粉蝶 / *Pareronia anais* (Lesson, 1837)　　　　　　　　　　06-07

　　中大型粉蝶。背面青白色具黑脉，前翅前缘、顶角、外缘黑色，外缘嵌青白色斑列；后翅外缘棕褐色。腹面白色具珠光，脉褐色，前翅顶区及两翅外缘色暗。雌蝶背面脉褐色粗重，中室具纵纹，腹面与背面相似，但色较淡；部分个体后翅背面基部黄色。

　　1年多代。幼虫以山柑科戟叶槌果藤等植物为寄主。

　　分布于华南与西南各省区。此外见于南亚次大陆至马来半岛。

阿青粉蝶 / *Pareronia avatar* (Moore, [1858])　　　　　　　　08

　　中大型粉蝶。外观与青粉蝶近似，但雄蝶背面后翅外缘黑色，前后翅黑边明显窄，青白色区域极宽，前翅外缘无青白色斑列。雌蝶背面褐色脉及斑纹较模糊，多呈条状，后翅基部无黄色。

　　1年2代，成虫多见于3-9月。幼虫以山柑科槌果藤属等植物为寄主。

　　分布于云南。此外见于缅甸、老挝、以及印度北部、泰国北部等地。

01 ♀
鹤顶粉蝶
台湾彰化

01 ♀
鹤顶粉蝶
台湾彰化

02 ♂
鹤顶粉蝶
台湾新北

02 ♂
鹤顶粉蝶
台湾新北

03 ♂
鹤顶粉蝶
云南勐腊

03 ♂
鹤顶粉蝶
云南勐腊

④ ♂
鹤顶粉蝶
福建福州

④ ♂
鹤顶粉蝶
福建福州

⑤ ♀
鹤顶粉蝶
福建福州

⑤ ♀
鹤顶粉蝶
福建福州

06 ♂
青粉蝶
海南通什

06 ♂
青粉蝶
海南通什

07 ♀
青粉蝶
海南乐东

07 ♀
青粉蝶
海南乐东

08 ♂
阿青粉蝶
云南河口

08 ♂
阿青粉蝶
云南河口

襟粉蝶属 / *Anthocharis* Boisduval,Rambur & Graslin, [1833]

小型粉蝶。二型性特征发达。雄蝶翅白色，前翅顶角多具有橙色或黄色斑纹，后翅背面白色，腹面密布不规则的绿色、棕黄色的云状斑。雌蝶与雄蝶相似，前翅正面顶角区域的橙黄色部分为白色。

成虫栖息于阔叶林、溪流附近等场所，飞行较缓慢，有访花性，幼虫以十字花科植物为寄主。

主要分布于古北区。国内目前已知5种，本图鉴收录4种。

黄尖襟粉蝶 / *Anthocharis scolymus* Butler, 1866　　　　　　01-04 / P1542

小型粉蝶。翅白色，雄蝶前翅中室端具黑斑，顶角尖出，略呈钩状，具3个呈三角分布的黑斑，其中有1个橙黄色斑，后翅正面白色，反面密布云状斑，基部绿褐色，端部棕黄色，正面可以透视反面花纹。雌蝶与雄蝶相似，只是前翅正面顶角区域的橙黄色斑为白色。

1年1代，成虫多见于4-6月。多见于生长十字花科植物的林下地带，飞行较为缓慢，喜访花。幼虫以油菜、碎米荠、诸葛菜等十字花科植物为寄主。

分布于黑龙江、吉林、辽宁、北京、青海、陕西、河北、河南、湖北、上海、浙江、安徽、福建等地。此外见于俄罗斯、日本及朝鲜半岛等地。

皮氏尖襟粉蝶 / *Anthocharis bieti* (Oberthür, 1884)　　　　　　05-08 / P1543

小型粉蝶。翅白色，雄蝶前翅顶角尖出，略钝，中室具黑斑，亚顶角到端斑具有1个大的橙黄色斑，反面与正面相似，颜色较淡，顶角一般为白色。后翅正面白色，稍带黄色反面密布棕黄色云状斑。雌蝶与雄蝶相似，顶角的橙黄色斑消失，呈现白色。

1年1代，成虫多见于4-6月。飞行较为缓慢，喜访花。多见于林中空地及森林与草原交界地带。幼虫以十字花科植物为寄主。

分布于四川、云南、贵州、西藏、青海、新疆等地。

红襟粉蝶 / *Anthocharis cardamines* (Linnaeus, 1758)　　　　　　09-12 / P1543

小型粉蝶。雌蝶异型。雄蝶翅白色，前翅顶角圆润，端部黑色，中室具黑色斑，亚顶角到中室斑附近具有1个大的橙黄色斜斑，反面顶角灰白色，橙色斑小于正面。后翅正面白色，反面密布淡绿色云状斑，正面可以透视反面斑纹。雌蝶与雄蝶相似，但是与雄蝶相比前翅橙色斑部分为白色。

1年1代，成虫多见于3-7月。常于林中空地及森林与草原交接地带。飞行较为缓慢，喜访花。幼虫以碎米荠等十字花科植物为寄主。

分布于山西、吉林、黑龙江、江苏、浙江、福建、河南、湖北、四川、西藏、陕西、甘肃、青海、宁夏、新疆等地。此外见于日本、俄罗斯、叙利亚及朝鲜半岛等地。

橙翅襟粉蝶 / *Anthocharis bambusarum* Oberthür, 1876　　　　　　13-14 / P1545

小型粉蝶。雌雄异型。雄蝶翅白色，前翅顶角圆润，黑色，基部有黑色磷粉，中室斑黑色，前翅其余部分全为橙红色，反面淡黄色。后翅正面白色，外缘具有棕褐色云状斑，反面密布淡绿色云状斑。雌蝶与雄蝶相似，仅前翅的橘黄色部分为白色。

1年1代，成虫多见于3-7月。多见于林中空地及森林与草原交界地带。飞行较为缓慢，喜访花。幼虫以碎米荠等十字花科植物为寄主。

分布于江苏、浙江、河南、四川、陕西、青海等地。

眉粉蝶属 / *Zegris* Boisduval, 1836

　　小型粉蝶。雄蝶前翅顶角通常有1枚橙色窄斑。触角很短，锤状部突然膨大。下唇须多毛。前翅有R脉4-5支。后翅各脉分离。

　　分布在全北区。国内目前已知2种，本图鉴收录1种。

赤眉粉蝶 / *Zegris pyrothoe* (Eversmann, 1832)　　　　　　　　　　　15-16 / P1545

　　小型粉蝶。翅背面白色。雄蝶前翅中室端斑黑色，新月形，有小的白瞳；顶角区脉端有黑斑，常联合成横带；从前缘2/3到外缘近臀角处有1条松散的黑色斜带，与顶角外缘的黑带形成"V"字形，其中围住1个橙红色大斑。后翅无斑，但可透视腹面的云状斑。前翅腹面无橙红色斑，"V"字带呈绿褐色，其端部均两分叉；后翅腹面有5条相互交织的绿褐色宽黑带。雌蝶斑纹与雄蝶相似，但前翅背面顶角的橙红色斑较小。

　　成虫多见于5-6月。生活在沙漠和半沙漠的平原及山脚。

　　分布于新疆。此外见于哈萨克斯坦及欧洲东南部、西伯利亚西南部等地。

荣粉蝶属 / *Euchloë* Hübner, 1919

　　中小型粉蝶。前翅顶角绝没有橙色斑。触角短（比眉粉蝶属长），锤状部突然膨大。下唇须第3节在比例上长过襟粉蝶属和眉粉蝶属。前翅通常有R脉5支。

　　分布在全北区。国内目前已知3种，本图鉴收录1种。

奥森荣粉蝶 / *Euchloë ausonia* (Hübner, [1803])　　　　　　　　　　　17

　　小型粉蝶。雄蝶翅背面白色，前翅顶角前缘有1列黑色小点；中室端斑黑色，长方形，较宽；顶角区翅脉黑色，其端部的黑色扩大成斑；从前缘2/3到外缘近臀角处有1条黑色斜带。后翅基部黑色，其余部分无斑，但可透视腹面的云状碎斑。前翅腹面顶角区的黑色纹变成绿褐色，中室端斑有白瞳；后翅腹面绿褐色，密布大小不等的白色斑和小点。

　　1年2代，成虫多见于4-8月。喜欢生活在干旷草原及海拔3000米左右的山地，以蛹越冬。幼虫以十字花科屈曲花属、大蒜芥属、山芥属等植物为寄主。

　　分布于新疆。此外见于俄罗斯远东地区、中东、中亚、欧洲东南部和非洲北部。

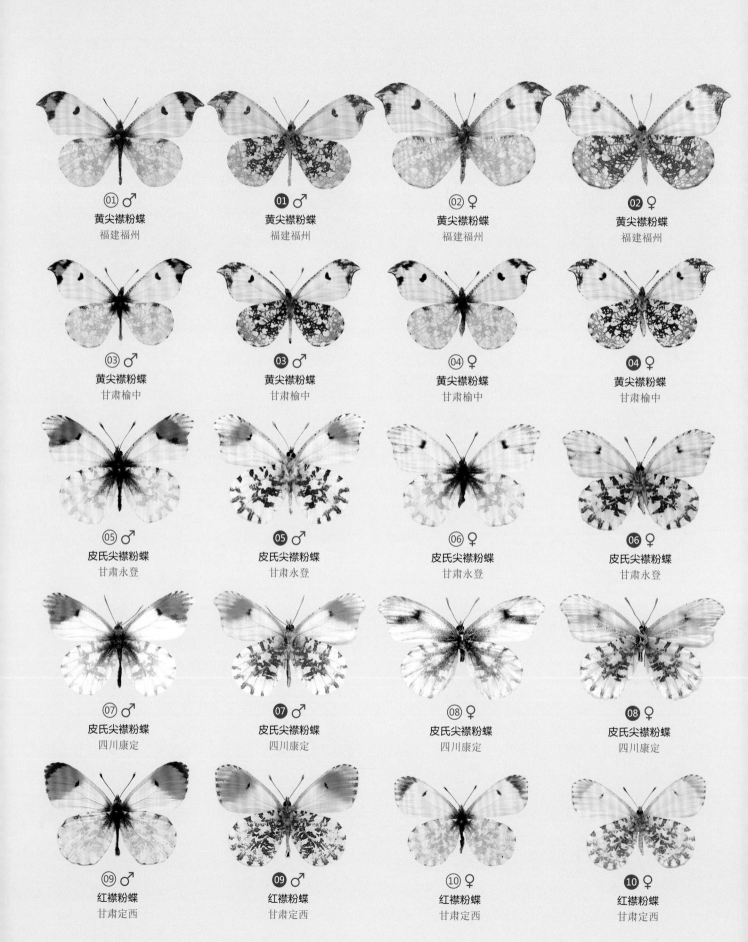

01 ♂	01 ♂	02 ♀	02 ♀
黄尖襟粉蝶	黄尖襟粉蝶	黄尖襟粉蝶	黄尖襟粉蝶
福建福州	福建福州	福建福州	福建福州

03 ♂	03 ♂	04 ♀	04 ♀
黄尖襟粉蝶	黄尖襟粉蝶	黄尖襟粉蝶	黄尖襟粉蝶
甘肃榆中	甘肃榆中	甘肃榆中	甘肃榆中

05 ♂	05 ♂	06 ♀	06 ♀
皮氏尖襟粉蝶	皮氏尖襟粉蝶	皮氏尖襟粉蝶	皮氏尖襟粉蝶
甘肃永登	甘肃永登	甘肃永登	甘肃永登

07 ♂	07 ♂	08 ♀	08 ♀
皮氏尖襟粉蝶	皮氏尖襟粉蝶	皮氏尖襟粉蝶	皮氏尖襟粉蝶
四川康定	四川康定	四川康定	四川康定

09 ♂	09 ♂	10 ♀	10 ♀
红襟粉蝶	红襟粉蝶	红襟粉蝶	红襟粉蝶
甘肃定西	甘肃定西	甘肃定西	甘肃定西

⑪ ♂
红襟粉蝶
四川康定

⑪ ♂
红襟粉蝶
四川康定

⑫ ♂
红襟粉蝶
新疆乌鲁木齐

⑫ ♂
红襟粉蝶
新疆乌鲁木齐

⑬ ♂
橙翅襟粉蝶
江苏南京

⑬ ♂
橙翅襟粉蝶
江苏南京

⑭ ♀
橙翅襟粉蝶
江苏南京

⑭ ♀
橙翅襟粉蝶
江苏南京

⑮ ♂
赤眉粉蝶
新疆克拉玛依

⑮ ♂
赤眉粉蝶
新疆克拉玛依

⑯ ♂
赤眉粉蝶
新疆克拉玛依

⑯ ♂
赤眉粉蝶
新疆克拉玛依

⑰ ♂
奥森荣粉蝶
新疆乌鲁木齐

⑰ ♂
奥森荣粉蝶
新疆乌鲁木齐

小粉蝶属 / *Leptidea* Billberg, 1820

中小型粉蝶。体形纤细，翅形狭长。该属成虫翅底色为白色，前翅顶角或多或少具黑色斑点。

成虫飞行缓慢，有访花或在地面吸水习性，常在林缘、溪谷、农田或荒地环境活动。幼虫寄主植物为豆科植物。

主要分布于古北区。国内目前已知6种，本图鉴收录5种。

突角小粉蝶 / *Leptidea amurensis* (Ménétriés, 1859)　　01-02

小型粉蝶。翅背面白色，前翅顶角有黑斑，明显突出，因此得名。后翅背面白色，腹面有不规则黑纹，较为模糊，雌雄同型，雌蝶大于雄蝶，顶角黑斑不明显。

1年2代，分春夏型，春型小于夏型，黑色斑纹淡化，成虫多见于4-7月。常见于中高海拔山区林缘及高山、亚高山草甸，成虫喜访花。幼虫以英香野豌豆等野豌豆属植物为寄主。

分布于北京、黑龙江、吉林、辽宁、内蒙古、河北、河南、陕西、山西等地。此外见于日本、俄罗斯及朝鲜半岛等地。

莫氏小粉蝶 / *Leptidea morsei* Fenton, 1881　　03-04

与突角小型粉蝶相似，前翅顶角外突较突角小粉蝶钝化，翅面白色，前翅顶角有黑斑。后翅背面白色，腹面有不规则黑纹，较为模糊，雌雄同型，雌蝶大于雄蝶，顶角黑斑不明显。

1年2代，成虫多见于4-7月，分春夏型，春型小于夏型，黑色斑纹淡化。多见于中低海拔山区林缘，偶见于亚高山草甸，成虫喜访花。幼虫寄主为英香野豌豆等野豌豆属植物。

分布于北京、黑龙江、吉林、辽宁、内蒙古、河北、河南、陕西、山西等地。此外见于日本、俄罗斯以及朝鲜半岛等地。

备注：基本与突角小粉蝶重叠发生。

条纹小粉蝶 / *Leptidea sinapis* (Linnaeus, 1758)　　05

小型粉蝶。与莫氏小型粉蝶极相似，很难区分，前翅略窄于莫氏小粉蝶。翅背面白色，前翅顶角有黑斑。后翅背面白色，腹面有不规则黑纹，较为模糊，雌雄同型，雌蝶大于雄蝶，顶角黑斑不明显。

成虫多见于5月。常见于中高海拔山区林缘，成虫喜访花。

分布于北京、河北、辽宁等地。此外见于俄罗斯等地。

锯纹小粉蝶 / *Leptidea serrata* Lee, 1955　　06-07

中小型粉蝶。前翅顶角外突较突角小粉蝶钝化，翅面白色，前翅顶角有黑斑。后翅背面有锯纹状斑纹，因此得名。

成虫多见于5月。常见于中高海拔山区林缘，成虫喜访花。寄主不详。

分布于秦岭地区，主要见于陕西、甘肃等地。

圆翅小粉蝶 / *Leptidea gigantean* (Leech, 1890)　　08-10

中小型粉蝶。与莫氏小型粉蝶极相似，较难区分，前翅顶角较圆润。翅面白色，前翅顶角有黑斑，顶角黑斑未填满顶角。后翅背面白色，腹面有不规则黑纹，较为模糊。雌雄同型，雌蝶大于雄蝶，顶角黑斑不明显。

1年2代，成虫多见于4-6月。常见于中低海拔山区林缘、田地旁，偶见于亚高山草甸等高海拔山区，成虫喜访花，飞翔缓慢。幼虫寄主植物为豆科广布野豌豆等。

分布于北京、黑龙江、吉林、辽宁、内蒙古、河北、河南、陕西、山西等地。此外见于日本、俄罗斯等地及朝鲜半岛。

01 ♂
突角小粉蝶
甘肃榆中

02 ♀
突角小粉蝶
甘肃榆中

03 ♂
莫氏小粉蝶
北京

04 ♂
莫氏小粉蝶
北京

01 ♂
突角小粉蝶
甘肃榆中

02 ♀
突角小粉蝶
甘肃榆中

03 ♂
莫氏小粉蝶
北京

04 ♂
莫氏小粉蝶
北京

05 ♂
条纹小粉蝶
贵州宁海

06 ♂
锯纹小粉蝶
陕西凤县

07 ♂
锯纹小粉蝶
四川理县

05 ♂
条纹小粉蝶
贵州宁海

06 ♂
锯纹小粉蝶
陕西凤县

07 ♂
锯纹小粉蝶
四川理县

08 ♂
圆翅小粉蝶
甘肃康县

09 ♂
圆翅小粉蝶
甘肃康县

10 ♀
圆翅小粉蝶
甘肃康县

08 ♂
圆翅小粉蝶
甘肃康县

09 ♂
圆翅小粉蝶
甘肃康县

10 ♀
圆翅小粉蝶
甘肃康县